Prof. Dr. Dr. h. c. Hans Paul Künzi

Peter Kall · Jürg Kohlas
Werner Popp · Carl August Zehnder (Hrsg.)

Quantitative Methoden in den Wirtschaftswissenschaften

Hans Paul Künzi zum 65. Geburtstag

Mit Beiträgen von
H. Albach, M. Beckmann, C. A. Clarotti, Y. Crama
W. K. Grassmann, P. L. Hammer, R. Henn, R. Holzman
P. Kall, A. Kaufmann, K. Kleibohm, J. Kohlas, W. Krelle
G. Nakhaeizadeh, W. Oettli, D. Onigkeit, W. Popp
W. Runggaldier, H. Sarrazin, H. Tzschach, F. Weinberg
und C. A. Zehnder

Springer-Verlag
Berlin Heidelberg New York
London Paris Tokyo

Prof. Dr. Peter Kall
Institut für Operations Research der Universität Zürich
Moussonstraße 15, CH-8044 Zürich, Schweiz

Prof. Dr. Jürg Kohlas
Institut für Automation und Operations Research der Universität Freiburg
Miséricorde, CH-1700 Freiburg, Schweiz

Prof. Dr. Werner Popp
Institut für Operations Research und Planung der Universität Bern
Sennweg 2, CH-3012 Bern, Schweiz

Prof. Dr. Carl August Zehnder
Vizepräsident für den Bereich Dienste der ETH Zürich
ETH-Zentrum, CH-8092 Zürich, Schweiz

Mit 20 Abbildungen

ISBN-13:978-3-642-74307-8   e-ISBN-13:978-3-642-74306-1
DOI: 10.1007/978-3-642-74306-1

Satz: Elsner & Behrens GmbH, Oftersheim

2142/7130 – 543210

Vorwort

Anläßlich des 65. Geburtstages von Hans Paul Künzi haben sich Weggefährten, Mitarbeiter und Schüler aus den Jahren seines Wirkens als Hochschullehrer zusammengetan, um wenigstens punktuell aufzuzeigen, wie und wohin in den letzten zwei Jahrzehnten verschiedene theoretische und empirische Entwicklungen verlaufen sind, die der Jubilar zumindest in der Schweiz und zu einem guten Teil auch darüber hinaus mitaufgebaut und in den Anfängen beeinflußt hat. Zu diesem Vorhaben fanden die Herausgeber vielseitige Unterstützung. Zunächst von den beteiligten Autoren, die mit spontanen Zusagen und in vorbildlicher Weise ihre Beiträge termingerecht fertiggestellt haben. Darüber hinaus hat ein größerer Kreis von Persönlichkeiten mit Rat und Tat die Entstehung der Schrift gefördert, wobei besonders auch auf ein großes Entgegenkommen des Springer-Verlages zu verweisen ist. Allen möchten wir für die Hilfe aufrichtig danken.

Angesichts der Tatsache, daß Hans Paul Künzi bereits vor fast zwei Jahrzehnten seine wissenschaftliche Laufbahn zugunsten einer anderen Verpflichtung aufgegeben hat, liegt die Frage nahe, warum wir – nach wie vor der akademischen Welt verbunden – heute noch von der Persönlichkeit Künzi beeindruckt sind. Dazu sei kurz auf sein damaliges Wirken als Professor an der Universität Zürich und an der ETH Zürich zurückgeblendet.

Der Festschrift zur 150-Jahr-Feier der Universität Zürich (1983) entnehmen wir, daß der neugeschaffene „Lehrstuhl für Ökonometrie und betriebswirtschaftliche Verfahrensforschung" (heute Operations Research) 1958 mit dem „damaligen Privatdozenten für Mathematik, Hans Paul Künzi" besetzt wurde. Aus dem hier beigefügten Schriftenverzeichnis ist ersichtlich, daß das wissenschaftliche Interesse dieses Privatdozenten der Funktionentheorie gegolten hatte, sich dann (ab 1958) aber – fast schlagartig – dem neu übernommenen Lehrgebiet zuwandte in der unübersehbaren Absicht, Operations Research hierzulande möglichst rasch bekannt zu machen. Daß er damals an der Hochschule St. Gallen in den Kollegen Willhelm Krelle und Rudolf Henn auf Gleichgesinnte traf und in Zürich unter anderem mit dem Betriebswirt Karl Käfer und den Nationalökonomen Friedrich Lutz und Jürg Niehans eine vorzügliche Zusammenarbeit aufbaute, konnte nur von Vorteil sein.

Das Wirken des „Professors" Künzi war von Anfang an durch ein großes Engagement in Forschung und Lehre sowie durch eine intensive Zusammenarbeit mit der Praxis, der Industrie und staatlichen Stellen, gekennzeichnet. Es erfolgten 1961 die Gründung der SVOR (Schweizerische Vereinigung für Operations Research), deren erster Präsident Künzi war, 1962 die Gründung des Rechenzentrums der Universität Zürich, 1967 die Gründung des Instituts für Operations Research und elektronische Datenverarbeitung. Im Springer-Verlag erschien die Buchreihe „Ökonometrie und Unternehmensforschung" und die „Lecture Notes in Operations Research and Mathematical Systems" – geschäftsführende Herausgeber W. Krelle und H. P. Künzi beziehungsweise M. Beckmann und H. P. Künzi. Künzi knüpfte und pflegte Kontakte zu vielen damals international führenden Fachvertretern und schaffte durch Kolloquien und Tagungen in Zürich ebenso wie durch die „Henn-Künzi-Schubert"-Tagungen in Oberwolfach Gelegenheit zu internationalen wissenschaftlichen Begegnungen.

Gegenüber seinen Mitarbeitern praktizierte Künzi die Maxime, jeden – wo immer möglich – seine eigenen wissenschaftlichen Interessen verfolgen zu lassen und ihn dabei nach Kräften zu fördern. Damit gab er ihnen am Beginn ihrer beruflichen Laufbahn eine ungewöhnlich große Chance, und sehr viele haben, wie wir heute in verschiedenen Unternehmen der privaten und öffentlichen Hand und in in- und ausländischen Universitäten leicht feststellen können, diese Chance wahrgenommen.

An dem 1967 gegründeten „Institut", das de facto schon vorher durch eine Finanzierung über Drittmittel existierte, wurde an Problemen der mathematischen Optimierung, Lagerhaltung, landwirtschaftlichen Anbauplanung, dynamischen Programmierung, Simulation, stochastischen Programmierung, Netzwerkflußoptimierung und an Anwendungen in Wirtschaft, Verwaltung und Militär u. a. m. gearbeitet. Künzi selbst hielt Vorlesungen und Seminarien über Themen aus dem gesamten damaligen Spektrum des Operations Research, über Mathematik in den Wirtschaftswissenschaften, über Teilgebiete der numerischen Mathematik und über elektronische Datenverarbeitung – der Begriff „Informatik" war zu jener Zeit noch nicht geprägt.

Aus den praxisorientierten Arbeiten, die auf die Initiative von Künzi in Angriff genommen wurden, seien beispielshalber zwei herausgegriffen und näher beleuchtet:

Der „Anbauplan Wahlen" hat sich der schweizerischen Bevölkerung als einzige „Schlacht", die die Schweiz im zweiten Weltkrieg schlagen mußte, eingeprägt. Die Sicherstellung der Ernährung der Bevölkerung in allen Lagen ist auch heute noch eine fortwährende Aufgabe der schweizerischen Sicherheitspolitik. Künzi hat schon 1960 erkannt, daß es sich im wesentlichen um ein Problem der Allokation knapper Ressourcen handelt, das mittels linearer Programmierung gelöst werden kann. Diese Erkenntnis bildete den Anfang einer bis heute während Zusammenarbeit zwischen Bundesbehörden und schweizerischen Hochschulen in der Anwendung des Operations Research auf Probleme der wirtschaftlichen Landesversorgung. Nicht zuletzt für seine wissenschaftlichen Leistungen auf diesem Gebiet verlieh die Universität Freiburg i. Ue. (Schweiz) 1977 Hans Paul Künzi den Titel eines Ehrendoktors.

Von besonderer Bedeutung für die Öffentlichkeit waren seine Bemühungen um die Einführung der EDV in der kantonalen Verwaltung. Es galt dabei, zu Beginn der 60er Jahre starke Widerstände zu überwinden und eine große Überzeugungsarbeit zu leisten. Diesen mit viel Einsatz und Ausdauer unternommenen Bemühungen ist es zu verdanken, daß der Kanton Zürich zu jenen öffentlichen Verwaltungen zu zählen ist, die frühzeitig eine leistungsfähige EDV nutzbringend in den Dienst der Öffentlichkeit stellen konnte.

Ein weiter Kreis von Bekannten, Mitarbeitern und Freunden fühlt sich dem Jubilar für sein hilfreiches Wirken und seine weitreichende Toleranz mit Dank verbunden.

Im November 1988   Die Herausgeber

Die Herausgeber dieser Festschrift danken den folgenden Spendern
vielmals für ihre Hilfe:

- Bank Julius Bär
- Helene-Bieber-Fonds
- Richard-Büchner-Stiftung zur Förderung der Wirtschafts- und
  Sozialwissenschaftlichen Forschung
- Dispersa AG
- Effektenbörsenverein Zürich
- FIDES
- IBM Schweiz
- M.O.R. Studiengruppe für Operations Research
- Schweizerische Bankgesellschaft
- Schweizerischer Bankverein
- Schweizerische Kreditanstalt
- Schweizerische Lebensversicherungs- und Rentenanstalt
- SWISSAIR Schweiz. Luftverkehr AG
- Zürcher Handelskammer

Ein gleicher Dank geht auch an weitere Spender, die ungenannt
bleiben wollen.

Inhaltsverzeichnis

Autorenverzeichnis

Albach, H., Prof. Dr., Akademie der Wissenschaften zu Berlin,
Griegstr. 5–7, D-1000 Berlin 33

Beckmann, M., Prof. Dr., Technische Hochschule München,
Lehrstuhl für angewandte Mathematik, Arcisstr. 21,
D-8000 München 2

Clarotti, C. A., Dr., ENEA TIB-AQ. Casaccia, SP Anguillarese 301,
I-00100 Roma

Crama, Y., Prof. Dr., Department of Quantitative Economics,
University of Limburg, 6200 MD Maastricht, The Netherlands

Grassmann, W. K., Prof. Dr., Dept. of Comp. Science, University of
Saskatchewan, Saskatoon, Saskatchewan, Canada S7N OWO

Hammer, P. L., Prof. Dr., RUTCOR-Rutgers Center for Operations
Research, Rutgers University, New Brunswick, NJ 08903, USA

Henn, R., Prof. Dr., Universität Karlsruhe, Institut für Statistik und
Mathematische Wirtschaftstheorie, Rechenzentrum Zirkel 2,
D-7500 Karlsruhe 1

Holzman, R., Prof. Dr., Department of Applied Mathematics and
Computer Science, The Weizman Institute of Science, Rehovot,
Israel 76100

Kall, P., Prof. Dr., Institut für Operations Research der Universität
Zürich, Moussonstr. 15, CH-8044 Zürich

Kaufmann, A., Prof. Dr., 2, allèe du Chêne, Corenc-Montfleury,
F-38700 La Tronche

Kleibohm, K., Prof. Dr., Universität Gesamthochschule Paderborn,
Fachbereich 5 OR, Wartburgerstr. 100, D-4790 Paderborn

Kohlas, J., Prof. Dr., Institut für Automation und Operations
Research, Universität Freiburg, Miséricorde, CH-1700 Freiburg

Krelle, W., Prof. Dr., Drs. h.c., Universität Bonn, Institut für
Gesellschafts- und Wirtschaftswissenschaften Bonn,
Adenauer-Allee 24–42, D-5300 Bonn

Nakhaeizadeh, G., Dr., Universität Karlsruhe, Institut für
Statistik und Mathematische Wirtschaftstheorie,
Rechenzentrum Zirkel 2, D-7500 Karlsruhe 1

Oettli, W., Prof. Dr., Universität Mannheim, Lehrstuhl für
Mathematik, D-6800 Mannheim

Onigkeit, D., Prof. Dr., Quantitative Methoden in der
Agrarökonomie, ETH-Zentrum, Sonneggstr. 33,
CH-8092 Zürich

Popp, W., Prof. Dr., Institut für Operations Research,
Universität Bern, Sennweg 2, CH-3012 Bern

Runggaldier, W., Prof. Dr., Università degli Studi di Padova,
Dipartimento di Matematica pura ed Applicata, 7, via Belzoni,
I-35131 Padova

Sarrazin, H., Dipl. Volksw., Universität Bonn, Institut für
Gesellschafts- und Wirtschaftwissenschaften Bonn,
Adenauer-Allee 24–42, D-5300 Bonn

Tzschach, H., Prof. Dr., Technische Hochschule Darmstadt,
Institut für Theoretische Informatik, Alexanderstr. 10,
D-6100 Darmstadt

Weinberg, F., Prof. Dr., Institut für Operations Research,
ETH-Zentrum, CH-8092 Zürich

Zehnder, C. A., Prof. Dr., EHT-Zentrum, CH-8092 Zürich

I Einführung

40 Jahre Operations Research: eine Abschiedsvorlesung

F. Weinberg

Es ist Brauch an den Hochschulen, auch an der ETH Zürich, daß ein Professor anläßlich seines Rücktritts eine Abschiedsvorlesung halten kann, in der er über sein Wirken und Werken an dieser Schule während 45 Minuten vor einem feierlich versammelten Publikum berichtet. Ein letzter, großer Auftritt sozusagen, immer etwas traurig, und gewiß auch ein wenig bemühend. Er kann, aber er muß nicht. Gottlob, denn ich bin kein Mann des Abschieds. Es gibt vielerlei im Leben, Schöpfungen und Geschöpfe, von denen trennt man sich nie und nimmer, auch wenn sie in die Ferne entrückt sind. Und es gibt vielerlei, Schöpfungen und Geschöpfe, von denen hat man sich längst schon getrennt, auch wenn man ihnen noch tagtäglich begegnet und guten Morgen wünscht. Nein, eine große Abschiedsvorlesung im Auditorium Maximum werde ich nicht halten.

Aber über mein Wirken und Werken, vor allem über mein Fach: was es war, was es ist, was es sein wird, habe ich trotzdem nachgedacht. Und müßte ich unbedingt eine Abschiedsvorlesung halten, so wäre es eine *kleine* Abschiedsvorlesung, am liebsten für einen einzigen Hörer nur, für einen Hörer meines Jahrgangs, meines akademischen Ranges, der das gleiche Fach zur gleichen Zeit wie ich zu unterrichten begonnen hätte, teilweise sogar an der gleichen Schule. Und diese Abschiedsvorlesung würde folgendermaßen lauten:

Lieber Hans Künzi,

Seit den Anfängen des Operations Research in der Schweiz sind noch keine 40 Jahre vergangen. Was damals hierzulande aufgenommen und nach und nach weiter entwickelt wurde, hat Bestand: die Durchdringung betrieblicher Fragestellungen mit Hilfe mathematischer Modelle unter Benützung des Computers hat sich in breiten Kreisen eingebürgert. Wie dies bei assimilierten Wissenszweigen nur natürlich ist, wendet man solche Methoden heute sogar oft mit Selbstverständlichkeit an, ohne sich einer Operations Research-Tätigkeit überhaupt noch bewußt zu werden. Es gibt kaum eine Hochschule mehr, die das Fach Operations Research nicht in der einen oder anderen Form in ihrem Lehrprogramm ausweise, und Abkömmlinge unserer frühen Lehrgänge tragen Gelerntes ebenso wie selbst Erforschtes seit langem hinaus in Industrie und Wirtschaft, und unterrichten ihrerseits an in- und ausländischen Hochschulen. Der internationale Gedankenaustausch ist gediehen, akademische Gäste von Rang und Namen besuchen unsere Institute und laden unsere Forscher zu sich ein. Viele unserer Absolventen bestreiten ihren Lebensunterhalt erfolgreich mit Operations Research, als Fachleute in Stabsabteilungen großer Institutionen oder in speziellen Beratungsfirmen.

P. Kall et al. (Hrsg.) Quantitative
Methoden in den Wirtschaftswissenschaften
© Springer-Verlag Berlin Heidelberg 1989

Die Fackel, die vor 40 Jahren entzündet wurde, ist gut genährt worden, sie lodert weiter, und doch sind ihre Farben nicht mehr dieselben, die seinerzeit geleuchtet haben.

Damals begann der Aufschwung nach dem Krieg, der Begriff Wachstum besaß noch keinen bitteren Beigeschmack, die Technik genoß noch uneingeschränkte Bewunderung und vorbehaltloses Vertrauen, der Computer stand am Start seines Siegeszuges und der Ausdruck Informatik mußte erst noch geprägt werden. Alle Intelligenz war noch natürlich und Experten schlossen sich noch nicht zu Systemen zusammen, sondern liefen munter auf zwei Beinen umher.

In diese Stimmung des Aufbruchs hinein war das Anliegen des Operations Research zu propagieren. Man hatte nicht nur mit Unglauben und Mißtrauen weiter Kreise gegenüber der mathematischen Erfaßbarkeit und Darstellbarkeit betrieblicher Zusammenhänge zu kämpfen. Die damalige Zeit war auf stürmische Expansion angelegt, der Grundgedanke des Operations Research aber zielt ab auf Haushalten, minutiöses Abwägen, Erspähen mitunter unscheinbarer Optima. Wie wir alle wissen, ist es den damaligen Vorreitern gelungen, das Gedankengut des Operations Research zu verankern.

Diesen Erfolg verdanken sie nicht einer beruflichen Sonderausbildung. Das Fach Operations Research wurde anfänglich ja noch gar nirgends unterrichtet. Er war vielmehr zurückzuführen auf ihre besondere Einstellung zur Sache und die Fähigkeit, sich in verschiedenen Wissensgebieten mit einer gewissen Leichtigkeit, wenn auch unter Wahrnung der wissenschaftlichen Verantwortung, zu bewegen und diese Wissensgebiete initiativ und originell miteinander zu verbinden. Von großer Bedeutung und Hilfe war dabei die eigene Überzeugung, die ihnen die Kraft gab, andere zu überzeugen. Sie trugen mit ihren Methoden gewissermaßen einen der Öffentlichkeit noch nicht bekannten, selektiv wirkenden Zauberstab mit sich herum, und suchten passende, praktische Situationen, wo sie dessen Kraft einem erstaunten Zuschauerkreis vorführen konnten. Sie fanden die Aufgabenstellungen, erst vereinzelt, später reichlicher.

Es waren tatsächlich passende Probleme: Mischungsaufgaben, Fragen des landwirtschaftlichen Anbaus, Transport- und Zuordnungsaufgaben, so wie man sie in der linearen Programmierung gern hat. Ganzzahlige Lösungen der letztgenannten Kategorie wurden dankbar und verständnisinnig aufgenommen. Auch Wahrscheinlichkeitsrechnung und Statistik erbrachten in einfachen Anwendungen die Zusammenhänge gut erhellende, mitunter überraschende Resultate: Lagerbewirtschaftungsaufgaben, Probleme des technischen Unterhalts, Wartephänomene, Vorhersagefragen ließen sich untersuchen, und wo die strenge Theorie nicht so ganz mitmachen wollte, lieferten Monte Carlo-Simulationen die gesuchten Ergebnisse, und halfen obendrein die vorhandene Überkapazität der sich mehrenden Computer tilgen.

Denn, nach einem damaligen Wort des nicht mehr unter uns weilenden Professors Walter F. Daenzer: „Der vornehme Betrieb trug Computer". Man konnte also, besser: man sollte also so viele Applikationen wie möglich erdenken, um die Anschaffung des teuren Computers zu rechtfertigen. Dies trug dazu bei, daß man begann, den Computer gewissermaßen als verlängerten Arm des gesunden Menschenverstandes auch dort für die Behandlung betrieblicher Fragestellungen einzusetzen, wo Formulierung oder Lösung geschlossener mathematischer Modelle nicht so recht gelingen wollte: die heuristische Methodik war geboren.

Die Aufgaben betrafen im allgemeinen Probleme grundsätzlicher Natur, und sie wurden abseits vom betrieblichen Alltag und in einem Schub gelöst, im sogenannten batch-Betrieb. Dies entsprach der damaligen Computer-Technologie, es gab noch nicht den Bildschirm am Arbeitsplatz, die Informationen wurden noch mühselig via Lochkarten eingegeben und die Antworten kamen ausgedruckt in Kilopaketen Papier. Man mußte mitunter reichlich Geduld haben, bis man an den Computer herankam, und es dauerte auch oft eine ganze Weile, bis man die Lösung erhielt. Unter solchen Umständen war an laufende Entscheidungsunterstützung im ständig sich fortentwickelnden Betriebsgeschehen nicht zu denken: Computer, Mathematik und betriebliches Vorhaben waren auf intermittierenden Verkehr abgestimmt.

Ans Ende dieser ersten Phase des Operations Research in der Schweiz und im übrigen Europa fällt die Gründung diesbezüglicher Lehrstühle und Institute an verschiedenen Hochschulen. An der Zürcher ETH wird dieses Fach seit 1964 als Vertiefung für Betriebsingenieure und als Wahlfach für Mathematiker, später auch für Informatiker unterrichtet, das Institut für Operations Research (IFOR) existiert seit 1967. Der Lehrplan trug den besonderen Erfordernissen des Operations Research-Spezialisten in der beruflichen Praxis Rechnung: er muß sich mit Fachkräften verschiedener Ausrichtung auseinandersetzen, die verschiedenartigen Anliegen aus eigenem Antrieb zu einem vernünftigen Ganzen integrieren und einer allseits befriedigenden Lösung zuführen können. Dies verlangt neben fachlicher Kompetenz im eigenen Sachbereich rasche Auffassung fremder Gedankengänge, kritisches Überlegen, psychologisch richtiges Auftreten, Kontaktbereitschaft, Teamwilligkeit und Führungsüberblick, gepaart mit Verantwortungssinn.

Von all diesen beruflichen Ansprüchen lassen sich am bequemsten die mathematischen Grundlagen unterrichten. Worauf es aber im erfolgreichen Berufsleben ankommt, ist nicht ein mit theoretischen Elementen voll gepackter Koffer, obwohl man ohne solches genügendes Rüstzeug auf dem ins Auge gefaßten Gebiet natürlich nichts erreicht. Es ist vielmehr ebenso wichtig, zu wissen, ob die Verwendung dieser Werkzeuge in einer konkreten Situation überhaupt angezeigt ist, welches Werkzeug dann gewählt werden soll, und welche Erfolgsaussichten man gegebenenfalls gewärtigen darf.

Dies setzt im Grunde genommen bereits Berufserfahrung voraus. Da sich diese von Studenten im allgemeinen nicht verlangen läßt, und da beim Operations Research zumindest zur Zeit seiner Anfänge, aber oft auch heute noch in der Praxis kein „Tutor" zur Verfügung steht, der auch die einfachsten Vorgehensanweisungen geben würde – sehr im Gegensatz zu anderen technischen Wissenszweigen, wo ein Gruppen- oder Abteilungschef seinen neuen Mitarbeiter planmäßig einführt –, da also der zukünftige Eintritt in die berufliche Praxis hier einem waghalsigen Sprung in die Brandung gleichkommt, war der ETH-Lehrplan – und ist bis auf weiteres – nicht nur aufs Schwimmen in ruhigen Gewässern, sondern aufs kühne Eintauchen und glückhafte Emportauchen aus wogenden Fluten ausgerichtet. Dies findet seine Verwirklichung darin, daß im drei-semestrigen Operations Research-Normalstudienplan neben dem Besuch von 4 obligatorischen zweistündigen Methoden-Vorlesungen mit zusätzlichen einstündigen Übungen, sowie von zwei

Fall-Kolloquien vor allem eine ganzsemestrige Studienarbeit in der Praxis durchzuführen ist, die üblicherweise jeweils zwei Studenten gemeinsam zugeteilt wird. Die Beschaffung von zwischen 10 und 15 solchen praktischen Arbeiten pro Jahr und ihre ganz wesentliche Betreuung in Gemeinschaft mit den sich zur Verfügung stellenden Firmen nehmen die Institutsmitarbeiter gewaltig in Anspruch, handelt es sich doch um immer neue Aufgaben, die weder das Interesse des Auftraggebers noch den Lehreffekt für die Bearbeiter zu kurz kommen lassen dürfen, und die obendrein in nützlicher Frist, d. h. im betreffenden Semester, erfolgreich durchführbar sein müssen.

Der Riesenaufwand für diese Semesterarbeiten hat sich indessen stets gelohnt, nicht nur für die Studenten, die sich trotz ihrer eigenen hohen Belastung im allgemeinen sehr befriedigt zeigten, und später im Leben erst recht dankbar dafür sein werden. Die Hunderte von in Industrie und Wirtschaft ausgeführten Studentenarbeiten haben nämlich auch den dortigen zuständigen Funktionsträgern guten Einblick in den jeweils aktuellen Stand des Operations Research vermittelt und dessen Möglichkeiten für den eigenen Betrieb erkennen lassen. Sie haben darüber hinaus aber ebenso der Schule Einblick gegeben in die aktuelle Thematik der betrieblichen Aufgabenstellungen, an der die Akzentsetzung und forschende Methodenentwicklung des Operations Research an der ETH sich orientieren konnten. Uns sie haben nicht zuletzt die Pforten geöffnet für fachliche Zusammenarbeit zwischen Wirtschaft und Hochschule, dank welcher der Personalbestand am Operations Research-Institut der ETH sich auch in den kargen Jahren der Personalplafonierung, ja des effektiven Personalabbaus völlig wunschgemäß nach oben entwickeln konnte, was wiederum allen vorher aufgezählten Beteiligten zum Nutzen gereichte.

Wer eine schriftliche Diplomarbeit oder eine Doktorarbeit in Operations Research an der ETH Zürich ausführen will, tut dies im allgemeinen wiederum, aus den schon genannten Gründen, in Form einer echten Aufgabenstellung aus der Praxis.

Die hier als bisherige Leitlinie dargelegte Praxisbezogenheit des Operations Research an der ETH Zürich schließt nicht auch theoretische Forschung an diesem Institut aus – wir kommen später darauf zurück. Aber Operations Research ist vor allem ein auf praktische Anwendung ausgerichteter Wissenszweig, der sich auf einem Überlappungsgebiet von Mathematik, Informatik und einer weiteren Anwendungswissenschaft, meist der Betriebswissenschaft, ausbreitet. Diese Einsicht liefert den Schlüssel zum arteigenen Erfolg: Operations Research muß seine Stärke in der Integration der von ihm jeweils umspannten Teilgebiete wahrnehmen. Sobald es eines davon vernachlässigt, oder gar nur mehr eines davon ins Auge faßt, verliert es seine urspüngliche Sinnbestimmung. Es verwandelt sich dann in ein bestenfalls wertvolles Kapitel angewandter Mathematik oder Computertechnik. Auch die Verbrämung eines solchen Kapitels mit einer erdachten Anwendung rechtfertigt den Namen Operations Research keineswegs, im Gegenteil: sie sät Mißtrauen im Anwenderkreis und führt eine Entfremdung zwischen Theorie und Praxis herbei. Tatsächlich ist weltweit nach den anfänglichen Erfolgen des Operations Research im zivilen Gebrauch eine solche Entfremdung eingetreten, es wurde von einer eigentlichen Kluft zwischen Theorie und Praxis gesprochen, Sachunkundige glaubten sogar von einer Krise des Operations Research unken zu müssen oder dürfen.

Wissenszweige können verlassen werden, sie können absterben, ja nachträglich sich als Irrweg herausstellen, ob sie Krisen unterworfen sind wie Konsumbranchen oder politische Parteien, ist fraglich. Nichts davon traf hier in Wirklichkeit zu. Die aufgezeichnete Entwicklung, obwohl kein Ruhmeskapitel, ist durchaus verständlich und auch in der Natur der Sache liegend. Verständlich, denn es konnte nicht ausbleiben, daß der neue florierende Berufszweig von Spezialisten verschiedenster Provenienz entdeckt wurde. Hier lag ein Aktionsfeld, wo man rasch Ideen entwickeln und an den Mann bringen konnte, auch computerfertige Programme ließen sich verkaufen, wichtig war vor allem die Präsenz, und man erwirkte sie einerseits durch eine Flut von Fachliteratur zum Teil übersteigerter wissenschaftlicher Prätention, andererseits durch das Angebot von Konfektionssoftware, die oft nicht saß. Auch meinte man mitunter, unvollständig abgeklärte Fragestellungen vom bequemen Schreibtischsessel aus unter vereinfachenden, den bestehenden Theorien gut angepaßten Annahmen etwas realitätsfern zwar, dafür aber elegant und formelschön behandeln zu dürfen. Statt dessen hätte man die Mühen einer bis in die letzten Einzelheiten gehenden Zwiesprache mit der Praxis auf sich nehmen müssen, um vielleicht zu erkennen, daß man sich auf unerforschtem, gefährlichem Terrain befand, unter Umständen ein Imperativ für Rückzug, oder um gegebenenfalls den beschwerlichen, weniger ruhmreichen Weg des Näherungsverfahrens mit seiner intuitiv oft zugänglichen Lösungskonzeption zu beschreiten.

Diese Entwicklung lag aber, wie gesagt, auch in der Natur der Sache, und sie ging einher mit einem bedeutenden wissenschaftlichen Aufschwung des Operations Research in seiner nächsten Existenzphase. Ihre Vermeidung wäre sogar mit viel gutem Willen kaum möglich gewesen. Gegenwärtig werden die angerichteten Schäden wenigstens teilweise wieder ausgeräumt, allerdings auf eine vor kurzem auch noch nicht vorhergesehen Weise.

Zwischen Schaffung theoretischen Wissens und praktischer Anwendung dieses Wissens oder eines Teils davon vergeht immer eine mehr oder weniger lange Inkubationszeit. Es ist ein pulsierender Prozeß, und jeder der beiden Pole ist Antreiber und Angetriebener seines Gegenpols. Nachdem die Frucht der in den Kriegsjahren in den angelsächsischen Ländern entwickelten Methoden des Operations Research zu einer Ernte zunächst im militärischen, später im zivilen Sektor herangewachsen war, erfüllten sich die drei Voraussetzungen, die für das Gedeihen einer Sache notwendig sind: der Appetit des Konsumenten steigerte sich mit dem Essen, das Interesse des Produzenten wurde durch diesen Appetit und die einstweilige Unmöglichkeit, ihn in allen Geschmacksrichtungen zu stillen, belebt, und die technischen Mittel, um den Transfer von Angebot zu Nachfrage zu gewährleisten, wurden in kontinuierlich besserer Qualität zu kontinuierlich tieferen Preisen verfügbar gemacht.

Müßig, zu erörtern, was zuerst war. Die Zeit war reif für alle drei Strebungen. Der Praktiker hatte Antworten bekommen auf Fragen wie: Wieviel von meinen Artikeln soll ich im Monat produzieren, um meine Fabrikationskapazitäten möglichst gewinnbringend auszunützen? Wie stimme ich meine Fabrikationskapazitäten z. B. auch in personeller Hinsicht möglichst gut aufeinander ab? Jetzt fragte er: Wann und in welcher Reihenfolge soll ich auf welcher Maschine produzieren? Wie soll ich mein Fabrikationspersonal unter monatlich jeweils gegebenen Bedingungen einsetzen? Das sind ungleich schwierigere Fragen, sogar wenn noch ein klein wenig Zeit für ihre prinzipielle Beantwortung zugestanden ist. Heute aber geht es oft gar nicht mehr um nur prinzipielle, sondern um situationskonforme Beantwortung, die Anwort sollte augenblicklich, sozusagen parallel zum Betriebsablauf gegeben werden, unter ständig variierenden Verhältnissen.

Ein Glück, daß die Computerindustrie auf der Höhe der Situation steht. Jedem Arbeitsplatz seinen persönlichen Computer, verbunden mit dem GroßComputer. Der Bildschirm zeigt auf Tastendruck augenblicklich, was an Wissen vorhanden ist. Vielleicht nicht nur Glück für die Beantwortbarkeit der Fragen, vielleicht auch Ursache für deren Stellung.

Das ist eine doppelte Herausforderung für den Theoretiker, der das gefragte Wissen spontan abrufbar produzieren soll. Hier geht es um theoretische Dinge, die so brennend interessant sind, die in eine so neue, faszinierende Gedankenwelt führen, daß es anfänglich gar nicht mehr von Bedeutung ist, welches Resultat herauskommt, wenn nur ein wissenschaftlich einwandfreies herauskommt. Die Desintegration von Theorie und Praxis nimmt ihren Anfang im Kern ihrer Integration.

Und bevor der Mathematiker noch Zeit gefunden hat, die ihm von der Praxis gestellten Fragen wenigstens teilweise befriedigend zu beantworten, hat die Computer-Industrie schon weitere Schritte nach vorn getan, und jetzt ist sie es, die den Mathematiker fragt, wie er seine Methoden den neuen Gegebenheiten anpassen könnte, um besser von ihnen zu profitieren, Methoden, die er teilweise noch gar nicht einmal in der alten Version geschaffen hat.

Der Praktiker merkt, daß Vieles vorgeht, er stellt auch immer noch Fragen, aber mit unsicherer werdender Stimme, und immer laienhafter, manchmal auch dem falschen Adressaten. Ist die Krise des Operations Research tatsächlich ausgebrochen?

Das Operations Research hat seine Kindheit hinter sich gelassen. Es befindet sich in einer aufwühlenden Phase der theoretischen Entwicklung und der Anpassung an veränderte äußere Umstände. Man hat gesagt, daß Gauß einen Algorithmus der linearen Programmierung vermutlich gesucht und gefunden hätte, wenn er um dessen Implementierbarkeit dank der Existenz des Computers gewußt hätte. Die stürmische Entwicklung des Computers zwingt dem Operations Research nicht eine entsprechende Neugestaltung auf, sie macht sie vielmehr möglich. Fragen, deren Neuartigkeit vor allem darin besteht, daß man sie heute stellen kann, gelangen ins Visier der Theoretiker, und verleihen dem Gebiet erst jene Attraktivität, die nötig ist, um eine neue Generation Forscher von Format auf den Plan zu rufen.

Aber auch die äußeren betrieblichen Gegebenheiten sind komplexer geworden. Die von den mathematischen Modellen zu erfassenden Systeme sind größer und greifen ineinander. Die Suche nach einer optimalen Lösung ist nicht selten jener nach einer vernünftigen machbaren gewichen.

In der zweiten Phase, die jetzt weltweit praktisch parallel verlief, war der auf Haushalten ausgerichtete Gedanke des Operations Research rundum zur Maxime erhoben worden, in ungeahnt umfassender Perspektive und Verflochtenheit. Die Zeit des Römer Clubs mit seinen Grenzen des Wachstums war angebrochen. Man begann, Energiemodelle riesenhaften Formats zu entwickeln, man lenkte sein Augenmerk auf Anwendungen des Operations Research in Fragen öffentlichen

Interesses: auf dem Gebiet des Recycling, der Abfallbeseitigung, der Abwasserreinigung, des Verkehrs, im Gesundheitswesen, um nur einige zu nennen. Dies machte die Umstellung bestehender rechnerischer Verfahren auf großes Format notwendig. Man erkannte, daß bei Problemen des öffentlichen Interesses schon die Zielsetzung selber kontrovers wurde, wenn man den Staat als Arbeitgeber, Arbeitnehmer, Financier und Kunden gleichzeitig auffaßt, und man widmete seine Aufmerksamkeit der Mehrzieloptimierung. Dabei erlebte die parametrische Optimierung entsprechende Impulse.

Für die Lösung solch großer Aufgaben wurden Dekompositionsverfahren entworfen, und man stützte sich auf Einsichten aus der Dualitätstheorie. Darüber hinaus wurden nichtlineare Verfahren immer notwendiger. Konvexe, aber auch nicht-konvexe Aufgaben mußten angegangen werden, und es wurden laufend neue Methoden entwickelt. Als zweckmäßig erwiesen sich u. a. auch die Lagrange-Dualität und abwechslungsweise zum Einsatz gebrachte Subgradienten-Verfahren. Die Komplementaritätstheorie, an welche auch vom Institut der ETH Zürich Beiträge ergingen, lieferte mit ihren eleganten Algorithmen ein verheißungsvolles Intermezzo.

Diese Aufzählung der aktiven Interessensteilgebiete des Operations Research ist keineswegs vollständig, so wurde nichts erwähnt von Entscheidungs- und Nutzentheorie, stochastischer Optimierung, Behandlung von Aufgaben mit unscharfen Mengen, u. v. a. Über die zu Anbeginn des Operations Research gern zitierte Spieltheorie hat man in der praktischen Anwendung andererseits wenig gehört.

Neben den Aufgaben der öffentlichen Hand hielt die Privatwirtschaft dem Operations Research natürlich weiterhin die Treue. Auch hier wuchs das Format der zu erfassenden Systeme. Bei vielen von ihnen zeigte sich die Darstellung im Graphen als intuitiv hilfreich, und erleichterte auf natürliche Weise das Heimischwerden in dieser Welt der Knoten und Kanten. Dies ist von großer Bedeutung, denn Graphentheorie und moderne Kombinatorik gehören zueinander. Ein überwiegender Anteil der heute von der Praxis gestellten Aufgaben entstammt einem der hier angesprochenen Teilgebiete der Kombinatorik; seien es offensichtliche Zuordnungs- oder Überdeckungsprobleme, oder Fragestellungen, die darauf aufbauen. Standortprobleme, Tourenplanungsaufgaben, die Travelling Salesman-Thematik mit ihren äquivalenten andersartig lautenden Formulierungen breiten sich hier aus und die heute im vordergründigen Interesse stehende Komplexitätstheorie hat sich schon in dieser zweiten Phase des Operations Research unüberhörbar angekündigt. Auch auf diesem Gebiet sind vom Institut der ETH Zürich namhafte Beiträge theoretischer Natur geleistet worden.

Neben den exakten, geschlossenen Methoden, die ja bei den neuen Fragestellungen grundsätzlich nicht ohne weiteres anwendbar waren, gewannen ausgeklügelte Branch and Bound-Verfahren und heuristische Praktiken immer mehr Bedeutung, wobei gegenseitige Verstrickung dieser drei Lösungskonzepte zu einem effizienten Ganzen der Phantasie und Initiative des Sachbearbeiters weiten Spielraum gewährte. Ein wichtiges Prinzip dabei ist die Gewährleistung eines gesunden Zusammenspiels von Modellrechnung und intuitiver letzter Verfeinerung „von Hand". Mit der Festlegung einer ausgewogen verlaufenden Abgrenzung zwischen grundsätzlicher algorithmischer Vorbereitung und mit Routine-

Verstand individuell abgeschlossener Erledigung steht und fällt der Erfolg eines Projektes.

Die Probleme des wachsenden Formats der Aufgaben waren hartnäckig. Nicht nur wurden die Modelle unübersichtlich, sie ließen sich auch auf dem Computer nicht mehr rationell verarbeiten. Viele Aufgaben gaben in ihrer Struktur eine deutliche Hierarchie zu erkennen, die man sich bei der Lösungsfindung nutzbar zu machen begann. Die Idee der modularen Gliederung drängte sich in vertikaler wie in horizontaler Sicht geradezu auf. Die Computer hatten ihrerseits in ihrer aktuellen Generation auf diese Entwicklung sozusagen gewartet.

Neben den Fortschritten und Wandlungen im Bereiche der deterministischen Modelle sind diejenigen auf dem Gebiete der Stochastik nicht zu vergessen. Vorhersage-Techniken, bewertete Markoff- und auch Semi-Markoff-Prozesse konnten der Intuition des Praktikers nähergebracht werden, der Dauerbrenner Wartelinientheorie fand in der Rationalisierung von Informatiksystemen eine wichtige Anwendung und erfuhr Impulse zur Theorie-Erweiterung auf Warteschlangen-Netze. Die schon immer wegen ihrer Verständlichkeit, Robustheit und Aussagekraft beliebten Monte Carlo-Simulationen erfreuten sich weiterhin großen Interesses; speziell auf sie zugeschnittene Computer-Sprachen vereinfachten ihren Einsatz.

Dies ist vielleicht der Augenblick, darauf hinzuweisen, wieviel auch und gerade die Softwareproduktion schon damals zur Verbreitung des Operations Research in der Praxis beigetragen hat. Die Schöpfung neuer Sprachen, die Benutzerfreundlichkeit des Betriebes, die Flexibilität der Architektur waren es, die die enormen Fortschritte der Hardware erst so richtig zur Geltung bringen konnten.

Herrschte in der ersten Phase des Operations Research in der Schweiz eine Aufbruchstimmung in Industrie und Wirtschaft, also im Anwendungsbereich, so kann man in seiner zweiten Phase von einer Aufbruchstimmung im Methoden- und im Daten-Verarbeitungsbereich sprechen. Kein Wunder, daß man sich im Benutzerkreis von allen Seiten überrollt fühlte und kaum mehr zurechtfand. Böse Erfahrungen lassen sich in einer derartigen Periode der Veränderungen wohl nie vermeiden. Sie waren nicht nur dem Konto der Benutzer zu belasten.

Um so wichtiger ist in solchen Zeiten das Wirken einer abwägenden Instanz, die die Wogen glättet, die Proportionen erkennt und weitherum zu erkennen gibt, und die Partner in selbstloser Weise wieder zusammenbringt. Diese Funktion fällt den Hochschulen zu, und das schon in der ersten Phase bewährte Konzept des Instituts der Zürcher ETH erwies sich jetzt mehr denn je als richtig: mit der theoretischen Entwicklung Schritt haltender Unterricht, Fallstudien-Kolloquien, Studienarbeiten in der Praxis, daneben eigene Forschung auf aktuellen Gebieten und eigene Beratungen von Kunden.

Der physische Wirkungsbereich eines praktisch orientierten Hochschulinstituts ist, auch wenn es zwischen 20 und 30 feste Mitarbeiter beschäftigt, sehr beschränkt. Ob ein solches Institut Spuren hinterlassen hat und hinterlassen wird, ist ohne zeitliche Distanz schwer zu sagen. Was die theoretische Ausbeute betrifft, so steht eine Fachwelt für die Urteilsbildung wohl stets zur Verfügung. Bei der Konzeption des Operations Research-Instituts der ETH Zürich jedoch, die diesem die Pflege eines mehreren Wissenszweigen gemeinsamen Grenzgebietes zur eigentlichen Aufgabe stellt, läßt sich ein Schiedsrichter so leicht nicht finden. Es darf daher als glückliche Fügung angesehen werden, wenn kurz vor dem bevorstehenden Ende der laufenden Ära dieses Instituts auf Grund einer vom Schweizerischen Schulrat in Auftrag gegebenen Reorganisationsstudie für die beiden ETH's auch abzuklären war, ob Industrie und Wirtschaft das Studium in Operations Research für sinnvoll erachten.

Wir beschlossen, Spitzenfunktionsträger aus Industrie und Wirtschaft im Sinne einer Stichprobe zu befragen. Es waren darunter die obersten Leiter von Firmen der Konsumgüterindustrie, der chemischen Industrie, der Maschinenindustrie, der Automobilindustrie, der Energiewirtschaft, von Banken, Transportgesellschaften, von Bauunternehmungen, und es waren darunter oberste Heeresführer, Leiter des Zivilschutzes und der Zollverwaltung. In erdrückender Mehrheit und teilweise mit großen Enthusiasmus sprachen sie sich für die dringende Wünschbarkeit des Faches Operations Research im Curriculum eines Wirtschaftsingenieurs aus. Das ist ein gutes Zeugnis für ein Fach, das 25 Jahre früher an dieser Schule noch nicht existierte, und darf uns alle daran Beteiligte mit Freude und Genugtuung erfüllen, auch wenn eine Stellungnahme dazu in den seither vergangenen $2^1/_2$ Jahren nicht erfolgt ist und die Weiterexistenz des Instituts über den Rücktritt des Lehrstuhlinhabers hinaus erst kürzlich von der Schulleitung in Frage gestellt wurde.

Ob ein Institut für Operations Research an der ETH Zürich in den 90er Jahren noch besteht oder nicht: wie soll und wie wird es wohl mit dem Fach Operations Research weitergehen? Die dritte Phase hat schon begonnen, und sie ist nicht weniger aufregend als die beiden ersten.

Sie steht im Zeichen der überwältigenden Verbreitung der „persönlichen" Computer, ihrer großen Leistungsfähigkeit und Benutzerfreundlichkeit. Mit ihnen ist einer unüberschaubaren Schar Sachbearbeitern in Industrie und Wirtschaft vorerst einmal rein technisch die Möglichkeit in die Hand gegeben, anspruchsvolle Modelle des Operations Research zu betreiben, und zwar nicht etwa nur in Momenten der geistigen Standortbestimmung als batch-Applikationen, sondern auch on-line, sozusagen an der betrieblichen Front. Dabei gewinnt das schon früher angesprochene Prinzip der Aufteilung einer Aufgabe in einem algorithmisch behandelten Grundsatzteil und eine verstandesmäßig individuell angepaßte Verfeinerungskomponente erhöhte Bedeutung dank dem „Dialog" zwischen Sachbearbeiter und Computer.

Mit der rein technischen Möglichkeit allein ist es freilich nicht getan: woher sollen denn all jene Sachbearbeiter in Wirtschaft und Industrie plötzlich das fachliche Wissen und Können hernehmen, um ein angemessenes Modell des Operations Research aufzustellen, die adäquaten Lösungsmethoden zu finden, zu programmieren, zweckmäßige Dialoggrenzen zu ziehen, kurz all das zu tun, was bisher dem Operations Research-Spezialisten vorbehalten war? Aus dem einzigen Grunde etwa, weil jetzt ein passender persönlicher Computer am Arbeitsplatz steht?

Hier nun setzt der neue große Gedanke des Operations Research an: die in unzähligen Applikationen gereiften, spezifisch ausgestalteten und bewährten Algorithmen sollen in derart benutzerfreundliche Software gekleidet werden, daß jeder intelligente Mensch, der mit einem Computer umzugehen weiß, sie ohne besondere mathematische Kenntnisse nutzbringend einsetzen kann. Dies bedingt aber zweierlei: zum einen müssen auf Computerseite In- und Output so konzipiert sein, daß das mathematisch-algorithmische Herzstück sich ohne Bangen als black box akzeptieren läßt, ja vielleicht nicht einmal als solche erkannt wird. Freundliche Input- und Outputgestaltung genügen, davon kann man bei der heute verbreiteten Computergläubigkeit ausgehen, um die Verwendung des Programms schmackhaft zu machen: wer vertraute auch nicht darauf, daß der Computer stets ganz grundsätzlich weiß, was er zwischen Input und Output zu tun hat! In die Richtung solch einer Benutzerfreundlichkeit weist die spread sheet-Technik, die rasche und verdiente Popularität gewonnen hat.

Ist nun die psychologische Barriere genommen, so muß zum anderen auf Benutzerseite die Existenz von Problemlösungsalgorithmen in großen Maßstab bekannt gemacht werden. Die Aufgabe hat normalerweise aber schon bei der Aufklärung darüber zu beginnen, daß überhaupt klar definierbare Probleme bestehen. Man fühlt sich in dieser neuesten Phase des Operations Research fast zurückversetzt in dessen Anfänge, denn wiederum handelt es sich darum, ein Publikum zu sensibilisieren. Allerdings stehen jetzt, im Gegensatz zu damals, beeindruckende technische Hilfsmittel für Demonstrationszwecke bereit, nicht nur erschwingliche, sondern vielfach bereits im Besitze des anvisierten Kreises befindliche, um deren intensivierte Ausschöpfung es geht. Allerlei Kurse, Seminare, Vorträge, Tagungen, Weiterbildungsprogramme haben diesem Zwecke zu dienen.

Wiederum und immer noch müssen also die drei Gebiete: praktische Aufgabenstellung, Mathematik, Informatik unter einen Hut gebracht werden, und es spielt offenbar grundsätzlich gar keine so große Rolle, in welchem Entwicklungsstadium sie sich befinden. Werden sie nicht von einer Instanz, die in allen dreien heimisch ist, an den Mann gebracht, so geht der Effekt verloren.

Mit dieser Einsicht drängen gewisse Ambitionen der – ich möchte sagen – übernächsten Phase des Operations Research sich von selber auf, und das Operations Research-Institut der ETH Zürich steht hier keineswegs abseits: da doch so zahlreiche tragfähige Algorithmen für die Behandlung so vieler betrieblicher Fragestellungstypen vorliegen, da entsprechende Computerprogramme benutzergerecht, d. h. freundlich und effizient verfügbar sind, da die benötigte Hardware beim Publikum vorhanden ist, und da der Dialog zwischen Sachbearbeiter und Computer so erfolgreich Schule gemacht hat – was liegt näher als zu versuchen, die vorhin wieder, nun schon fast zum Überdruß genannte, über den drei Gebieten thronende Instanz zu stürzen, und an deren Stelle das direkte Gespräch zwischen Sachbearbeiter und Computer zu setzen? Vom Sachbearbeiter würde die Fähigkeit erwartet, sein Problem einer vom Computer genannten Problemklasse durch die Antwort „JA" richtig zuzuordnen, etwa der Klasse Tourenplanung oder der Klasse Standortplanung oder der Klasse Lagerbewirtschaftung, etc. Die Gesprächsfortsetzung wäre ein gleichermaßen recht primitives Frage- und Antwortspiel, das dem Sachbearbeiter außer den Eingabedaten im wesentlichen nur JA/NEIN-Reaktionen abverlangte, ein Frage- und Antwortspiel freilich, aus welchen Folgerungen gezogen werden könnten, und zwar natürlich vom Computer selbst: zunächst die passende Folgefrage, und am Ende die nach einem vom Computer adäquat ausgewählten und benützten Verfahren gefundene Lösung einer konkreten Aufgabe, über deren klare Formulierung, Gehalt und

Bedeutung sich der Sachbearbeiter zu Beginn, aber vielleicht auch noch am Schluß, gar keine Rechenschaft abgelegt hätte. Eine Perspektive, verführerisch in ihrem Potential der Öffnung, problematisch unter Umständen in der Möglichkeit unbeabsichtigter Folgen auf gesellschaftlicher ebenso wie im Bumerangeffekt auf fachlicher Ebene.

An das Nachsichziehen nicht gewollter Auswirkungen zu denken sollten wir in der zweiten Hälfte unseres Jahrhunderts allerdings gelernt haben. Betrachten wir kurz den Stand der Theorie. Mit ihrer zunehmenden Tiefe bietet sie dem Mathematiker immer mehr Reiz. Niemand wird diesem Spezialisten verargen, daß ihm die praktische Fragestellung weitgehend nur mehr als Vorwand für seine Anstrengungen dient, verzichtet er nicht überhaupt auf ihre Kenntnisnahme. In der Komplexitätstheorie sind weltweit große Fortschritte erzielt worden, die Algorithmik ist Gegenstand intensiver Forschung, dem bewährtesten und als besten gewähnten Algorithmus des Operations Research, dem Simplex-Algorithmus der linearen Programmierung, werden innere Verfahren als ernst zu nehmende neue Konkurrenten gegenübergestellt, die im Falle ungünstiger Konstellationen unvergleichlich schneller als jener konvergieren. Die Mathematiker liefern sich Wettrennen in der Kombinatorik, neue applikationsbezogene Computersprachen entstehen, die Computergraphik öffnet Tore zur verständnisfördernden Darstellung auch der Theorien selber, das Werkzeug beginnt sich selber zu bearbeiten, es läßt sich bald nur mehr vom jeweiligen Forscher persönlich in den Dienst nehmen – außer es sei so benutzerfreundlich gestaltet, daß man es handhaben kann, ohne es zu verstehen. Dazu aber verhilft der Computer neuerdings immer mehr.

Und damit kommen wir zu einer gefährlichen Klippe: wir sind dabei – und nicht nur im Operations Research, sondern auf der ganzen weiten Flur des Wissens –, unseren Fortschritt bis zum Niedergang zu steigern. Die von ihm ausgehenden Bedrohungen werden uns täglich deutlicher bewußt. Es ist nicht nötig, hier näher auf sie einzugehen, obwohl sich dies in einer Abschiedsvorlesung gut machte. Hier interessiert uns die zerstörerische Komponente des Fortschritts vor allem im Einflußbereich des Operations Research, und sie richtet sich über eine gesellschaftlichen Zwischenschauplatz gegen dessen eigenes Ziel.

Nie in der Geschichte der zivilisierten Menschheit war der durchschnittliche Wissensstand so hoch wie heute, aber nie war auch dessen Streuung so erschreckend, nie das geistige Zusammenleben so dicht und die Einsamkeit so ausgeprägt. Eine Unterstützung dieser Tendenz wird von der sogenannten Benutzerfreundlichkeit geleistet. Schon die seelenlose, sprachlich unbefriedigende und dennoch treffende Wortschöpfung kann einem bange machen. Benutzerfreundlichkeit ist keineswegs ausschließlich mit Software und Hardware zu assoziieren, man trifft sie auch andernorts an, bzw. man vermißt sie. Denn sie gehört unbestreitbar zu unseren größten und notwendigsten Errungenschaften. Aber sie kann auch eine gefährliche Droge sein, wenn sie unbeabsichtigte Nebenauswirkungen zeitigt.

Ihre Krönung findet die Benutzerfreundlichkeit freilich im Bereiche des Computers. Der weiter oben angeführte Dialog zwischen Sachbearbeiter und Computer anläßlich der Planung und Durchführung einer Operations Research-Aufgabe ist ein Glanzbeispiel dafür, und genau dort besteht die Gefahr unbeabsichtigter Nebenauswirkungen.

Nun wird mancher zweifellos stirnrunzelnd fragen: was ist denn daran so Schlimmes, wenn ein mathematisch ungeschulter JA/NEIN-Sachbearbeiter eine anspruchsvolle mathematische Aufgabe anpackt und gar noch löst, ohne zu wissen, daß er es tut? Ist es nicht im Gegenteil eine echte Hebung unseres Niveaus, wenn wir Derartiges ermöglichen? Muß man nicht – um ein Beispiel der Benutzerfreundlichkeit auf einem anderen Gebiet als Vergleich heranzuziehen – muß man nicht dankbar sein, wenn man heute gute Bilder photographieren kann, ohne Distanz, Blende und Verschlußzeit selber einzustellen – mit all den dabei lauernden Fehlerrisiken –, auch wenn es vermutlich keine Kunstwerke sind?

Eine lange Liste ähnlicher Beispiele wollen wir uns ersparen. Wir lassen uns gegenseitig und wir lassen eine leicht abrichtbare Umwelt Stufen zum Paradies erklimmen, und vor lauter geistiger Hilfsbereitschaft und -fähigkeit züchten wir ganz nebenbei ein bißchen geistige Armut. Das ist ein gesellschaftliches Problem. Es schlägt obendrein manchmal zurück auf das Fundament des weiteren Fortschritts, wie wir gleich sehen werden, und wenigstens deshalb sollte sogar ein mit Scheuklappen bewaffneter Forscher aufhorchen.

Dies ist nicht der Ort, den Problemen der Menschheit nachzuhängen. Wer sie einigermaßen zu verstehen und zu begründen versuchen will, muß ihnen wohl ein Leben widmen. Und lösen werden wir sie schon gar nicht. Aber wenn wir zum Beispiel des Operations Research zurückkehren, so können wir vielleicht überlegen, wo hier die Gefahren des Fortschritts lauern und was sich zumindest auf diesem schmalen Streifen tun läßt, damit der Fortschritt erstrebenswert bleibt. Denn wenn wir die Idee des Operations Research bejahen, und das tun wir, müssen wir seinem Fortschritt zustimmen. Und Fortschritt besteht nun einmal nicht nur in Verfeinerung, sondern auch in Popularisierung des Erreichten, in dessen Verbreitung durch Senkung der Kosten – auch der geistigen.

Der Dialog zwischen JA/NEIN-Sachbearbeiter und Computer ist es, der zur Sorge gemahnt. Daß es ihn gibt, ist grandios. Daß man ihn benützen soll, steht über jedem Zweifel. Aber man darf die Augen nicht davor verschließen, daß daraus unerwünschte Folgen erwachsen können. Zum Beispiel, daß man denkfaul würde, oder daß man den Mangel jedwedes Verständnisses des im Computer ablaufenden Prozesses mit unkritisch zustimmendem Verhalten heiligte. Hier läßt sich der Mensch zum abhängigen Gefolgsmann des Computers formen. Aber auch: daß man gar keine neuen, konstruktiven Fragen zu stellen fähig wäre, weil man zur Verarbeitung der Zusammenhänge keine direkte Beziehung mehr besäße, nicht mehr wüßte, was dabei wie berücksichtigt wird, was nicht, und was man überhaupt besser machen sollte. Und daß man solche konstruktive Fragen, kämen sie von anderer Seite, aus dem gleichen Grunde gar nicht mehr selber zu beantworten vermöchte, daß man sie statt dessen gern unter den Tisch fallen ließe, wie das heute schon immer wieder in allen möglichen Dienstleistungsbelangen geschieht, wo „der Computer schuld ist, daß man leider nichts ändern kann". Hier stört der Routinedialog zwischen Sachbearbeiter und Computer den schöpferischen Dialog zwischen Praxis und Theorie, hier werden Impulse abgefangen, der Fortschritt des Operations Research selber blockiert.

Was also müssen wir tun? Es ist gar nicht so viel, und wer den Ausführungen bis hierher gefolgt ist, wird erraten, was es ist. Bei allem Einverständnis mit der Rationalisierung des Faches, bei aller Lust an der Automatisierung von bisher der

Überlegung vorbehaltenen Schritten durch Förderung des Zusammenspiels zwischen Sachbearbeiter und Computer, bei aller Bereitschaft, flügge gewordene Kinder aus der elterlichen Obhut zu entlassen, müssen wir dafür sorgen, daß die zentrale Integrationsfigur nicht total verschwindet, und daß sie kein bloß als nebensächlich angesehenes Dasein fristet. Sie mag von einer Großzahl ihrer bisherigen Tätigkeiten entlastet werden – das ist begrüßens- und erstrebenswert. Aber ihre weitere Existenz ist nötiger denn je, weil mit stärker gewordenen Methoden schwierigere praktische Aufgaben in den Bereich der Lösbarkeit rücken, solche, die man früher gar nicht anzupacken wagte, und deren zeitliche Reife gerade die zentrale Integrationsfigur am besten erkennt. Diese zentrale Integrationsfigur wird in Zukunft noch weniger als bisher das Fachspezialistentum pflegen können: nicht der Mathematik, nicht der Informatik, nicht der Betriebswissenschaft ausschließlich dienen können, denn diese Wissenschaften driften auch in ihren Berührungszonen weg voneinander in immer größere Tiefen. Sie soll vielmehr deren spezialisierte Erkenntnisse als gemeinsam verwalteten Schatz allen Beteiligten zugänglich erhalten, soll die Kommunikation zwischen allen Beteiligten fördern, damit die Streuung des Wissensstandes sich verringert bei gleichzeitiger Hebung seines Durchschnitts. Aber auch, damit gegenseitige Anregungen weiterhin möglich bleiben; damit keiner der Beteiligten in geistige Auslieferung an einen seiner Partner gerät; damit Operations Research nicht zur Konfektionsware herabsinkt, die im konkreten Fall nicht paßt. Und damit noch jemand da ist, den man notfalls fragen kann.

Und wir müssen natürlich auch mit Hilfe beruflicher Weiterbildungskurse das Verstehen der im Dialog mit dem Computer tätigen Menschen heben, damit nicht wirklich eine Klasse von bloßen JA/NEIN-Sachbearbeitern entsteht, damit der Ausspruch: „Ein guter Manager ist, wer sich mit guten Mitarbeitern umgibt" nicht abgewandelt werden kann zu: „Ein guter Sachbearbeiter ist, wer sich mit guten Computern umgibt".

Hier wird das Wort geredet einer schulischen Konzeption, die in Vergangenheit und Gegenwart ihre Bewährungsprobe bestanden hat, und auch in Zukunft bestehen kann, hat sie doch Fortschritt durch Hochhaltung des Verbindenden und Konsolidierung des Erreichten zum Ziele, Aufrechterhaltung des Anschlusses an das Aktuelle und Ansporn zu in proportioniertem Rahmen wurzelnder Sonderleistung.

Sea Island, Georgia, August 1988

II Mathematische Optimierung

Lösungsverfahren der stochastischen Programmierung – ein Überblick

P. Kall

1 Einleitung

Mathematische Programme sind der Fachwelt – zumindest als Problemstellung – seit über vier Jahrzehnten geläufig. Formal können wir solche Probleme aufschreiben als

$$
\left.
\begin{array}{ll}
\min & f(x) \\
\text{bzgl.} & g(x) \leq 0,\, x \in X,
\end{array}
\right\} \tag{1}
$$

wobei $f : \mathbb{R}^n \to \mathbb{R}$, $g : \mathbb{R}^n \to \mathbb{R}^m$ und $X \subset \mathbb{R}^n$ als gegeben vorausgesetzt werden. Je nach den Eigenschaften von f, g und X unterscheiden wir dann verschiedene Typen mathematischer Programme. So erhalten wir beispielsweise:

- lineare Programme,
  falls f und g linear sind und X eine konvex polyedrische Menge ist;

- konvexe Programme,
  falls f und g konvex sind und X eine konvexe Menge ist;

- ganzzahlige Programme,
  falls $X = \mathbb{Z}^n$, also gleich der Menge von n-Vektoren mit ganzzahligen Komponenten ist.

Dabei ist nicht zu übersehen, daß sich die Ganzzahlige Programmierung als Disziplin verselbständigt hat. Grund hierfür ist wohl, daß sie sich wesentlich auf mathematische Hilfsmittel wie Kombinatorik, Algebra, Zahlentheorie, Graphentheorie, kurz: Diskrete Mathematik, stützen muß, während die übrigen Teilgebiete der Mathematischen Programmierung ihre Hilfsmittel zu einem großen Teil der Analysis entnehmen. Wir werden im folgenden die Ganzzahlige Programmierung nicht berühren, da sie im Kontext unseres Themas bisher noch nicht sehr eingehend untersucht wurde.

Hinsichtlich der Entwicklung von Lösungsverfahren war die Lineare Programmierung das Teilgebiet, das zuerst zur Anwendungsreife in der Praxis gelangte. Kommerzielle Softwarepakete für Linearprogramme werden seit über 20 Jahren vertrieben und gewartet, und die Anwendungen der Linearen Programmierung sind weltweit sehr zahlreich und vielfältig. Als Grund für diesen Sachverhalt mag man vermuten, daß einerseits eine lineare Modellstruktur für viele Anwender noch am leichtesten nachvollziehbar ist und daher bei der Modellierung realer

P. Kall et al. (Hrsg.) Quantitative
Methoden in den Wirtschaftswissenschaften
© Springer-Verlag Berlin Heidelberg 1989

Probleme bevorzugt wird, auch wenn eine Rechtfertigung für die Wahl eines linearen Modells gelegentlich kaum mehr zu finden ist, und daß sich andererseits die vor über 40 Jahren von G. B. Dantzig [7] vorgeschlagene Simplex-Methode in geeigneten (revidierten) Implementationen als verhältnismäßig einfach, zuverlässig und effizient bewährt hat. Letzteres war zunächst überraschend, da die „worst case"-Analyse eine mit den Problemdimensionen exponentiell ansteigende Komplexität erwarten ließ, und wurde erst verständlich durch die von K. H. Borgwardt [6] eingeleiteten stochastischen Analysen des Simplex-Verfahrens, die vermutlich durch die heftige Diskussion um L. G. Khachian's [22] Ellipsoidmethode ausgelöst wurden.

In der Nichtlinearen Programmierung brauchte die Entwicklung mehr Zeit und hält nach wie vor in voller Breite an. Nach ersten grundlegenden theoretischen Resultaten – Optimalitätsbedingungen, Dualitätsaussagen, etc. – versuchte man zunächst, und mit Erfolg, die vorhandene Erfahrung nutzend, mit Abstiegs- und Austauschverfahren weiterzukommen. Ein sehr gutes Spiegelbild jener Entwicklungsphase ist „der" Künzi-Krelle [23]. Anschließend folgten – neben einer wesentlichen Vertiefung der theoretischen Einsichten – verschiedene Klassen von Verfahren, beispielsweise unter den Stichworten: zulässige Richtungen, Schnittebenen, Strafkosten, Lagrange (erweitert), variable Metrik, konjugierte Gradienten, sequentielle quadratische Näherung usw. Eine sehr gut lesbare Darstellung eines großen Teils dieser theoretischen und methodischen Entwicklung findet man in E. Blum – W. Oettli [4]. Zu vielen dieser Methoden sind heute Softwarepakete verfügbar, über deren Leistungsfähigkeit detaillierte Untersuchungen durchgeführt werden, beispielhaft von K. Schittkowski [30]. Verbesserungen bezüglich Zuverlässigkeit und Effizienz der Verfahren stehen heute im Vordergrund der Diskussion.

Erheblich komplizierter wird die Situation, wenn man annimmt, daß die Ziel- und Restriktionsfunktionen in (1) zusätzlich von einem zufälligen Parametervektor abhängen, daß also eine Menge $\Xi \subset \mathbb{R}^k$ als Träger einer (bekannten) Wahrscheinlichkeitsverteilung P existiert und nunmehr $f : \mathbb{R}^n \times \Xi \to \mathbb{R}$ und $g : \mathbb{R}^n \times \Xi \to \mathbb{R}^m$ vorgegeben sind. Offenbar ist dann das Modell (1) nicht mehr sinnvoll, da unklar ist, für welche der stochastischen Elemente $\xi \in \Xi$ die Restriktionen in (1) gelten sollen und wie die Minimierung zu verstehen ist, wenn wir davon ausgehen, daß die Entscheidung über x zu treffen ist, bevor die Realisation von ξ beobachtet werden konnte. Anstelle von (1) sind unter diesen Voraussetzungen das Modell mit *Wahrscheinlichkeitsrestriktionen*

$$\left. \begin{array}{ll} \min_{x \in X} & Ef(x, \xi) \\[2mm] \text{bzgl.} & P(\{\xi \mid g(x, \xi) \leq 0\}) \geq \alpha \end{array} \right\} \tag{2}$$

sowie das *Zweistufige Stochastische Programm*

$$\min_{x \in X} E[f(x, \xi) + Q(x, \xi)] \tag{3}$$

untersucht worden. Dabei steht E für den Erwartungswert, und $Q(\cdot, \cdot)$ ist als Straffunktion für die Verletzung der Restriktionen

$$g(x, \xi) \leq 0$$

zu verstehen. In der stochastischen *linearen* Programmierung ist dann

X konvex polyedrisch,

und die beiden Modelle werden üblicherweise wie folgt formuliert:

$$\left. \begin{array}{ll} \min_{x \in X} & Ec(\xi)^T x \\ \text{bzgl.} & P(\{\xi \mid A(\xi)x \geq b(\xi)\}) \geq \alpha, \end{array} \right\} \tag{4}$$

beziehungsweise

$$\min_{x \in X} \quad E[c(\xi)^T x + Q(x, \xi)] \tag{5}$$

mit

$$Q(x, \xi) := \min \{q(\xi)^T y \mid Wy = h(\xi) - T(\xi)x, \ y \geq 0\}. \tag{6}$$

In (4)–(6) wird vorausgesetzt, daß die Vektoren $c(\cdot)$, $b(\cdot)$, $q(\cdot)$, $h(\cdot)$ und Matrizen $A(\cdot)$, $T(\cdot)$ linear affin von ξ abhängen und die Matrix W fest gegeben ist (sogenannte fixe Kompensation).

Einfache Beispiele zeigen, daß (4) im allgemeinen kein konvexes Programm ist. Ist jedoch $A(\cdot)$ konstant, d. h. $A(\xi) \equiv A$, und hat die Verteilung von $b(\xi)$ eine Dichte $\delta(\cdot)$, dann verdanken wir A. Prekopa [25] sowie C. Borell [5] und Y. Rinott [28] notwendige und hinreichende Bedingungen an $\delta(\cdot)$ dafür, daß das durch $b(\cdot)$ induzierte Wahrscheinlichkeitsmaß $\tilde{P}$ logarithmisch konkav bzw. quasikonkav ist, womit dann die Konvexität des zulässigen Bereiches von (4) gewährleistet ist. Diese Bedingungen verlangen lediglich, daß $\log \delta(\cdot)$ konkav bzw. $[\delta(\cdot)]^{-1/k}$ konvex ist, womit eine große Menge praktisch relevanter Verteilungen erfaßt wird.

Die Aufgabenstellung (5) hingegen hat allgemein, zumindest theoretisch, sehr angenehme Eigenschaften: die Zielfunktion ist konvex, Lipschitz-stetig und für absolut stetige Verteilungen sogar stetig differenzierbar. Für weitere Einzelheiten über die theoretischen Ergebnisse in bezug auf die Probleme (4) und (5) sei auf [16] verwiesen.

Speziell erwähnt sei noch, daß für eine endlich diskrete Verteilung $P(\xi = \xi^{(i)}) = p_i$, $i = 1, \ldots, N$ Aufgabe (5) mit $\bar{c} := Ec(\xi)$ übergeht in

$$\left. \begin{array}{ll} \min & [\bar{c}^T x + \Sigma_{i=1}^N p_i q(\xi^{(i)})y^{(i)}] \\ \text{bzgl.} & x \in X \\ & T(\xi^{(i)})x + W \ y^{(i)} = h(\xi^{(i)}), \quad i = 1, \ldots, N \\ & \qquad\qquad y^{(i)} \geq 0, \qquad i = 1, \ldots, N, \end{array} \right\} \tag{7}$$

also in ein Linearprogramm mit (dualer) Dekompositionsstruktur.

Obwohl die genannten Ergebnisse theoretisch vielversprechend sind, ist es praktisch doch unmöglich, nun einfach bewährte Verfahren der Nichtlinearen

Programmierung zur Lösung von (4) oder (5) heranzuziehen: die dazu erforderli-
che, iterativ zu wiederholende Auswertung der Restriktion von (4) bzw. der
Zielfunktion von (5) und ihrer Gradienten ist prohibitiv aufwendig, wenn nicht
überhaupt unmöglich, sofern man sie mit konventionellen Mitteln der numerischen Integration angehen wollte.

Im folgenden sollen Lösungsverfahren skizziert werden, wie sie in diesem
Jahrzehnt für Probleme des Typs (4) bzw. (5) vorgeschlagen und implementiert
wurden. Auf die vollständige Darstellung der technischen Details wird im Interesse
der Verständlichkeit verzichtet. Ebenso versagen wir uns die Darlegung der unter
geeigneten Voraussetzungen (Konvexität, Differenzierbarkeit etc.) jeweils nahelie-
genden Verallgemeinerungen der besprochenen methodischen Konzepte zur
Lösung von (2) bzw. (3).

2 Wahrscheinlichkeitsrestriktionen

Entsprechend der genannten Tatsachen, daß der zulässige Bereich von (4) im
allgemeinen nicht konvex ist, beschränken sich die bisher entwickelten Verfahren
zur Lösung von Programmen mit Wahrscheinlichkeitsrestriktionen auf Spezialfälle, wobei der in Anwendungen am häufigsten auftretende von der Form

$$
\left.
\begin{aligned}
\min \quad & \bar{c}^T x \\
\text{bzgl.} \quad & P(\{\xi \mid Ax \geq \xi\}) \geq \alpha \\
& Dx = d \\
& x \geq 0
\end{aligned}
\right\} \tag{8}
$$

ist, d. h. wir setzen $A(\xi) \equiv A$ und $b(\xi) \equiv \xi$ und unterstellen, daß X durch die
linearen Restriktionen $Dx = d, x \geq 0$ beschrieben wird. Hat ξ die Dichte $\delta(\cdot)$ und ist
$\log \delta(\cdot)$ konkav oder wenigstens $[\delta(\cdot)]^{-1/k}$ konvex, dann ist nach [25] bzw. [28] die
Funktion

$$
G(x) := P(\{\xi \mid Ax \geq \xi\})
$$

quasikonkav. Das ist offensichtlich für gängige Verteilungstypen wie Gleich-,
Exponential- und Normalverteilungen der Fall. Folglich wurde versucht, Verfahren der Nichtlinearen Programmierung in geeigneter Modifikation – für den Fall
der (multivariaten) Normalverteilung – auf (8) anzuwenden. So haben beispielsweise Prekopa et al. [27] eine Erweiterung eines Zulässige-Richtungen-Verfahrens
[26] von Zoutendijk bereits Anfang 1970 implementiert. Ebenso wurden Strafko-
sten- und Schnittebenenverfahren adaptiert. Schließlich hat jüngst J. Mayer [24]
ein Reduzierte-Gradienten-Verfahren entwickelt und dazu das Softwarepaket
PROCON implementiert, dessen Iterationsschritt (nach der Startphase) hier kurz
wiedergegeben werden soll:

Ist x eine zulässige Lösung von

$$\left.\begin{array}{ll} \min & \bar{c}^T x \\[4pt] \text{bzgl.} & G(x) \geq \alpha \\ & Dx = d \\ & x \geq 0 \end{array}\right\} \tag{9}$$

und läßt sich D gemäß $D = (B, N)$ in Basis- und Nichtbasisteil zerlegen, dann wird bei entsprechender Zerlegung (in Basis- und Nichtbasisteil) der zulässigen Lösung $x^T = (y^T, z^T)$, des Zielfunktionsgradienten $\bar{c}^T = (f^T, g^T)$ und der Suchrichtung $w^T = (u^T, v^T)$ mit Hilfe von

$$\left.\begin{array}{llll} \max & \tau \\[4pt] \text{bzgl.} & f^T u & + g^T v & \leq -\tau \\ & \nabla_y G(x)^T u & + \nabla_z G(x)^T v & \geq \Theta\tau, & \text{falls } G(x) \leq \alpha + \varepsilon \\ & Bu & + Nv & = 0 \\ & & v_j & \geq 0, & \text{falls } z_j \leq \varepsilon \\ & & \|v\|_\infty & \leq 1 \end{array}\right\} \tag{10}$$

eine Suchrichtung bestimmt. Dabei sind $\varepsilon > 0$ eine Toleranzgröße (Nulltest), $\Theta > 0$ ein Parameter und $\|\cdot\|_\infty$ die Maximumnorm, so daß (10) ein Linearprogramm darstellt. Mit

$$u = -B^{-1} N v$$

ist (10) gleichbedeutend mit

$$\left.\begin{array}{llll} \max & \tau \\[4pt] \text{bzgl.} & r^T v & \leq -\tau \\ & s^T v & \geq \Theta\tau, & \text{falls } G(x) \leq \alpha + \varepsilon \\ & v_j & \geq 0, & \text{falls } z_j \leq \varepsilon \\ & \|v\|_\infty & \leq 1, \end{array}\right\} \tag{11}$$

wobei offensichtlich

$$r^T = g^T - f^T B^{-1} N$$

$$s^T = \nabla_z G(x)^T - \nabla_y G(x)^T B^{-1} N$$

die reduzierten Gradienten der negativen Zielfunktion bzw. der Restriktionsfunktion sind.

Das Problem (10) bzw. (11) ist offenbar stets lösbar. Ist der Optimalwert $\tau^* > \varepsilon$, dann wird $w^{*T} = (u^{*T}, v^{*T})$ als Suchrichtung akzeptiert; andernfalls wird die Toleranz ε reduziert und (11) erneut gelöst, es sei denn, das Abbruchkriterium – $\tau^* = 0$ zweimal nacheinander – ist erfüllt.

Mit der Suchrichtung w* wird dann die Schrittlänge λ mittels Bisektion so bestimmt, daß $G(x + \lambda w^*) = \alpha$ innerhalb der Toleranz gilt.

Der Autor berichtet, daß er mit PROCON auf einem PC AT – ohne Coprocessor! – folgende Probleme gelöst hat:

- ein Wasserversorgungsmodell aus [9] mit 17 Variablen
  (in unserer Darstellung (9))
  und 10 Restriktionen, wovon 3 stochastisch, in einer Minute;

- ein Energiemodell aus [27] mit 71 Variablen
  (in unserer Darstellung (9))
  und 52 Restriktionen, wovon 4 stochastisch, in etwa 20 Minuten.

In beiden Fällen war für die 3 bzw. 4 stochastischen rechten Seiten eine gemeinsame Normalverteilung (Erwartungswerte, Standardabweichungen, Korrelationsmatrizen) vorgegeben und das Wahrscheinlichkeitsniveau $\alpha = 0.9$ gesetzt.

In allen erwähnten Verfahren ist die Auswertung von $G(x)$ und $\nabla G(x)$ erforderlich, die mit der Berechnung von bestimmten Mehrfachintegralen über die gemeinsame Dichte der Zufallsvariablen gleichbedeutend ist. Mit herkömmlichen Quadraturformeln, sofern sie überhaupt hier anwendbar sind, wäre der Aufwand dafür so groß, daß sich die iterative Verwendung in einem Optimierungsverfahren von selbst verbietet. Im obengenannten Energiemodell aus [27] wären für jede Auswertung von $G(x)$ bzw. $\nabla G(x)$ jeweils ein Vierfachintegral bzw. vier Dreifachintegrale zu berechnen, wobei PROCON bis zur Optimallösung in diesem Beispiel $G(x)$ 33-mal und $\nabla G(x)$ 7-mal aufruft!

Man hat daher Anstrengungen unternommen, schnelle Monte-Carlo-Methoden zu entwickeln, die die Auswertung dieser Integrale mit genügender Genauigkeit und tragbarem Aufwand gestatten. Ein Durchbruch in dieser Richtung wurde für die multivariate Normalverteilung von I. Deak [8] erzielt, und kürzlich hat T. Szantai [33] Subroutinen zur Berechnung von $G(x)$ und $\nabla G(x)$ für die (multivariate) Gamma-, Normal- und Dirichlet-Verteilung vorgestellt, auf die in PROCON zugegriffen wird.

3 Zweistufige Stochastische Programme

Wie bereits erwähnt, entspricht bei einer endlich diskreten Wahrscheinlichkeitsverteilung mit N Realisationen dem zweistufigen Programm (5) das Linearprogramm (7) mit dualer Dekompositionsstruktur. Für große Werte von N ist jedoch der Einsatz eines Dekompositionsverfahrens etwa nach Dantzig-Wolfe nicht sehr effizient. Vielmehr haben sich die in den sechziger Jahren entwickelten sogenannten Basisreduktionsmethoden (vgl. etwa K. Beer [1]), mit denen eine spezielle Struktur der Koeffizientenmatrix wie in dem in (7) vorliegenden Fall ausgenützt werden kann, als sehr nützlich erwiesen. Von diesen Überlegungen ausgehend hat B. Strazicky [31] ein Lösungsverfahren für (7) vorgeschlagen und in [32] eine PC-Implementation davon beschrieben. In [17] wurde gezeigt, daß gemessen an der üblichen revidierten Simplexmethode der Rechenaufwand pro Pivotschritt in diesem Verfahren von $\mathcal{O}(N^3)$ auf $\mathcal{O}(N^2)$ gesenkt wird, was für große N offensichtlich bedeutsam ist. Unter der noch spezielleren Annahme, daß $T(\xi) \equiv T$ (konstant) und $W = (I, -I)$, d. h. für die „einfache Kompensation" (simple recourse), hat R. J.-B. Wets [34] sogar ein Verfahren ausgearbeitet, in dem die Ordnung der Basismatrizen nicht größer ist, als sie in (7) für $N = 1$ sein müßte!

Diese Ausgangslage hat den Versuch nahegelegt, das Problem (5) mit beliebigen, auch stetigen Wahrscheinlichkeitsverteilungen P näherungsweise zu lösen, indem man P sukzessive durch geeignete diskrete Verteilungen $\tilde{P}$ approximiert und die dabei anfallenden Linearprogramme der Form (7) löst. Daß das „im Prinzip" möglich ist, wurde bereits in [15] anhand des in der Maßtheorie üblichen Integralbegriffes (Approximation durch im Mittel konvergente Folgen integrierbarer Treppenfunktionen) dargelegt. Stabilitätsuntersuchungen in neuerer Zeit von S. M. Robinson – R. J.-B. Wets [29] und in [18] zeigen, daß unter recht allgemeinen Voraussetzungen (5) und sogar (3) stabil sind, wenn man die schwache Konvergenz von Massen (vgl. [2]) zugrundelegt.

Zwecks Vereinfachung der Darstellung setzen wir jetzt voraus, daß

$$\Xi \text{ ein Intervall (Quader) in } \mathbb{R}^k \quad \text{und} \quad q(\xi) \equiv q \text{ (konstant)}$$

sind. Dann ist in (5) $Q(x, \cdot)$ in ξ konvex für jedes $x \in X$. Mit $\bar{\xi} = E\xi$ liefert Jensen's Ungleichung

$$Q(x, \bar{\xi}) \leq EQ(x, \xi) \quad \forall\, x \in X \tag{12}$$

eine untere Schranke für $EQ(x, \xi)$, die wir aus (6) mit $\xi := \bar{\xi}$ berechnen können. Ist ζ eine Zufallsvariable mit Verteilungsfunktion $F(\cdot)$, Erwartungswert $\bar{\zeta}$ und Werten im Intervall $[a, b]$, dann gilt, wie man leicht nachrechnet, für jede konvexe Funktion $\phi : [a, b] \to \mathbb{R}$ die Edmundson-Madansky-Ungleichung

$$\int_a^b \phi(\zeta) F(d\zeta) \leq \frac{b - \bar{\zeta}}{b - a}\, \phi(a) + \frac{\bar{\zeta} - a}{b - a}\, \phi(b), \tag{13}$$

d. h. das diskrete Maß $\hat{P}$ auf den Intervallenden mit

$$\hat{P}(a) = \frac{b - \bar{\zeta}}{b - a}, \quad \hat{P}(b) = \frac{\bar{\zeta} - a}{b - a} \tag{14}$$

liefert eine obere Schranke für $\int_a^b \phi(\zeta) F(d\zeta)$. Ist nun, wie angenommen, Ξ gegeben als

$$\Xi = \mathsf{X}_{i=1}^k [a_i, b_i], \tag{15}$$

und setzen wir überdies voraus, die Komponenten des Zufallsvektors ξ seien stochastisch unabhängig, dann existiert für jede Komponente analog zu (14) ein diskretes Maß $\hat{P}_i$ mit

$$\hat{P}_i(a_i) = \frac{b_i - \bar{\xi}_i}{b_i - a_i}, \quad \hat{P}_i(b_i) = \frac{\bar{\xi}_i - a_i}{b_i - a_i}, \tag{16}$$

und $\hat{P} = \Pi_{i=1}^{k} \hat{P}_i$ definiert ein diskretes Maß auf den Ecken von Ξ, für das

$$EQ(x, \xi) \leq \int_{\Xi} Q(x, \xi)\hat{P}(d\xi) \tag{17}$$

gilt. Wir haben also eine berechenbare obere Schranke für $EQ(x, \xi)$. Löst nun $\hat{x}$ die Aufgabe

$$\min_{x \in X} [\bar{c}^T x + Q(x, \bar{\xi})], \tag{18}$$

dann gilt also

$$\left.\begin{array}{l} \bar{c}^T \hat{x} + Q(\hat{x}, \bar{\xi}) \leq \min_{x \in X} E[c(\xi)^T x + Q(x, \xi)] \\[2mm] \qquad \leq \bar{c}^T \hat{x} + \int_{\Xi} Q(\hat{x}, \xi)\hat{P}(d\xi). \end{array}\right\} \tag{19}$$

Wir haben damit berechenbare untere und obere Schranken für den in (5) gesuchten Optimalwert. Für den Fall, daß die so gegebene Fehlerschranke zu groß ist, wurde in [21] ausgeführt, daß eine Partitionierung von Ξ in Teilintervalle, sogenannte Zellen, und die zu (12) und (17) analogen Ungleichungen bezüglich der bedingten Verteilungen auf den Zellen zu einer Verbesserung der totalen Schranken führen. Wir erhalten so je eine diskrete Verteilung $\tilde{P}$ mit Realisationen in den bedingten Erwartungswerten (bezüglich P) der Zellen für die untere Schranke und eine diskrete Verteilung $\hat{P}$ mit Realisationen in den Eckpunkten aller Zellen der Partition für die obere Schranke. Theoretisch strebt nach den erwähnten Stabilitätsuntersuchungen der totale Fehler gegen Null, wenn die Partitionen beliebig fein werden, da $\tilde{P}$ und $\hat{P}$ schwach gegen P konvergieren, was aber rechnerisch – wegen des rapiden Anwachsens der Probleme vom Typ (7) – nicht zu bewerkstelligen ist. Unter Ausnutzung der Tatsache, daß $Q(x, \cdot)$ in ξ stückweise linear (und konvex) ist und sowohl die Jensen-, als auch die Edmundson-Madansky-Ungleichung für lineare Funktionen als Gleichung erfüllt sind, gilt es daher, Partitionierungsstrategien – sowohl bezüglich der Wahl der zu teilenden Zahlen als auch bezüglich der Richtung, in der sie geteilt werden – zu finden, die bereits bei einer relativ groben Partition einen möglichst kleinen Fehler liefern. Derartige Strategien haben wir in den letzten Jahren experimentell entwickelt und jeweils an großen, zufällig generierten Problembatterien getestet und verfügen heute über ein Programmpaket (für Großrechner), mit dem wir den relativen Fehler, bezogen auf den wahren Optimalwert, mit Partitionen von durchschnittlich 3^k Zellen (vgl. [13]) unter 5% bringen. Wenn man diese Genauigkeit für unzureichend hält, dann muß man sicher sein, daß in den Anwendungen Wahrscheinlichkeitsverteilungen statistisch so genau ermittelt werden, daß sich eine höhere Rechengenauigkeit rechtfertigt!

Inzwischen hat K. Frauendorfer [11], [12] gezeigt, daß man die Edmundson-Madansky-Ungleichung für den Fall stochastisch abhängiger Komponenten verallgemeinern und auch unsere Voraussetzung $q(\xi) \equiv q$ fallenlassen kann und immer noch zu berechenbaren unteren und oberen Schranken mit jeweils zugehörigen diskreten Verteilungen kommt. Die zuvor genannten Partitionsstrategien müssen für diese Fälle nicht wesentlich geändert werden.

Obwohl diese Ergebnisse für $k = 2$, 3 oder 4 Zufallsvariable (Komponenten von ξ) durchaus befriedigen und in vielen Anwendungen k nicht größer ist, ist nicht zu erwarten, daß wir in diesem Ansatz k wesentlich über 5 hinaus werden steigern können, solange wir – bei gleicher Genauigkeit – auf 3^k Zellen partitionieren müssen. Denn die Zahl der Zellen stimmt – für die Verteilung $\tilde{P}$ der unteren Schranke – mit der Zahl N der Diagonalblöcke in (7) überein, und dieses Linearprogramm ist schließlich zu lösen. Einzig im Fall der einfachen Kompensation spielt die Zahl k für den Rechenaufwand keine wesentliche Rolle, da die Fehlerabschätzung hier nach [21] viel leichter und genauer durchführbar und nach [34] das Problem mit einem Aufwand lösbar ist, der immer noch in einer ähnlichen Größenordnung liegt wie derjenige für die Lösung eines gleich großen deterministischen Linearprogramms.

Insbesondere für größere k bietet sich eine ganz andere Vorgehensweise an, die seit vielen Jahren von der sogenannten Kiewer Schule um Y. M. Ermoliev [10] verfolgt wird: Techniken mit stochastischen Quasigradienten (SQG). Dabei wird im Iterationspunkt $x^{(\nu)}$ eine Suchrichtung $\eta^{(\nu)}$ stochastisch generiert – z. B. $\nabla_x Q(x^{(\nu)}, \xi)$ mittels Zufallszahlengenerator für ξ – und damit

$$x^{(\nu+1)} = \Pi_X (x^{(\nu)} - \rho_\nu \eta^{(\nu)}) \tag{20}$$

bestimmt, wobei ρ_ν die Schrittweite und Π_X die Projektion auf X bedeuten.

Unter geeigneten Voraussetzungen betreffend die Wahl der Suchrichtung $\eta^{(\nu)}$ und der Schrittweite ρ_ν wird in [10] gezeigt, daß die Folge $\{x^{(\nu)}\}$ *mit Wahrscheinlichkeit 1* gegen eine Lösung von (5) konvergiert.

Mit SQG-Verfahren sind mittel- bis sehr große Probleme (bezüglich k) in Kiew von der Gruppe Ermoliev, aber in einem interessanten Fall eines agrarwissenschaftlichen Problems auch in Davis/Kalifornien, von R. J.-B. Wets mit Mitarbeitern, gelöst worden. Bezeichnend für diese Verfahren ist, daß ihre Implementationen in der Regel für den interaktiven Modus konzipiert sind. Das erlaubt dem Benutzer, während des Rechnens einzugreifen und durch Änderung von Parameterwerten, die den Prozeß (20) steuern, die Konvergenz zu beschleunigen, was insbesondere dann von Vorteil sein kann, wenn der Benutzer mit dem zu lösenden praktischen Problem gut vertraut ist. Natürlich kann man SQG-Verfahren auch im automatischen Modus – also ohne Eingriffsmöglichkeit für den Benutzer – einsetzen; allerdings kann dann die Konvergenz mit Wahrscheinlichkeit 1 unter Umständen sehr viel Zeit beanspruchen. Das Programmpaket SQG-PC von A. Gaivoronski [14] erlaubt wahlweise den interaktiven oder automatischen Modus und ermöglicht sehr schön, den Lösungsprozeß (20) in jeder beliebigen (zweidimensionalen) Koordiantenebene auch grafisch zu verfolgen.

4 Schlußbemerkungen

Die vorangehenden Ausführungen dürften deutlich machen, daß noch viele Probleme in der Stochastischen Programmierung der effizienten Bewältigung harren: Wahrscheinlichkeitsrestriktionen mit stochastischen Matrizen $A(\xi)$, zweistufige Programme mit großer Dimension k des Zufallsvektors ξ, oder gar mehrstufige Programme. Dabei ist ein Erfolg in großen Sprüngen kaum zu erwarten, denn wieso man in der Stochastischen Programmierung schneller vorankommen sollte als in eng benachbarten Gebieten wie der Globalen Optimierung, der Parametrischen Optimierung und Sensitivitätsanalyse, der Nichtlinearen Programmierung u. a. m., ist nicht einzusehen.

Andererseits zeigen die skizzierten Ergebnisse und Methoden, daß man in vielen Anwendungsfällen bereits heute in der Lage ist, der Zufälligkeit einiger Modellparameter angemessen und mit vertretbarem Aufwand Rechnung zu tragen.

Verbesserungen der beschriebenen Methoden liegen im Bereich des Möglichen. So versucht man etwa, die obere Schranke gemäß der in [12] von K. Frauendorfer angegebenen Erweiterung der Edmundson-Madansky-Ungleichung, die nach [19] die eindeutige Lösung eines speziellen Momentenproblems darstellt, durch Schranken aus anderen Momentenproblemen zu ersetzen, in der Erwartung, bessere Schranken mit weniger Aufwand finden zu können (vgl. [20]). Ohne Bezug auf Momentenprobleme strebt man dasselbe Ziel – Verbesserung der oberen Schranken – auch an, indem man versucht, für den Fall $q(\xi) \equiv q$ die Funktion $Q(x, \cdot)$ in (5), deren Epigraph – bei festem x – dann ein konvexer polyedrischer Kegel ist, durch eine Funktion $\hat{Q}(x, \cdot)$ von oben zu beschränken, deren Epigraph auch ein konvexer polyedrischer Kegel ist. Dabei soll $\hat{Q}(x, \cdot)$ die angenehmen Eigenschaften der einfachen Kompensation aufweisen, denen man die erwähnte sehr gute methodische Bewältigung jener Probleme verdankt. Einzelheiten hierzu wurden zuerst von J. Birge – R. J.-B. Wets [3] vorgestellt. Sollte es zu drastischen Fortschritten bei der numerischen Berechnung von Mehrfachintegralen hoher Dimension kommen, würde das zweifellos auch sehr nützlich sein.

Stellt sich zum Schluß die Frage: wenn die ungelösten Probleme der Stochastischen Programmierung zahlreich und anscheinend sehr schwierig sind, sind sie dann vielleicht nur von akademischem Interesse? Ein Blick auf die Probleme der realen Welt sollte für die Antwort genügen: Energieprobleme, Produktionsprobleme, Speicherbewirtschaftung, Portfolioprobleme, Transportprobleme u. a. m. enthalten meist zufällige Einflußgrößen, die man im allgemeinen nicht einfach „wegmitteln" kann, ohne einen gravierenden Modellierungsfehler zu begehen. Oder, wie G. B. Dantzig es 1985 am Mathematical Programming Symposium in Boston formulierte: Ob und wie weit sich Mathematische Programmierung, speziell Lineare Programmierung, in den Anwendungen vermehrt und erfolgreich etablieren kann, hängt ganz wesentlich davon ab, wie gut wir lernen, mit Stochastischen Programmen umzugehen.

Literatur

1. Beer K (1977) Lösung großer linearer Optimierungsaufgaben. VEB Dt. Verl. d. Wiss., Berlin
2. Billingsley P (1968) Convergence of probability measures. Wiley, New York
3. Birge JR, Wets RJ-B (1986) Sublinear upper bounds for stochastic programs with recourse. Techn. Rep., University of Michigan, Ann Arbor
4. Blum E, Oettli W (1975) Mathematische Optimierung. Springer, Berlin
5. Borell C (1975) Convex set functions in d-space. Periodica Math Hung 6:111–136

6. Borgwardt KH (1982) The average number of Pivot steps required by the simplex method is polynomial. ZOR 26:A157–177

7. Dantzig GB (1963) Linear programming and extensions. Princeton University Press, Princeton

8. Deak I (1980) Three digit accurate multiple normal probabilities. Numer Mat 35:369–380

9. Dupacova J, Gaivoronski A, Kos Z, Szantai T (1986) Stochastic programming in water resources system planning: a case study and a comparison of solution techniques. IIASA Working Paper WP-86-40

10. Ermoliev YM (1983) Stochastic quasi-gradient methods and their applications to systems optimization. Stochastics Nr. 4

11. Frauendorfer K (1987) Solving SLP recourse problems: the case of stochastic technology matrix, RHS & Objective. Manuskripte IOR, Universität Zürich

12. Frauendorfer K (1988) Solving SLP recourse problems with arbitrary multivariate distributions – the dependent case. Math of OR 13:377–394

13. Frauendorfer K, Kall P (1988) A solution method for SLP recourse problems with arbitrary multivariate distributions – the independent case. Erscheint in: Probl of Control and Inform Th

14. Gaivoronski A (1988) Interactive program SQG-PC for solving stochastic programming problems on IBM PC/XT/AT compatibles – user guide – . IIASA Working Paper WP-88-11

15. Kall P (1974) Approximations to stochastic programs with complete fixed recourse. Num Math 22:333–339

16. Kall P (1976) Stochastic linear programming. Springer, Berlin

17. Kall P (1979) Computational methods for solving stochastic linear programming problems. ZAMP 30:261–271

18. Kall P (1987) On approximations and stability in stochastic programming. In: Guddat J et al. (eds) Parametric optimization and related topics. Akademie-Verlag, Berlin, S 387–407

19. Kall P (1987) Stochastic programs with recourse: an upper bound and the related moment problem. ZOR 31:A119–141

20. Kall P (1988) Stochastic programming with recourse: upper bounds and moment problems – a review. In: Guddat J et al. (eds) Advances in mathematical optimization. Akademie-Verlag, Berlin, S 86–103

21. Kall P, Stoyan D (1982) Solving stochastic programming problems with recourse, including error bounds. MOS, Ser Opt 13:431–447

22. Khachian LG (1979) A polynomial algorithm in linear programming (in russischer Sprache). Dokl Akad Nauk SSSR 244:1093–1096

23. Künzi HP, Krelle W (1962) Nichtlineare Programmierung. Springer, Berlin

24. Mayer J (1988) Probabilistic constrained programming: a reduced gradient algorithm implemented on PC. IIASA Working Paper WP-88-39

25. Prekopa A (1971) Logarithmic concave measures with applications to stochastic programming. Acta Sci Math (Szeged) 32:301–316

26. Prekopa A (1974) Eine Erweiterung der sogenannten Methode der zulässigen Richtungen der nichtlinearen Optimierung auf den Fall quasikonkaver Restriktionen. MOS 5:281–293

27. Prekopa A, Ganczer S, Deak I, Patyi K (1980) The STABIL stochastic programming model and its experimental application to the electricity production in Hungary. In: Dempster MAH (ed) Stochastic programming. Academic Press, London, S 369–385

28. Rinott Y (1976) On convexity of measures. Ann Prob 4:1020–1026

29. Robinson SM, Wets RJ-B (1987) Stability in two stage programming. SIAM J Control 25:1409–1416

30. Schittkowski K (1980) Nonlinear programming codes. Lecture Notes in Economics and Mathematical Systems, vol 183. Springer

31. Strazicky B (1974) On an algorithm for solution of the two-stage stochastic programming problem. Math of OR XIX:142–156

32. Strazicky B (1987) TWOSTAGE: A code of a basis decomposition method for stochastic programming. IIASA Working Paper WP 87-00

33. Szantai T (1987) Calculation of the multivariate probability distribution function values and their gradient vectors. IIASA Working Paper WP 87-82

34. Wets RJ-B (1974) Solving stochastic programs with simple recourse I. Preprint, University of Kentucky

Decomposition Schemes for Finding Saddle Points of Quasi-Convex-Concave Functions

W. Oettli

1 Introduction

Decomposition methods for finding saddle points of a function $\varphi : X \times Y \to \mathbb{R}$ are characterized by an alternating succession of master programs and subprograms [7]. The master programs determine the proper iteration points, which are approximate saddle points over a subset $X^n \times Y^n$ of the original domain. The subprograms calculate auxiliary points, which serve to update the subset under consideration. For certain structured problems the subprograms may decompose; this fact accounts for the name and the practical importance of decomposition methods, but is not essential for their mathematical theory of convergence, which is our main concern here.

In [12] a symmetric decomposition scheme for finding convex-concave saddle points has been described, which subsumed several previously known methods. More recently in [1] another general scheme has been described, which introduced regularisation in solving the subprograms. The present paper synthesizes these two approaches and may also be viewed as a survey of some classical decomposition methods.

We work essentially within the setting of Sion's celebrated minimax theorem [15], i.e. the function φ considered will be quasi-convex-concave. The compactness assumption for the underlying domain, which has already been relaxed in [1], will be further weakened. We also admit more general regularizing functions than in [1]. The procedure is described in such a way that the extension to Nash equilibrium points in n-person games is straightforward.

We recall that a function $f : X \to \mathbb{R}$ is called quasiconvex iff the level sets $\{x \in X \mid f(x) \leq \alpha\}$ are convex for all $\alpha \in \mathbb{R}$. Furthermore f is called quasiconcave iff $-f$ is quasiconvex. A function $\varphi : X \times Y \to \mathbb{R}$ is called quasi-convex-concave iff $\varphi(\cdot, y) : X \to \mathbb{R}$ is quasiconvex for all $y \in Y$ and $\varphi(x, \cdot) : Y \to \mathbb{R}$ is quasiconcave for all $x \in X$. We denote by conv A the convex hull of the set A.

2 Preliminaries

Let there be given two nonvoid sets X, Y and a function $\varphi(x, y) : X \times Y \to \mathbb{R}$. A point $(\xi^*, \eta^*) \in X \times Y$ is called a *saddle point* of φ on $X \times Y$ iff

$$\varphi(\xi^*, y) \leq \varphi(x, \eta^*) \quad \forall (x, y) \in X \times Y. \tag{1}$$

P. Kall et al. (Hrsg.) Quantitative
Methoden in den Wirtschaftswissenschaften
© Springer-Verlag Berlin Heidelberg 1989

Henceforth we shall use the functions

$$M(x) := \sup_{y \in Y} \varphi(x, y) : X \to \mathbb{R} \cup \{+\infty\}, \tag{2}$$

$$m(y) := \inf_{x \in X} \varphi(x, y) : Y \to \mathbb{R} \cup \{-\infty\}. \tag{3}$$

Condition (1) can then be written as $M(\xi^*) \leq m(\eta^*)$, and this inequality can only be satisfied as an equality, since one has always $m(y) \leq \varphi(x, y) \leq M(x)$ for arbitrary $(x, y) \in X \times Y$. If (ξ^*, η^*) is a saddle point, then ξ^* solves the primal problem

$$(P): \quad \inf \{M(x) | x \in X\}, \tag{4}$$

and η^* solves the dual problem

$$(D): \quad \sup \{m(y) | y \in Y\}, \tag{5}$$

and the extreme values are equal. Hence if the set of saddle points is nonempty, then it consists of all the pairs (ξ^*, η^*) where ξ^* solves (P) and η^* solves (D).

Let us now assume

(H1) X and Y are nonvoid closed convex sets in some normed linear spaces;

$\qquad \varphi : X \times Y \to \mathbb{R}$ is quasi-convex-concave and continuous.

Under (H1) the function $M(\cdot)$, being the supremum of a family of lower semicontinuous functions, is again lower semicontinuous. Likewise $m(\cdot)$ is upper semicontinuous. By Sion's minimax theorem [15, 9] φ has a saddle point over $X \times Y$ if, in addition to (H1), X and Y are compact. The latter requirement can be weakened as follows:

(H2) We are given a nonempty finite subset $Z^0 \subset X \times Y$ such that the set

$\qquad S := \{(\xi, \eta) \in X \times Y | \varphi(\xi, y) \leq \varphi(x, \eta) \ \forall \ (x, y) \in Z^0\}$ is compact.

Lemma 1. Under (H1) and (H2) φ has saddle points on $X \times Y$, and all saddle points lie in S.

Proof. Assume that there exists no saddle point $(\xi^*, \eta^*) \in X \times Y$ satisfying (1). Consider the sets

$$S(x, y) := \{(\xi, \eta) \in X \times Y | \varphi(\xi, y) \leq \varphi(x, \eta)\}, \quad (x, y) \in X \times Y.$$

Then the family of closed sets $\{S(x, y) | (x, y) \in X \times Y\}$ has empty intersection over S. Since $S = \cap \{S(x, y) | (x, y) \in Z^0\}$ is compact by (H2), there exist finite subsets $X^1 \subset X$ and $Y^1 \subset Y$ with $Z^0 \subset X^1 \times Y^1$ such that the family $\{S(x, y) | (x, y) \in X^1 \times Y^1\}$ has empty intersection over $X \times Y$. Let $\Xi^1 := \text{conv } X^1$ and $H^1 := \text{conv } Y^1$. These sets are convex and compact, and by Sion's original result there exists a saddle point $(\xi^1, \eta^1) \in \Xi^1 \times H^1$ of φ over $\Xi^1 \times H^1$. But then

$$(\xi^1, \eta^1) \in \cap \{S(x, y) | (x, y) \in X^1 \times Y^1\} \neq \emptyset,$$

a contradiction. Hence φ has saddle points over $X \times Y$.

If (ξ^*, η^*) is a saddle point over $X \times Y$, then clearly $\varphi(\xi^*, y) \leq \varphi(x, \eta^*)$ for all $(x, y) \in Z^0$, hence $(\xi^*, \eta^*) \in S$.   q.e.d.

Remark. A closer inspection of the proof of the lemma shows that in (H2) the requirement of Z^0 being finite can be replaced by the requirement that $Z^0 = X^0 \times Y^0$ with conv X^0 and conv Y^0 being compact. In particular, if Y itself is compact and $\{\xi \in X | M(\xi) \leq M(\bar{x})\}$ is compact for some $\bar{x} \in X$, then (H2) is satisfied with $Z^0 := \{\bar{x}\} \times Y$, since in this case

$$S = \{(\xi, \eta) \in X \times Y | M(\xi) \leq \varphi(\bar{x}, \eta)\} \subset \{\xi \in X | M(\xi) \leq M(\bar{x})\} \times Y,$$

and S is compact.

Example. We go through an example in detail to illustrate the usefulness of hypothesis (H2). We assume in addition to (H1) that Y is a cone, and that $\varphi(x, y) := f(x) + g(x, y)$ with $g(x, \cdot)$ positively homogeneous in Y for every $x \in X$. Then

$$M(x) = \begin{cases} f(x) & \text{if } g(x, y) \leq 0 \quad \forall\, y \in Y \\ +\infty & \text{else,} \end{cases}$$

and the primal problem (4) becomes

$$(\text{P}'): \quad \inf \{f(x) | x \in X, g(x, y) \leq 0 \ \forall\, y \in Y\}. \tag{6}$$

We assume further that $f(\cdot)$ is inf-compact, meaning that the level sets $\{x \in X | f(x) \leq \alpha\}$ are compact for all $\alpha \in \mathbb{R}$, and we assume that the following Slater-type regularity assumption (RA) is satisfied:

(RA) Y is locally compact, and there exists a finite subset $X^0 \subset X$ such that

$$\min_{x \in X^0} \ g(x, y) < 0 \quad \forall\, y \in Y \setminus \{0_Y\}.$$

Then hypothesis (H2) is satisfied with $Z^0 := X^0 \times \{0_Y\}$.

Indeed: From local compactness of Y follows the existence of a compact subset $B \subset Y \setminus \{0_Y\}$ such that $Y = \mathbb{R}_+ \cdot B$, and since $g(x, \cdot)$ is upper semicontinuous (RA) implies the existence of $\delta > 0$ such that $\min\limits_{x \in X^0} g(x, y) \leq -\delta \ \forall\, y \in B$. Let

$\beta \in \mathbb{R}$ be arbitrary, and choose $k \in \mathbb{R}$ such that $k \geq \max\limits_{x \in X^0} f(x)$ and $k \geq \beta$. Since

$g(x, \cdot)$ is positively homogeneous it follows for all $\lambda \geq 0$:

$$\min_{x \in X^0} (f(x) + g(x, y)) \leq k - \lambda\delta \quad \forall\, y \in \lambda B.$$

In particular if $\lambda > \delta^{-1}(k - \beta) =: r_0$ we have $\min\limits_{x \in X^0} \varphi(x, y) < \beta \;\; \forall\, y \in \lambda B$. Hence for $\lambda > r_0$ the set λB is disjoint with the level set $\{y \in Y \mid \min\limits_{x \in X^0} \varphi(x, y) \geq \beta\}$; the latter is therefore contained in the compact set $[0, r_0] \cdot B$ and is itself compact. Now choose $Z^0 := X^0 \times \{0\}$. Then

$$S = \{(\xi, \eta) \in X \times Y \mid \varphi(\xi, 0) \leq \varphi(x, \eta) \;\; \forall\, x \in X^0\}$$

$$\subset \{\xi \in X \mid f(\xi) \leq \alpha^0\} \times \{\eta \in Y \mid \min_{x \in X^0} \varphi(x, \eta) \geq \beta^0\},$$

where $\alpha^0 := \sup\limits_{Y} \min\limits_{X^0} \varphi(x, y)$ and $\beta^0 := \inf\limits_{X} f(x)$. α^0 and β^0 are finite since the functions being extremized are continuous and have compact level sets. Now S, being contained in a compact set, is itself compact, and so (H2) is satisfied.   q.e.d.

Hence under the assumptions of the example φ has a saddle point (ξ^*, η^*). By what has been said previously this implies that ξ^* solves (P') and that $f(\xi^*) \leq f(x) + g(x, \eta^*) \;\; \forall\, x \in X$.

3 Decomposition Principle

For notational simplicity it is convenient to represent the saddle point problem (1) as a variational inequality problem. Set $Z := X \times Y$ and define $\Phi(\cdot, \cdot) : Z \times Z \to \mathbb{R}$ by

$$\Phi(z, \zeta) := \varphi(x, \eta) - \varphi(\xi, y), \quad z := (x, y), \quad \zeta := (\xi, \eta). \tag{7}$$

Then the problem of finding (ξ^*, η^*) satisfying (1) is equivalent to finding $\zeta^* = (\xi^*, \eta^*)$ satisfying

$$\zeta^* \in Z, \quad \Phi(z, \zeta^*) \geq 0 \quad \forall\, z \in Z. \tag{8}$$

Note that $\Phi(\zeta, \zeta) = 0$ for all $\zeta \in Z$. Moreover Φ is continuous from (H1). But $\Phi(\cdot, \zeta)$ is not necessarily quasiconvex (unless φ is convex-concave, in which case $\Phi(\cdot, \zeta)$ is convex). Note that ζ^* satisfying (8) maximizes the function $\inf\limits_{z \in Z} \Phi(z, \cdot)$ over Z.

Under (H1) and (H2) problem (8) has a solution. Moreover any solution of (8) is in S. This result obviously remains true if in (8) we replace the set Z by a closed, convex product set $\Omega = \Xi \times H$ with $Z^0 \subset \Omega \subset Z$.

Several other assumptions which we have to make are collected in the following hypothesis (H3), where Φ, S, Z have the same meaning as before.

(H3) a) We are given a lower semicontinuous function $H : Z \times Z \to \mathbb{R} \cup \{+\infty\}$ with $H(z, \zeta) \geq 0$ for all $(z, \zeta) \in Z \times Z$ and $H(z, z) = 0$ for all $z \in Z$.

   b) The function $\zeta \mapsto \inf_{z \in Z} (\Phi + H)(z, \zeta)$ is upper semicontinuous.

   c) $(\Phi + H)(z, \zeta) \geq 0$ for all $z \in Z$ implies $\Phi(z, \zeta) \geq 0$ for all $z \in Z$.

   d) There exists a compact set $K \subset Z$ such that $\{z \in Z \mid (\Phi + H)(z, \zeta) \leq 0\} \subset K$ for all $\zeta \in S$.

Examples. a) Let Z be finite-dimensional, and let φ be convex-concave, which implies that $\Phi(\cdot, \zeta)$ is convex. Moreover let Φ be defined on an open neighbourhood of $Z \times Z$. Then from [13; theorem 24.7] it follows that the subgradients of $\Phi(\cdot, \zeta)$ are uniformly bounded on the compact set $S \times S$. Hence

$$\Phi(z, \zeta) = \Phi(z, \zeta) - \Phi(\zeta, \zeta) \geq -k \|z - \zeta\| \quad \forall z \in Z, \ \forall \zeta \in S.$$

Now choose $H(z, \zeta) := \|z - \zeta\|^2$. Then $(\Phi + H)(z, \zeta) \leq 0 (z \in Z, \ \zeta \in S)$ implies $0 \geq -k\|z - \zeta\| + \|z - \zeta\|^2$, and thereby $\|z - \zeta\| \leq k$. Hence there exists a set K as required in (H3) d). Moreover, if H is choosen this way, and $\Phi(\cdot, \zeta)$ is convex, then (H3) a)–c) is trivially satisfied. If Φ is continuously differentiable, one can also choose

$$(\Phi + H)(z, \zeta) := \Phi(\zeta, \zeta) + \langle \nabla_1 \Phi(\zeta, \zeta), z - \zeta \rangle + k \cdot \|z - \zeta\|^2,$$

with $k > 0$ so large that $H \geq 0$.

b) Let Z be finite-dimensional again and consider the choice

$$H(z, \zeta) := \begin{cases} 0 & \text{for } \|z - \zeta\| \leq \rho \\ +\infty & \text{else,} \end{cases}$$

for some $\rho > 0$. Then (H3) a), b), d) are satisfied. Moreover (H3) c) is satisfied if every local minimum of $\Phi(\cdot, \zeta)$ is a global minimum.

   In what follows we always assume that (H1), (H2), (H3) hold. For ease of notation we describe the symmetric decomposition scheme in terms of Φ and Z above. From this basic model we derive by specialization various unsymmetric implementations.

The decomposition method. At the start we are given the finite subset $Z^0 \subset Z$ from assumption (H2). At the beginning of the n-th iteration we need the previously calculated auxiliary points $z^1, \ldots, z^{n-1} \in Z$. Choose a set Z^n such that $Z^0 \cup \{z^1, \ldots, z^{n-1}\} \subset Z^n \subset Z$. Choose a product set $\Omega^n = \Xi^n \times H^n$ closed, convex, such that $Z^n \subset \Omega^n \subset Z$.

Master program: Select the iteration point $\zeta^n \in \Omega^n$ such that

$$\Phi(z, \zeta^n) \geq 0 \quad \forall\, z \in Z^n. \tag{9}$$

Subprogram: Select the auxiliary point $z^n \in Z$ such that

$$(\Phi + H)(z^n, \zeta^n) \leq (\Phi + H)(z, \zeta^n) \quad \forall\, z \in Z. \tag{10}$$

This completes the n-th iteration.

We convince ourselves that the above rules are consistent. The existence of ζ^n satisfying (9) follows from the fact that φ has a saddle point on $\Xi^n \times H^n$. Moreover, since $Z^0 \subset Z^n$, we have $\zeta^n \in S$. In addition, since $(\Phi + H)(\zeta^n, \zeta^n) = 0$, it follows from assumption (H3) d) that the lower semicontinuous function $(\Phi + H)(\cdot, \zeta^n)$ assumes its minimum over Z within the compact set K. Hence z^n satisfying (10) exists, and moreover $z^n \in K$.

As a stopping criterion we introduce the quantity

$$\tau_n := (\Phi + H)(z^n, \zeta^n). \tag{11}$$

It follows from (10) that $\tau_n \leq 0$ and

$$\tau_n \leq (\Phi + H)(z, \zeta^n) \quad \forall\, z \in Z. \tag{12}$$

If $z^n = z^{k_0}$ for some $k_0 < n$, then $\tau_n = 0$, since (9) and $H \geq 0$ imply

$$0 \leq (\Phi + H)(z^{k_0}, \zeta^n) = (\Phi + H)(z^n, \zeta^n) = \tau_n \leq 0.$$

In this case it follows from (12) and (H3) c) that ζ^n is already an exact solution of (8), i.e. the algorithm terminates after finitely many steps. If this case does not occur, for the sequence $\{\zeta^n\}$ generated by the above rules we have

Theorem 1. The sequence $\{\zeta^n\}$ has cluster points, and every cluster point is a solution of (8). Moreover, for the quantity $\tau_n := (\Phi + H)(z^n, \zeta^n)$ there holds $\lim_{n \to \infty} \tau_n = 0$.

Proof. Since $\zeta^n \in S$, where S is compact, it follows that the sequence $\{\zeta^n\}$ has cluster points. Let ζ^* be an arbitrary cluster point of this sequence. Since $z^n \in K$, and K is compact, the sequence $\{(z^n, \zeta^n)\}$ contains a subsequence $\{(z^{n(j)}, \zeta^{n(j)})\}$ ($j \in \mathbb{N}$) converging to (z^*, ζ^*) for some $z^* \in K$. From (9) we have $0 \leq \Phi(z^k, \zeta^n) \; \forall\, k < n$. In particular, for $n := n(j)$, we obtain in the limit $0 \leq \Phi(z^k, \zeta^*) \; \forall\, k$. Now, for $k := n(j)$ we obtain in the limit

$$0 \leq \Phi(z^*, \zeta^*).$$

From (10) and $H \geq 0$ follows $\Phi(z^n, \zeta^n) \leq (\Phi + H)(z, \zeta^n) \; \forall z \in Z$. By (H3)b) this yields in the limit

$$\Phi(z^*, \zeta^*) \leq (\Phi + H)(z, \zeta^*) \quad \forall z \in Z.$$

Altogether we have

$$0 \leq (\Phi + H)(z, \zeta^*) \quad \forall z \in Z. \tag{13}$$

From assumption (H3)c) it follows that

$$0 \leq \Phi(z, \zeta^*) \quad \forall z \in Z.$$

Hence ζ^* is a solution of (8). Moreover, it follows from (13) that

$$0 \leq (\Phi + H)(z^*, \zeta^*).$$

But $0 \geq (\Phi + H)(z^n, \zeta^n)$ for all n, as stated above, and due to the lower semicontinuity of $\Phi + H$ we obtain $(\Phi + H)(z^*, \zeta^*) = 0$. In view of our compactness assumption this means that $\tau_n \to 0$ for the entire sequence $\{\tau_n\}$. q.e.d.

In the absence of further information about H beyond that given in (H3), the condition $-\varepsilon \leq \tau_n$ (where $\varepsilon > 0$ is given) may be used as a convenient stopping criterion to terminate the procedure.

Example. The cutting method for the problem

$$\max_{\zeta \in Z} \; (\inf_{z \in Z} \; \Phi(z, \zeta)),$$

where Z is compact and Φ is continuous, runs as follows:

$$\zeta^n \text{ solves } \max_{\zeta \in Z} \; (\inf_{z \in Z^n} \; \Phi(z, \zeta)),$$

$$z^n \text{ solves } \min_{z \in Z} \; \Phi(z, \zeta^n),$$

where $z^0 \in Z$ is arbitrary and $\{z^0, z^1, \ldots, z^{n-1}\} \subset Z^n \subset Z$. Clearly z^n, ζ^n satisfy (9) and (10) with $\Omega^n = Z$ and $H \equiv 0$, provided (8) is solvable. If Φ is given by (7) and $Z^n = X^n \times Y^n$, then the cutting method with $\zeta^n = (\xi^n, \eta^n)$, $z^n = (x^n, y^n)$ decomposes as follows:

$$\xi^n \text{ solves } \min_{\xi \in X} \; (\sup_{y \in Y^n} \; \varphi(\xi, y)), \tag{14}$$

$$\eta^n \text{ solves } \max_{\eta \in Y} \; (\inf_{x \in X^n} \; \varphi(x, \eta)), \tag{15}$$

$$x^n \text{ solves } \min_{x \in X} \varphi(x, \eta^n), \tag{16}$$

$$y^n \text{ solves } \max_{y \in Y} \varphi(\xi^n, y). \tag{17}$$

Hence we obtain two parallel, unrelated algorithms: The first one, involving ξ^n, y^n and given by (14), (17) is the cutting method for solving $\min_{\xi \in X} M(\xi)$. The second one, involving η^n, x^n and given by (15), (16) is the cutting method for solving $\max_{\eta \in Y} m(\eta)$.

In the remaining parts we shall restrict ourselves to the case where $Z^n = X^n \times Y^n$ for all n and

$$H(z, \zeta) := F(x, \xi) + G(y, \eta)$$

with $F: X \times X \to \mathbb{R}$ and $G: Y \times Y \to \mathbb{R}$ continuous, nonnegative functions satisfying

$$F(x, x) = 0 \quad \forall x \in X, \quad G(y, y) = 0 \quad \forall y \in Y,$$

$$\varphi(x, \eta) + F(x, \xi) \geq \varphi(\xi, \eta) \quad \forall x \in X \quad \text{implies}$$
$$\varphi(x, \eta) \geq \varphi(\xi, \eta) \quad \forall x \in X, \tag{18}$$

$$\varphi(\xi, y) - G(y, \eta) \leq \varphi(\xi, \eta) \quad \forall y \in Y \quad \text{implies}$$
$$\varphi(\xi, y) \leq \varphi(\xi, \eta) \quad \forall y \in Y. \tag{19}$$

Then (H3) a), b), c) are satisfied. We have

$$(\Phi + H)(z, \zeta) = \varphi(x, \eta) + F(x, \xi) - (\varphi(\xi, y) - G(y, \eta)),$$

and therefore (9), (10) take the following form:

a)   Select $(\xi^n, \eta^n) \in \Xi^n \times H^n$ such that

$$\varphi(\xi^n, y) \leq \varphi(x, \eta^n) \quad \forall x \in X^n, \ \forall y \in Y^n. \tag{20}$$

b)   Select $x^n \in X$ such that

$$x^n \text{ solves } \min_{x \in X} (\varphi(x, \eta^n) + F(x, \xi^n)). \tag{21}$$

Select $y^n \in Y$ such that

$$y^n \text{ solves } \max_{y \in Y} (\varphi(\xi^n, y) - G(y, \eta^n)). \tag{22}$$

Here $X^n \subset X$ and $\Xi^n \subset X$ have to be chosen such that $X^0 \cup \{x^1, ..., x^{n-1}\} \subset X^n \subset \Xi^n$ with Ξ^n closed, convex. Similarly for Y^n and H^n.

If $H^n = Y^n = Y$ for all n, then the auxiliary points y^n are not needed for the procedure, and (22) becomes void. In this case, if only $\xi^n \in X^n$, we can use

$$\tau_n := \varphi(x^n, \eta^n) - \varphi(\xi^n, \eta^n) + F(x^n, \xi^n)$$

as stopping criterion.

We remark that if the problem is separable in the following sense:

$$\varphi(x, y) := \sum_{i,j} \varphi_{ij}(x_i, y_j), \quad X = \prod_i X_i, \quad Y = \prod_j Y_j,$$

$$F(x, \xi) := \sum_i F_i(x_i, \xi_i), \quad G(y, \eta) := \sum_j G_j(y_j, \eta_j),$$

then the subprograms (21) and (22) disaggregate into subproblems of smaller size.

4 Variants

Let us consider in more detail a particular implementation of the procedure (20)–(22). We assume that φ is convex-concave and that $X^0 = \{x^0\}$ is a singleton. For the n-th iteration, given $x^0, ..., x^{n-1}$, we let

$$\Sigma^n := \left\{ \lambda = (\lambda_0, ..., \lambda_{n-1}) \in \mathbb{R}^n \mid \lambda \geq 0, \sum_{i=0}^{n-1} \lambda_i = 1 \right\},$$

and for $\lambda \in \Sigma^n$ and $y \in Y$ we define

$$\psi_n(\lambda, y) := \sum_{i=0}^{n-1} \lambda_i \varphi(x^i, y).$$

H^n is as before. The n-th iteration consists of the following steps:

Determine (λ^n, η^n) with $\lambda^n := (\lambda_0^n, ..., \lambda_{n-1}^n)$

as a saddle point of $\psi_n(\lambda, y)$ on $\Sigma^n \times H^n$.   (23)

Set $\xi^n := \sum_{i=0}^{n-1} \lambda_i^n x^i$.   (24)

Determine x^n, y^n according to (21), (22).

Setting $X^n = \{x^0, ..., x^{n-1}\}$ and $\Xi^n := \mathrm{conv}(x^0, ..., x^{n-1})$, we have $\xi^n \in \Xi^n$, and the couple (ξ^n, η^n) defined above satisfies (20), since

$$\psi_n(\lambda^n, y) \leq \psi_n(\lambda, \eta^n) \quad \forall \, \lambda \in \Sigma^n, \ \forall \, y \in H^n$$

implies

$$\varphi(\xi^n, y) \leq \varphi(x^i, \eta^n) \quad \forall \, i = 0, \ldots, n-1, \ \forall \, y \in H^n.$$

The existence of a saddle point of ψ_n over $\Sigma^n \times H^n$ is guaranteed, since the validity of (H2) for φ with regard to $X \times Y$ implies the validity of (H2) for ψ_n with regard to $\Sigma^n \times Y$.

Note that η^n can be found as a solution of

$$(D_n): \quad \max_{\eta \in H^n} \left(\inf_{\lambda \in \Sigma^n} \sum_{i=0}^{n-1} \lambda_i \varphi(x^i, \eta) \right) = \max_{\eta \in H^n} \left(\min_{i=0,\ldots,n-1} \varphi(x^i, \eta) \right),$$

and λ^n can be found as a solution of

$$(P_n): \quad \min_{\lambda \in \Sigma^n} \left(\sup_{y \in H^n} \sum_{i=0}^{n-1} \lambda_i \varphi(x^i, y) \right).$$

If one chooses $Y^n = H^n = Y$ for all n (which implies that y^n is superfluous), one obtains algorithm 2 of [1]. Provided that in addition $F = G = 0$ one obtains for algorithm (23), (24), (21) the following two-sided bounds for the saddle value $\varphi(\xi^*, \eta^*)$:

$$\varphi(x^n, \eta^n) = m(\eta^n) \leq \varphi(\xi^*, \eta^*) \leq M(\xi^n) \leq \sup_{y \in Y} \psi_n(\lambda^n, y) = \psi_n(\lambda^n, \eta^n),$$

where the last inequality follows from the convexity of $\varphi(\cdot, y)$.

If $\varphi(x, y) := f(x) + g(x, y)$ with Y a cone and $g(x, \cdot)$ positively homogeneous in Y for every $x \in X$, then the primal problem, as already stated, becomes

$$(P'): \quad \inf \{ f(x) \,|\, x \in X, \ g(x, y) \leq 0 \ \forall \, y \in Y \},$$

and with $Y^n = H^n = Y$ step (23) reads as follows:

$$(P'_n): \quad \lambda^n \text{ solves } \quad \min_{\lambda \in \Sigma^n} \left(\sup_{y \in Y} \sum_i \lambda_i (f(x^i) + g(x^i, y)) \right)$$

$$= \min \left\{ \sum_i \lambda_i f(x^i) \,\Big|\, \lambda \in \Sigma^n, \ \sum_i \lambda_i g(x^i, y) \leq 0 \ \forall \, y \in Y \right\},$$

$$(D'_n): \quad \eta^n \text{ solves } \quad \max_{\eta \in Y} \left(\inf_{\lambda \in \Sigma^n} \sum_i \lambda_i (f(x^i) + g(x^i, \eta)) \right)$$

$$= \max_{\eta \in Y} \left(\min_i (f(x^i) + g(x^i, \eta)) \right).$$

Note that the convexity of $g(\cdot, y)$ implies that ξ^n is feasible for (P').

Finally, in case that $Y = \mathbb{R}^n_+$ and $\varphi(x, y) := f(x) + \langle y, g(x) \rangle$, $g : X \to \mathbb{R}^n$, (P') reads

(P''): $\quad \inf \{ f(x) | x \in X, g(x) \leq 0 \}$,

and (P'$_n$) and (D'$_n$) become a pair of dual linear programming problems:

(P''$_n$): $\quad \min \left\{ \sum_i \lambda_i f(x^i) | \lambda \in \Sigma^n, \sum_i \lambda_i g(x^i) \leq 0 \right\}$,

(D''$_n$): $\quad \max \{ \min_i \ (f(x^i) + \langle \eta, g(x^i) \rangle) | \eta \geq 0 \}$.

This method with $F = 0$ has been given by Dantzig [7, Ch. 24.1] and – with a different motivation – in [16, Ch. 14.4]. With $F = 0$, but φ arbitrary, algorithm (23), (24), (21) has been described in [12] as an extension of Dantzig's method for φ not necessarily being a classical Lagrangian.

Algorithm 1 of [1] is obtained if one treats y in the same way as x: One defines

$$\psi_n(\lambda, \mu) := \sum_{i,j} \lambda_i \mu_j \varphi(x^i, y^j),$$

where i, j run from 0 to $n - 1$, one requires (λ^n, μ^n) to be a saddle point of $\psi_n(\lambda, \mu)$ over $\Sigma^n \times \Sigma^n$, and one sets

$$\xi^n := \sum_i \lambda_i^n x^i, \quad \eta^n := \sum_j \mu_j^n y^j.$$

The determination of (λ^n, μ^n) is a dual pair of linear programming problems:

$$\lambda^n \text{ solves } \min_{\lambda \in \Sigma^n} \left(\max_j \sum_i \lambda_i \varphi(x^i, y^j) \right),$$

$$\mu^n \text{ solves } \max_{\mu \in \Sigma^n} \left(\min_i \sum_j \mu_j \varphi(x^i, y^j) \right).$$

(20) is again satisfied with $X^n := \{x^0, \ldots, x^{n-1}\}$, $\Xi^n := \operatorname{conv}(x^0, \ldots, x^{n-1})$, $Y^n := \{y^0, \ldots, y^{n-1}\}$, $H^n := \operatorname{conv}(y^0, \ldots, y^{n-1})$.

Huard's method. For the case that φ is an ordinary Lagrangian function Huard [5] has given a modification of Dantzig's decomposition algorithm. We can generalize Huard's method for problem (8)

$$\zeta^* \in Z, \quad \Phi(z, \zeta^*) \geq 0 \quad \forall z \in Z$$

as follows. We assume that we are given a continuous function $\tilde{H}: Z \times Z \to \mathbb{R}$, which satisfies all the requirements of (H3) with one exception: $H \geq 0$ is replaced by the weaker requirement that for every $\alpha \in Z$

$$\Phi(z, \zeta) \geq 0 \quad \forall\, z \in [\zeta, \alpha] \quad \text{implies} \quad (\Phi + \tilde{H})(z, \zeta) \geq 0 \quad \forall\, z \in [\zeta, \alpha]. \tag{25}$$

We assume for simplicity that Z is compact and choose Ω^n a convex, compact product set such that $\Omega^n \supset \operatorname{conv}(z^0, z^1, \ldots, z^{n-1})$. Then the algorithm reads:

$$\text{Choose } \zeta^n \in \Omega^n \text{ such that } \Phi(z, \zeta^n) \geq 0 \quad \forall\, z \in \Omega^n. \tag{26}$$

$$\text{Choose } z^n \in Z \text{ as a solution of } \min_{z \in Z} (\Phi + \tilde{H})(z, \zeta^n). \tag{27}$$

Note that (26) is essentially a sharpening of (9) (now $Z^n = \Omega^n$), (27) remains practically the same as (10). The existence of ζ^n and z^n with the required properties is ensured, and moreover they lie in a compact set. Any cluster point ζ^* of the sequence $\{\zeta^n\}$ is a solution of (8).

Indeed: There exists a subsequence, indexed by n(j), such that $\zeta^{n(j)} \to \zeta^*$, $z^{n(j)} \to z^* \in Z$. From (26) follows in view of (25) that $(\Phi + \tilde{H})(z, \zeta^n) \geq 0 \ \forall\, z \in \Omega^n$. Hence in particular $(\Phi + \tilde{H})(z^k, \zeta^n) \geq 0 \ \forall\, k < n$. In the limit this gives

$$(\Phi + \tilde{H})(z^*, \zeta^*) \geq 0.$$

From (27) follows in the limit that

$$(\Phi + \tilde{H})(z^*, \zeta^*) \leq (\Phi + \tilde{H})(z, \zeta^*) \quad \forall\, z \in Z.$$

Altogether we have $0 \leq (\Phi + \tilde{H})(z, \zeta^*) \ \forall\, z \in Z$, and in view of (H3) c) this implies

$$0 \leq \Phi(z, \zeta^*) \quad \forall\, z \in Z.$$

Hence (8) is satisfied.   q.e.d.

Suppose in particular that we choose $\Omega^n = \operatorname{conv}(x^0, \ldots, x^{n-1}) \times Y$, in which case the need for calculating y^n disappears. Then we choose $\tilde{H}(z, \zeta) := \tilde{F}(x, \xi, \eta)$ and subproblem (27) becomes to find

$$x^n \in X \text{ minimizing } \varphi(x, \eta^n) + \tilde{F}(x, \xi^n, \eta^n).$$

In particular, if φ is continuously differentiable, we may choose $\tilde{F}$ in such a way that

$$\varphi(x, \eta^n) + \tilde{F}(x, \xi^n, \eta^n) := \varphi(\xi^n, \eta^n) + \langle \nabla_1 \varphi(\xi^n, \eta^n), x - \xi^n \rangle + k\|x - \xi^n\|^2$$

for some $k \geq 0$. Then condition (25) is satisfied. Condition (H3) c) is satisfied if $\varphi(\cdot, \eta)$ is pseudoconvex.

5 Deletion of Auxiliary Points

It is an unpleasant feature of the methods described so far that the auxiliary points x^n, y^n have to be stored and used in all subsequent iterations. Here we want to obtain versions which allow for the deletion of auxiliary points. The crucial hypothesis which we need for this is (H4):

(H4) $\varphi(x, \cdot)$ is unimodal, i.e., for all $x \in X$ there exists at most one $y \in Y$ where $\varphi(x, \cdot)$ assumes its supremum over Y.

With this hypothesis the master program (20) in the decomposition method may be drastically simplified towards a method of feasible directions [4]. A first example of the method to be described below has been given in [12]. A more elaborate version for the quadratic case, together with an estimate of the rate of convergence, has been described in [14].

Besides (H4) we make in this section the following additional assumptions:

1) The set Y is compact.

2) For some $\bar{x} \in X$ the set $Q := \{\xi \in X \,|\, M(\xi) \leq M(\bar{x})\}$ is compact. Let $\tilde{S} := Q \times Y$.

3) There exists a compact set $K \subset X$ such that

$$\{x \in X \,|\, \varphi(x, \eta) + F(x, \xi) \leq \varphi(\xi, \eta)\} \subset K \quad \text{for all } (\xi, \eta) \in \tilde{S}.$$

From 1) follows the continuity of $M(\cdot)$, and from 1) and 2) follows the existence of saddle points of φ over $X \times Y$ – see the remark after lemma 1. Assumption 3) replaces (H3) d). The modified iteration runs as follows: For the start we choose $\xi^0 \in Q$ and $x^0 \in K$ arbitrarily. At the beginning of the n-th iteration we are given $\xi^{n-1} \in Q$ and $x^{n-1} \in K$ calculated in the previous iteration. The n-th iteration consists of the following steps a) and b):

a) Select $(\xi^n, \eta^n) \in X \times Y$ such that

$$M(\xi^n) = \varphi(\xi^n, \eta^n), \quad M(\xi^n) \leq \varphi(\xi^{n-1}, \eta^n), \quad M(\xi^n) \leq \varphi(x^{n-1}, \eta^n). \tag{28}$$

b) Select $x^n \in X$ such that

$$x^n \text{ solves } \min_{x \in X} (\varphi(x, \eta^n) + F(x, \xi^n)). \tag{29}$$

The requirements under a) are consistent, since any saddle point (ξ^n, η^n) of φ over $[\xi^{n-1}, x^{n-1}] \times Y$ is a solution. If we choose (ξ^n, η^n) in this way, then the computation of (ξ^n, η^n) may be conceived as taking place in two stages. First we calculate ξ^n by minimizing $M(\cdot)$ over $[\xi^{n-1}, x^{n-1}]$. Then we calculate η^n by maximizing $\varphi(\xi^n, \cdot)$ over Y. Due to (H4), (ξ^n, η^n) so calculated is indeed a saddle point on $[\xi^{n-1}, x^{n-1}] \times Y$. Since $\xi^{n-1} \in Q$ and $M(\xi^n) \leq \varphi(\xi^{n-1}, \eta^n) \leq M(\xi^{n-1})$, it follows that $\xi^n \in Q$, too. Hence $(\xi^n, \eta^n) \in \tilde{S}$, and from assumption 3) follows the existence of x^n satisfying b); moreover $x^n \in K$. The sequence $\{(\xi^n, \eta^n)\}$ has cluster points, since it is contained in the compact set $\tilde{S}$.

Theorem 2. Every cluster point of the sequence $\{(\xi^n, \eta^n)\}$ generated by (28), (29) is a saddle point of φ on $X \times Y$.

Proof. Let (ξ^*, η^*) be a cluster point of $\{(\xi^n, \eta^n)\}$. Due to the compactness of K there exists a subsequence, indexed by $n(j)$, such that

$$\xi^{n(j)} \to \xi^*, \quad \eta^{n(j)} \to \eta^*, \quad x^{n(j)} \to x^*, \quad \eta^{n(j)+1} \to \bar{\eta}.$$

From (28) we obtain

$$M(\xi^n) = \varphi(\xi^n, \eta^n) \leq \varphi(\xi^{n-1}, \eta^n) \leq M(\xi^{n-1}).$$

Hence the entire sequences $\{M(\xi^n)\}$, $\{\varphi(\xi^n, \eta^n)\}$, and $\{\varphi(\xi^{n-1}, \eta^n)\}$ are decreasing and are converging towards the same value. Due to continuity we obtain then

$$M(\xi^*) = \varphi(\xi^*, \eta^*) = \varphi(\xi^*, \bar{\eta}), \tag{30}$$

and (H4) implies $\eta^* = \bar{\eta}$. Furthermore, (28) gives $M(\xi^n) \leq \varphi(x^{n-1}, \eta^n)$, and substituting $n := n(j) + 1$ we obtain in the limit

$$M(\xi^*) \leq \varphi(x^*, \bar{\eta}) = \varphi(x^*, \eta^*);$$

hence, from (30)

$$\varphi(\xi^*, \eta^*) \leq \varphi(x^*, \eta^*). \tag{31}$$

From (29) it follows that

$$\varphi(x^n, \eta^n) + F(x^n, \xi^n) \leq \varphi(x, \eta^n) + F(x, \xi^n) \quad \forall x \in X.$$

Since $F \geq 0$, this yields in the limit for the subsequence

$$\varphi(x^*, \eta^*) \leq \varphi(x, \eta^*) + F(x, \xi^*) \quad \forall x \in X.$$

Using (31) we obtain

$$\varphi(\xi^*, \eta^*) \leq \varphi(x, \eta^*) + F(x, \xi^*) \quad \forall x \in X.$$

Then from (18) it follows that

$$\varphi(\xi^*, \eta^*) \leq \varphi(x, \eta^*) \quad \forall x \in X,$$

hence $M(\xi^*) \leq m(\eta^*)$, and (ξ^*, η^*) is a saddle point.   q.e.d.

Rate of convergence. Since the variant (28)–(29) is close to a method of feasible directions, it is natural that we can estimate the rate of convergence by adapting results for the latter class. We borrow from [4]. We specialize algorithm (28)–(29) as follows. $F(x, \xi) := \|x - \xi\|^2$, and (ξ^n, η^n) is chosen as a saddle point of φ on $[\xi^{n-1}, x^{n-1}] \times Y$. So we have

$$\xi^n \text{ solves } \min \{M(\xi) | \xi \in [\xi^{n-1}, x^{n-1}]\},$$

$$\eta^n \text{ satisfies } M(\xi^n) = \varphi(\xi^n, \eta^n),$$

$$x^n \text{ solves } \min \{\varphi(x, \eta^n) + \|x - \xi^n\|^2 | x \in X\}.$$

We assume in addition

1. $\varphi(\cdot, y)$ is convex;

2. there exist constants $0 < v \le V$ such that for all $\xi \in Q$

   a) $M(\xi + h) - M(\xi) \ge \varphi(\xi + h, \eta(\xi)) - \varphi(\xi, \eta(\xi)) + v\|h\|^2 \quad \forall\, h \in X - \xi,$

   b) $M(\xi + h) - M(\xi) \le \varphi(\xi + h, \eta(\xi)) - \varphi(\xi, \eta(\xi)) + V\|h\|^2 \quad \forall\, h \in X - \xi,$

   where $\eta(\xi)$ is (uniquely) determined by the requirement $\varphi(\xi, \eta(\xi)) = M(\xi)$.

Theorem 3. With $\Delta_n := M(\xi^n) - \inf_{x \in X} M(x)$ we have $\Delta_{n+1} \le \Delta_n \left(1 - \dfrac{\bar{v}}{\bar{V}}\right)$, where $\bar{v} = \min\{1, v\}$, and $\bar{V} = \max\{1, V\}$.

Proof. Set $\tau_n := \varphi(x^n, \eta^n) - \varphi(\xi^n, \eta^n) + \|x^n - \xi^n\|^2$. Then from the definition of x^n follows

$$\tau_n \le \varphi(x, \eta^n) - \varphi(\xi^n, \eta^n) + \|x - \xi^n\|^2 \quad \forall\, x \in X,$$

hence

$$\tau_n \le \varphi(\xi^n + h, \eta^n) - \varphi(\xi^n, \eta^n) + \|h\|^2 \quad \forall\, h \in X - \xi^n.$$

Since $\bar{v} \le 1, \tilde{h} \in X - \xi^n$ implies $h := \bar{v}\tilde{h} \in X - \xi^n$. So we obtain, using the convexity of $\varphi(\cdot, y)$, that

$$\tau_n \le \bar{v} \cdot (\varphi(\xi^n + \tilde{h}, \eta^n) - \varphi(\xi^n, \eta^n)) + \bar{v}^2\|\tilde{h}\|^2$$
$$\le \bar{v} \cdot (\varphi(\xi^n + \tilde{h}, \eta^n) - \varphi(\xi^n, \eta^n) + v\|\tilde{h}\|^2) \quad \forall\, \tilde{h} \in X - \xi^n.$$

From assumption 2a) it follows that

$$\tau_n \le \bar{v} \cdot (M(\xi^n + \tilde{h}) - M(\xi^n)) \quad \forall\, \tilde{h} \in X - \xi^n,$$

hence

$$\tau_n \leq \bar{v} \cdot (-\Delta_n).$$

Furthermore with $\bar{\lambda} := \dfrac{1}{\bar{v}}$ and $h^n := x^n - \xi^n$ we obtain

$$M(\xi^n + \bar{\lambda}h^n) - M(\xi^n)$$
$$\leq \varphi(\xi^n + \bar{\lambda}h^n, \eta^n) - \varphi(\xi^n, \eta^n) + V \cdot \bar{\lambda}^2 \cdot \|h^n\|^2$$

$$[\text{from assumption 2b)}]$$

$$\leq \bar{\lambda}(\varphi(x^n, \eta^n) - \varphi(\xi^n, \eta^n)) + V \cdot \bar{\lambda}^2 \cdot \|h^n\|^2 \quad [\text{from assumption 1)}]$$

$$\leq \bar{\lambda}(\varphi(x^n, \eta^n) - \varphi(\xi^n, \eta^n) + \|h^n\|^2) \quad \left[\text{since } \bar{\lambda} \leq \frac{1}{V}\right]$$

$$= \bar{\lambda} \cdot \tau_n.$$

Since $\xi^n + \bar{\lambda}h^n \in [\xi^n, x^n]$ it follows from the definition of ξ^{n+1} that

$$M(\xi^{n+1}) - M(\xi^n) \leq \bar{\lambda}\tau_n.$$

Hence $\Delta_{n+1} - \Delta_n \leq \bar{\lambda}\bar{v}(-\Delta_n)$ and $\Delta_{n+1} \leq \Delta_n\left(1 - \dfrac{\bar{v}}{\bar{v}}\right)$. $\hspace{2cm}$ q.e.d.

The same rate of convergence, but under somewhat different assumptions, has also been established in [14].

If we require in addition to the assumptions made for algorithm (28)–(29) that $\varphi(\cdot, y)$ is convex and $\varphi(x, \cdot)$ is strictly concave (thus sharpening (H4)), then algorithm (28)–(29) can be modified as follows: Given $\xi^{n-1} \in Q$ and $x^{n-1} \in K$ we define for $(x, y) \in [\xi^{n-1}, x^{n-1}] \times Y$:

$$\psi_n(x, y) := \lambda\varphi(\xi^{n-1}, y) + (1 - \lambda)\varphi(x^{n-1}, y),$$

where $\lambda \in [0, 1]$ is determined by $x = \lambda\xi^{n-1} + (1-\lambda)x^{n-1}$. The n-th iteration consists of the following steps:

a) Select $(\xi^n, \eta^n) \in X \times Y$ such that

(ξ^n, η^n) is a saddle point of $\psi_n(\xi, \eta)$ over $[\xi^{n-1}, x^{n-1}] \times Y$.

b) Select $x^n \in X$ according to (29).

This is essentially algorithm 2 with the deletion rule from [1]. Again the sequence $\{(\xi^n, \eta^n)\}$ is contained in the compact set $\tilde{S}$. Every cluster point of the sequence $\{(\xi^n, \eta^n)\}$ is a saddle point of φ on $X \times Y$.

Indeed: Let (ξ^*, η^*) be a cluster point of (ξ^n, η^n). Due to the compactness of K there exists a subsequence, indexed by $n(j)$ $(j \in \mathbb{N})$, such that

$$\xi^{n(j)} \to \xi^*, \quad \eta^{n(j)} \to \eta^*, \quad x^{n(j)} \to x^*, \quad \eta^{n(j)+1} \to \bar{\eta}, \quad \xi^{n(j)-1} \to \tilde{\xi}, \quad x^{n(j)-1} \to \tilde{x}.$$

Then $\xi^* = \lambda^* \tilde{\xi} + (1 - \lambda^*) \tilde{x}$ for some $\lambda^* \in [0, 1]$. Let $\psi_*(\xi^*, y) := \lambda^* \varphi(\tilde{\xi}, y) + (1 - \lambda^*) \varphi(\tilde{x}, y)$. From step a) follows in particular

$$\sup_{y \in Y} \psi_n(\xi^n, y) \le \psi_n(\xi^n, \eta^n) \le \psi_n(\xi^{n-1}, \eta^n) = \varphi(\xi^{n-1}, \eta^n).$$

From the convexity of $\varphi(\cdot, y)$ follows $\varphi(\xi^n, y) \le \psi_n(\xi^n, y)$. So we obtain

$$M(\xi^n) \le \sup_{y \in Y} \psi_n(\xi^n, y) \le \psi_n(\xi^n, \eta^n) \le \varphi(\xi^{n-1}, \eta^n) \le M(\xi^{n-1}).$$

Hence the entire sequences $\{M(\xi^n)\}$, $\{\sup_{y \in Y} \psi_n(\xi^n, y)\}$, $\{\psi_n(\xi^n, \eta^n)\}$ and $\{\varphi(\xi^{n-1}, \eta^n)\}$ are converging towards the same value. From continuity and $\varphi(\xi^*, y) \le \psi_*(\xi^*, y)$ we obtain then

$$M(\xi^*) = \sup_{y \in Y} \psi_*(\xi^*, y) = \psi_*(\xi^*, \eta^*) = \varphi(\xi^*, \bar{\eta}) \le \psi_*(\xi^*, \bar{\eta}).$$

Since $\psi_*(\xi^*, \cdot)$ is strictly concave and therefore satisfies (H4), this implies $\eta^* = \bar{\eta}$. So we obtain

$$M(\xi^*) = \varphi(\xi^*, \eta^*) = \psi_*(\xi^*, \eta^*).$$

Step a) gives furthermore

$$\psi_n(\xi^n, \eta^n) \le \psi_n(x^{n-1}, \eta^n) = \varphi(x^{n-1}, \eta^n).$$

Substituting $n := n(j) + 1$ we obtain in the limit that

$$\psi_*(\xi^*, \eta^*) \le \varphi(x^*, \bar{\eta}) = \varphi(x^*, \eta^*).$$

Hence

$$M(\xi^*) = \varphi(\xi^*, \eta^*) \le \varphi(x^*, \eta^*).$$

Since subprogram (29) remains unchanged the same argument as in the proof of theorem 2 shows then that $M(\xi^*) \le m(\eta^*)$, and (ξ^*, η^*) is a saddle point. q.e.d.

Another possibility – in a certain sense dual to the previous one – for deleting auxiliary points comes from the theory of cutting methods. As we have seen, the cutting method for problem (8) belongs to the class of methods (9)–(10). Now it is well known [3, p. 245] that in the cutting method it is possible to eliminate auxiliary points z^k, if the objective function to be maximized is strictly concave. So with Φ given by (7) let us assume in addition to (H1) that $\Phi(z, \cdot)$ is strictly concave and Z is compact, $Z \subset \mathbb{R}^N$. Moreover, we suppose that $\Phi(z, \cdot)$ is Lipschitz continuous uniformly with regard to $z \in Z$. We consider the problem (8), i.e., $\max_{\zeta \in Z} (\inf_{z \in Z} \Phi(z, \zeta))$. Then the cutting method for solving (8) may be modified as follows: For the sart one chooses $z^0 \in Z$ arbitrary. At the beginning of the n-th iteration ($n = 1, 2, ...$) one has a nonempty subset $Z^n \subset \{z^k | 0 \le k < n\}$. The n-th iteration consists of the following steps a), b), c).

a) Determine $\zeta^n \in Z$ as a solution of $\max_{\zeta \in Z} (\inf_{z \in Z^n} \Phi(z, \zeta))$.

b) Determine $z^n \in Z$ as a solution of $\min_{z \in Z} \Phi(z, \zeta^n)$.

c) Choose $\bar{Z}^n \subset Z^n$ such that $\inf_{z \in \bar{Z}^n} \Phi(z, \zeta^n) = \inf_{z \in Z^n} \Phi(z, \zeta^n)$ and such that ζ^n is still a solution of $\max_{\zeta \in Z} (\inf_{z \in \bar{Z}^n} \Phi(z, \zeta))$. Set $Z^{n+1} := \{z^n\} \cup \bar{Z}^n$.

Rule c) means in particular that we can delete from Z^n all points z^k with $\Phi(z^k, \zeta^n) > \min_{z \in Z^n} \Phi(z, \zeta^n)$. From the strict concavity of $\Phi(z, \cdot)$ follows the strict concavity of $\inf_{z \in Z} \Phi(z, \cdot)$. Hence ζ^*, the solution of (8), is unique. It then follows that $\zeta^n \to \zeta^*$, the unique solution of (8).

Proof. Using standard arguments [3, pp. 90–96] we may assume without loss of generality that $\bar{Z}^n$ contains exactly $N + 1$ elements. So let $\bar{Z}^n = \{\bar{z}_1^n, ..., \bar{z}_{N+1}^n\}$. Let ζ^* be a cluster point of $\{\zeta^n\}$. Since Z is compact there exists a subsequence $\{\zeta^{n(j)}\}$ ($j \in \mathbb{N}$) such that

$$\zeta^{n(j)} \to \zeta^*, \quad \zeta^{n(j)+1} \to \tilde{\zeta}, \quad \bar{z}_i^{n(j)} \to \bar{z}_i \quad (i = 1, ..., N+1).$$

Set $\bar{Z} := \{\bar{z}_1, ..., \bar{z}_{N+1}\}$. Now let $\mu^n := \inf_{z \in \bar{Z}^n} \Phi(z, \zeta^n) = \inf_{z \in Z^n} \Phi(z, \zeta^n)$. Then by the definition of ζ^n and $\bar{Z}^n$ it follows

$$\mu^n \ge \inf_{z \in \bar{Z}^n} \Phi(z, \zeta) \text{ for all } \zeta \in Z. \tag{*}$$

Choosing $\zeta := \zeta^{n+1}$ in (*) we obtain

$$\mu^n \ge \inf_{z \in \bar{Z}^n} \Phi(z, \zeta^{n+1}) \ge \inf_{z \in Z^{n+1}} \Phi(z, \zeta^{n+1}) = \mu^{n+1},$$

since $\bar{Z}^n \subset Z^{n+1}$. Hence the entire sequences μ^n and $\inf_{z \in \bar{Z}^n} \Phi(z, \zeta^{n+1})$ are decreasing and are converging towards the same value $\bar{\mu}$. A simple continuity argument gives

$$\bar{\mu} = \inf_{z \in \bar{Z}} \Phi(z, \zeta^*) = \inf_{z \in \bar{Z}} \Phi(z, \bar{\zeta}).$$

From (*) follows then

$$\bar{\mu} \geq \inf_{z \in \bar{Z}} \Phi(z, \zeta) \text{ for all } \zeta \in [\zeta^*, \bar{\zeta}].$$

But since $\inf_{z \in \bar{Z}} \Phi(z, \cdot)$ is strictly concave this implies $\zeta^* = \bar{\zeta}$. Hence $\|\zeta^{n(j)} - \zeta^{n(j)+1}\| \to 0$. Since $z^n \in Z^{n+1}$ one has

$$\Phi(z^n, \zeta^{n+1}) \geq \inf_{z \in Z^{n+1}} \Phi(z, \zeta^{n+1}) = \mu^{n+1}.$$

Hence by the definition of z^n and the uniform Lipschitz continuity of $\Phi(z, \cdot)$ we obtain $\inf_{z \in Z} \Phi(z, \zeta^n) = \Phi(z^n, \zeta^n) \geq \Phi(z^n, \zeta^{n+1}) - L \cdot \|\zeta^n - \zeta^{n+1}\| \geq \mu^{n+1} - L \cdot \|\zeta^n - \zeta^{n+1}\|$. Hence we obtain $\inf_{z \in Z} \Phi(z, \zeta^*) \geq \bar{\mu}$. Again from (*) follows $\mu^n \geq \inf_{z \in Z} \Phi(z, \zeta)$ for all $\zeta \in Z$, hence $\bar{\mu} \geq \inf_{z \in Z} \Phi(z, \zeta)$ for all $\zeta \in Z$. Altogether we have obtained

$$\inf_{z \in Z} \Phi(z, \zeta^*) \geq \bar{\mu} \geq \inf_{z \in Z} \Phi(z, \zeta) \text{ for all } \zeta \in Z.$$

Hence ζ^* solves (8). Since the solution of (8) is unique, it follows that $\zeta^n \to \zeta^*$ for the entire sequence $\{\zeta^n\}$.   q.e.d.

6 Extension to Equilibrium Problems

The notion of a (Nash-) equilibrium is of fundamental importance in the theory of noncooperative n-person games. Let there be given a finite family of sets Z_i $(i \in I)$ and a corresponding family of functions $f_i : \prod_{j \in I} Z_j \to \mathbb{R}$ $(i \in I)$. We abbreviate $Z := \prod_{i \in I} Z_i$, $Z_{\sim i} := \prod_{j \in I, j \neq i} Z_j (i \in I)$, so that $Z = Z_i \times Z_{\sim i}$. Similarly for $z =:$ $(z_i)_{i \in I} \in Z$ we abbreviate $z_{\sim i} := (z_j)_{j \in I, j \neq i} \in Z_{\sim i}$, so that $z = (z_i, z_{\sim i})$.

A point $\zeta^* \in Z$ with $\zeta^* = (\zeta_i^*)_{i \in I}$ is called an *equilibrium point* of the system of functions f_i iff for all $i \in I$

$$f_i(\zeta_i^*, \zeta_{\sim i}^*) \leq f_i(z_i, \zeta_{\sim i}^*) \quad \forall z_i \in Z_i.$$

Let us assume that for all $i \in I$

1. the sets Z_i are nonempty, convex, compact, $\qquad\qquad\qquad\qquad$ (32)

2. the functions $f_i(\cdot)$ are continuous on Z, $\qquad\qquad\qquad\qquad$ (33)

3. the functions $f_i(\cdot, z_{\sim i})$ are quasiconvex on Z_i for each fixed $z_{\sim i} \in Z_{\sim i}$. (34)

Then there exists at least one equilibrium point – see [10, 11], and the remark below.

We define the function $\Phi : Z \times Z \to \mathbb{R}$ by means of

$$\Phi(z, \zeta) := \sum_{i \in I} (f_i(z_i, \zeta_{\sim i}) - f_i(\zeta_i, \zeta_{\sim i})),$$

where $z = (z_i)_{i \in I} \in Z$ and $\zeta = (\zeta_i)_{i \in I} \in Z$. Then $\Phi(\zeta, \zeta) = 0$ for all $\zeta \in Z$. It can easily be seen that $\zeta^* \in Z$ is an equilibrium point if and only if $\Phi(z, \zeta^*) \geq 0$ for all $z \in Z$. This is again problem (8), and we can apply the general decomposition scheme (9)–(10) given above. A simple realization with $H = 0$ is as follows:

At the beginning of the n-th iteration we are given finite subsets $Z_i^n \subset Z_i$ $(i \in I)$.

We determine $\zeta^n \in Z$ with $\zeta^n = (\zeta_i^n)_{i \in I}$ such that for all $i \in I$

$$f_i(\zeta_i^n, \zeta_{\sim i}^n) \leq f_i(z_i, \zeta_{\sim i}^n) \quad \forall z_i \in Z_i^n. \qquad\qquad (35)$$

We determine $z^n \in Z$ with $z^n = (z_i^n)_{i \in I}$ such that for all $i \in I$

$$f_i(z_i^n, \zeta_{\sim i}^n) \leq f_i(z_i, \zeta_{\sim i}^n) \quad \forall z_i \in Z_i.$$

We set $Z_i^{n+1} := Z_i^n \cup \{z_i^n\}$, and start the next iteration.

Recall that (35) is solvable because of the existence of an equilibrium point on $\prod_{i \in I} \mathrm{conv}\, Z_i^n$. Every limit point of the sequence $\{\zeta^n\}$ is an equilibrium point.

Remark. For algorithmic reasons we needed the theorem of Sion [15, 9] only in the situation where the functions occuring are continuous (whereas the original formulation of this theorem needs only appropriate semicontinuity requirements). Under the stronger assumption of continuity Sion's theorem as well as Nash's result [10, 11] follow readily from Fan's fixed point theorem. Indeed, to obtain Nash's result assume that (32), (33), (34) are satisfied. Define multivalued mappings $A_i : Z \rightrightarrows Z_i$ $(i \in I)$ by $A_i(z) := \{\zeta_i^* \in Z_i | f_i(\zeta_i^*, z_{\sim i}) \leq f_i(\zeta_i, z_{\sim i}) \ \forall \ \zeta_i \in Z_i\}$. Let

$$A(z) := \prod_{i \in I} A_i(z) : Z \rightrightarrows Z.$$

Then $A(z)$ is convex, compact and nonempty for all $z \in Z$, and by the result of [2, p. 123] $A(\cdot)$ is upper semicontinuous. Hence by Fan's fixed point theorem [8] A has a fixed point $\zeta^* \in A(\zeta^*)$. With $\zeta^* = (\zeta_i^*)_{i \in I}$ this means that $\zeta_i^* \in Z_i$ minimizes $f_i(\cdot, \zeta_{-i}^*)$ over Z_i, hence ζ^* is an equilibrium: Nash's result. Sion's result becomes a special case of Nash's result: choose $\varphi = f_1 = -f_2$ in the latter to obtain

$$\varphi(\xi^*, y) \leq \varphi(\xi^*, \eta^*) \leq \varphi(x, \eta^*) \quad \forall\, x \in X,\ \forall\, y \in Y,$$

which is Sion's result.

References

1. Auslender A (1985) Two general methods for computing saddle points with application for decomposing convex programming problems. Applied Mathematics and Optimization 13:79–95
2. Berge C (1966) Espaces topologiques: fonctions multivoques, 2. éd. Dunod, Paris
3. Blum E, Oettli W (1975) Mathematische Optimierung: Grundlagen und Verfahren. Springer, Berlin
4. Blum E, Oettli W (1976) The principle of feasible directions for nonlinear approximants and infinitely many constraints. Symposia Mathematica 19:91–101
5. Broise P, Huard P, Sentenac J (1968) Décomposition des programmes mathématiques. Dunod, Paris
6. Cohen G (1980) Auxiliary problem principle and decomposition of optimization problems. Journal of Optimization Theory and Applications 32:277–305
7. Dantzig GB (1963) Linear programming and extensions. Princeton University Press, Princeton
8. Fan K (1972) A minimax inequality and applications. In: Shisha O (ed) Proceedings of the Third Symposium on Inequalities. Academic Press, New York, pp 103–113
9. Fan K (1964) Sur un théorème minimax. Comptes Rendus de l' Académie des Sciences de Paris, Série A 259:3925–3928
10. Fan K (1966) Applications of a theorem concerning sets with convex sections. Mathematische Annalen 163:189–203
11. Nash J (1951) Non-cooperative games. Annals of Mathematics 54:286–295
12. Oettli W (1974) Eine allgemeine, symmetrische Formulierung des Dekompositionsprinzips für duale Paare nichtlinearer Minmax- und Maxmin-Probleme. Zeitschrift für Operations Research 18:1–18
13. Rockafellar RT (1970) Convex analysis. Princeton University Press, Princeton
14. Rockafellar RT, Wets RJ-B (1986) A Lagrangian finite generation technique for solving linear-quadratic problems in stochastic programming. Mathematical Programming Studies 28:63–93
15. Sion M (1958) On general minimax theorems. Pacific Journal of Mathematics 8:171–176
16. Zangwill WI (1969) Nonlinear programming: a unified approach. Prentice Hall, Englewood Cliffs

A Characterization of a Cone of Pseudo-Boolean Functions via Supermodularity-Type Inequalities

Y. Crama, P. L. Hammer, and R. Holzman

Abstract

A pseudo-Boolean function is a real valued function defined on the vertices of the unit n-dimensional hypercube. It has a unique expression as a multilinear polynomial in n variables. It is called almost-positive if all the coefficients in that expression, except maybe those in the linear part, are nonnegative. The almost-positive functions form a convex cone, given explicitly by its extreme rays. Here we describe this cone by a system of linear inequalities, which can be viewed as a natural generalization of supermodularity to higher orders. We also point out a characterization in terms of the sign of partial derivatives.

A *pseudo-Boolean function* is a function $f : B^n \rightarrow \mathbb{R}$, where n is a positive integer, $B^n = \{0, 1\}^n$ and $\mathbb{R}$ is the set of real numbers. By denoting $N = \{1, \ldots, n\}$ and identifying subsets of N with their characteristic vectors, f can be considered a real valued function defined on the Boolean algebra of all subsets of N. The arguments of f will be written in either form (vector or subset), as convenient.

It is well-known that every pseudo-Boolean function f has a unique polynomial expression of the form

$$f(x) = \sum_{T \subseteq N} \left[a_T \prod_{k \in T} x_k \right], \tag{1}$$

where $x = (x_1, \ldots, x_n) \in B^n$ and a_T are real coefficients. These coefficients can be derived explicitly from f using the formula

$$a_T = \sum_{S \subseteq T} (-1)^{t-s} f(S), \quad T \subseteq N, \tag{2}$$

where t and s are the cardinalities of T and S, respectively. By letting x vary over $\mathbb{R}^n$, we may regard formula (1) as defining a multilinear function which agrees with f on B^n. No confusion will arise from referring to this function as f as well. We let $\deg(f)$ denote the degree of the polynomial (1).

A pseudo-Boolean function f is *almost-positive* if $a_T \geq 0$ for all $T \subseteq N$ such that $|T| \geq 2$. This class of functions has received attention in the optimization literature, as its members can be maximized using network flow methods (see for example [3]). In a game theoretic context, this is precisely the class of characteristic function games (with side-payments) for which the core coincides with the selectope (see [2]).

P. Kall et al. (Hrsg.) Quantitative
Methoden in den Wirtschaftswissenschaften
© Springer-Verlag Berlin Heidelberg 1989

Clearly, the almost-positive functions form a convex cone in $\mathbb{R}^{B^n}$, namely the one generated by the monomials $\Pi_{k \in T} x_k$ for $T \subseteq N$, $|T| \geq 2$, together with $\pm x_k$ for $k \in N$ and ± 1. In terms of finding interesting valid inequalities for this cone, it has been observed that almost-positive functions are *supermodular,* i.e., they satisfy

$$f(S \cup T) \geq f(S) + f(T) - f(S \cap T), \quad \forall\, S, T \subseteq N. \tag{3}$$

The purpose of this note is to observe that this property can be generalized to "supermodularity of higher orders," and the resulting system of inequalities characterizes the cone of almost-positive functions. We also point out a characterization in terms of the sign of partial derivatives, which gives a geometric intuition for this class of functions.

To understand the generalization of (3), it is useful to interpret it as stating that an attempt to evaluate f at the union of two sets via an inclusion-exclusion formula yields an underestimate of the actual value. The same idea for the union of m sets, where m is an integer ≥ 2, suggests the inequalities

$$f\left(\bigcup_{i=1}^{m} S_i \right) \geq \sum_{i=1}^{m} f(S_i) - \sum_{i=1}^{m-1} \sum_{j=i+1}^{m} f(S_i \cap S_j) + \ldots$$

$$+ (-1)^{m+1} f\left(\bigcap_{i=1}^{m} S_i \right), \quad \forall\, S_1, \ldots, S_m \subseteq N. \tag{4}$$

A pseudo-Boolean function which satisfies (4) for a given m will be called *supermodular of order* m. In our terminology, the classical supermodularity becomes supermodularity of order 2. It should be noted that supermodularity of order m implies supermodularity of order m' whenever $2 \leq m' < m$; to see this, put $S_{m'+1} = \ldots = S_m = \emptyset$.

Theorem *Let f be a pseudo-Boolean function. The following statements are equivalent:*

(a) f *is almost-positive.*
(b) f *is supermodular of order* m *for all integers* $m \geq 2$.
(c) *if* $\deg(f) \geq 2$ *then f is supermodular of order* $\deg(f)$.
(d) *all partial derivatives of* f *of orders* ≥ 2 *are nonnegative on the nonnegative orthant* $\mathbb{R}^n_+$.

Proof

(a)$\Rightarrow$(b): It suffices to show that the generators of the cone of almost-positive functions mentioned above satisfy the inequalities (4). Let $S_1, \ldots, S_m \subseteq N$ and consider first a monomial of the form $f(x) = \Pi_{k \in T} x_k$, where $T \subseteq N$ and $|T| \geq 2$. Then $f(S) = 1$ or 0 according as $S \supseteq T$ or not. Assume that $S_i \supseteq T$ holds true for exactly p of the indices $i \in \{1, \ldots, m\}$. If $p = 0$ then the right hand side of (4) is zero, so we may assume $p \geq 1$. In this case (4) reduces to

$$1 \geq \sum_{l=1}^{p} (-1)^{l+1} \binom{p}{l},$$

which actually holds with equality (consider the expansion of $(1-1)^p$). Next, consider a monomial of the form $f(x) = \pm x_k$, where $k \in N$. Assume that $k \in S_i$ holds true for exactly p of the indices $i \in \{1, \ldots, m\}$. If $p = 0$ then all terms in (4) are zero, while for $p \geq 1$ the above counting argument still works (a minus sign is no obstacle, since the inequality holds with equality). Finally, for a constant function $f = \pm 1$ the same argument with $p = m$ works.

(b) $\Rightarrow$ (c): This is obvious.

(c) $\Rightarrow$ (a): Let $T \subseteq N$ with $|T| \geq 2$. If $|T| > \deg(f)$ then $a_T = 0$, so we may assume $|T| \leq \deg(f)$. By supposition f is supermodular of order $\deg(f)$, so it is also supermodular of order $|T|$. Using this fact for the collection $\{S_i = T \backslash \{i\}\}_{i \in T}$ and formula (2) we obtain $a_T \geq 0$.

(a) $\Rightarrow$ (d): This is obvious.

(d) $\Rightarrow$ (a): Let $T \subseteq N$ with $|T| \geq 2$. The partial derivative of f of order $|T|$ with respect to the variables x_k, $k \in T$, evaluated at any point x with $x_l = 0$ for $l \notin T$, equals a_T. Hence $a_T \geq 0$.

This completes the proof of the theorem. Although our proof does not directly relate supermodularity of higher orders to the sign of partial derivatives of higher orders, the following is true: for a given integer $m \geq 2$, f is supermodular of order m if and only if all partial derivatives of f of orders $2, \ldots, m$ are nonnegative on B^n.

Remark We have recently realized that the Theorem of this paper can also be derived from Choquet's results on the theory of capacities (see p. 171 and p. 217 of [1]).

Acknowledgements. This research has been carried out while all three authors were at RUTCOR. The support of the Air Force Office of Scientific Research under grant AFOSR 0271, and of the National Science Foundation under grant ECS 8503212, are gratefully acknowledged.

References

1. Choquet G (1955) Theory of capacities. Ann Inst Fourier (Grenoble) 5:131–295
2. Hammer PL, Peled UN, Sorensen S (1977) Pseudo-Boolean functions and game theory. I. Core elements and Shapley value. Cahiers du Centre d'Etudes de Recherche Opérationnelle 19:159–176
3. Hansen P, Simeone B (1986) Unimodular functions. Discrete Applied Mathematics 14:269–281

Ein Lösungsverfahren für das Losgrößenproblem
mit linearen Restriktionen

K. Kleibohm

Zusammenfassung

Das Ziel dieser Arbeit ist die Entwicklung eines einfachen und schnellen
Lösungsverfahrens für das Losgrößen- bzw. Bestellmengenproblem bei Vorgabe
von ein oder zwei linearen Restriktionen. Nach Formulierung des entsprechenden
konvexen Optimierungsproblems werden die Eigenschaften der Lösung untersucht. Die Berechnung der Lösung wird über die Lagrange'schen Multiplikatoren
auf die Lösung von ein oder zwei nichtlinearen Gleichungen mittels des Newton-
Verfahrens zurückgeführt.

1 Einleitung

„Die klassische Losgrößenformel, auch bekannt als Andler-, Harris- oder Wilson-
Formel, ist eines der ältesten Instrumente quantitativer Betriebsführung. Trotz der
restriktiven Annahmen, die ihrer Herleitung zugrunde liegen, wird sie auch heute
noch mit Erfolg in der Praxis eingesetzt. Hunderte von Veröffentlichungen haben
sich mit unterschiedlichen Modifikationen dieser Formel und mit ihrer Einbettung
in realistischere Modellzusammenhänge befaßt."

Die Eingangsworte aus [4] möchte ich auch hier voranstellen, da sich die
Einführung in diese Themenstellung kaum knapper und prägnanter formulieren
läßt. Im folgenden soll jedoch weniger die Realitätsnähe des Modells kritisch
untersucht und verbessert werden wie in [4], sondern die Betrachtung wird auf das
mathematische Modell einer Verallgemeinerung des klassischen Losgrößenpro-
blems reduziert. Anschließend wird ein Lösungsverfahren dazu beschrieben,
welches für PC programmiert vorliegt. Das Programm arbeitet im Dialog und
wurde bisher allerdings erst an kleineren Beispielen getestet.

Der klassischen Losgrößenformel liegt eine zu minimierende Kostenfunktion
zugrunde, die sich aus einem linearen Teil („Lagerkosten") und einem hyperbolischen Teil („Bestellkosten") zusammensetzt.

$$f(x) = ax + b/x \tag{1}$$

Je nach Anwendungsbereich kann die Entscheidungsvariable x die Bedeutung der
zu bestellenden Liefermengen, der zu produzierenden Losgrößen, des Zeitinter-

P. Kall et al. (Hrsg.) Quantitative
Methoden in den Wirtschaftswissenschaften
© Springer-Verlag Berlin Heidelberg 1989

valls für die Instandhaltung o. ä. haben. Dementsprechend haben auch die Kostenteile bei gleicher Struktur unterschiedliche Bedeutung. Die Funktion (1) ist konvex für $x > 0$ und nimmt für $a > 0$ und $b \geqslant 0$ in $\hat{x}$ ein eindeutiges Minimum an mit

$$\hat{x} = \sqrt{b/a} \quad \text{und} \quad f(\hat{x}) = \sqrt{ab} + \sqrt{ab} = 2\sqrt{ab}.$$

Im Minimum sind bemerkenswerterweise die beiden Kostenanteile gleich.

Die Verallgemeinerung auf N Produkte ist einfach, da die entstehende Kostenfunktion

$$f(\underline{x}) = \sum_{i \in I} a_i x_i + \sum_{i \in I} b_i/x_i = \ell(\underline{x}) + h(\underline{x})^1 \tag{2}$$

separabel ist und die genannten Eigenschaften somit erhalten bleiben.

Die Lösung ist demnach

$$\hat{x}_i = \sqrt{b_i/a_i} \quad \text{und} \quad f(\hat{\underline{x}}) = 2 \sum_{I} \sqrt{a_i b_i}. \tag{3}$$

Dabei gilt wieder $\ell(\hat{\underline{x}}) = h(\hat{\underline{x}}) = \dfrac{1}{2} f(\hat{\underline{x}})$ und die Lösung existiert nur für $a_i \neq 0$ $(i \in I)$.

Erst durch die Berücksichtigung von Nebenbedingungen werden die Variablen gekoppelt und die Lösungsform (3) geht verloren. Die Einschränkungen können u. a. gegeben sein durch die Begrenzung des gebundenen Kapitals (Budgetrestriktion) der Lagergröße und/oder des für die Bestellung zur Verfügung stehenden Arbeitskräftepotentials (Handlingrestriktion) vgl. [3], [4]. In den ersten beiden Fällen ist die Restriktion linear

$$\sum_{I} c_i x_i \leqslant r_1 \quad \text{bzw.} \quad \sum_{I} d_i x_i \leqslant r_2. \tag{4}$$

Im dritten Fall liegt eine Summe hyperbolischer Anteile vor

$$\sum_{I} w_i/x_i \leqslant r_3 \tag{5}$$

Mit (2), (4) und (5) liegt nun ein konvexes Optimierungsproblem vor, dessen eindeutiges Minimum prinzipiell mit einem Gradienten- oder Schnittebenenverfahren zu ermitteln ist. Wegen der in der betriebswirtschaftlichen Realität sehr großen Anzahl der Produkte und damit der Variablen ist dieser Weg jedoch nicht praktikabel und es wird in der Literatur z. B. in [2], [3] und [5] die in gewisser Weise duale Problemstellung betrachtet, bei der die zwei oder drei Lagrangeparameter

---

^{1} Zur Vereinfachung der Schreibweise wird die Indexmenge $I = \{i \,|\, i = 1, \ldots N\}$ benutzt.

der Kuhn-Tucker-Bedingungen zu der gegebenen Aufgabe berechnet werden. Dieser Weg hat den weiteren Vorteil, daß mit dem Ergebnis auch die Schattenpreise der knappen Ressourcen r_j ($j = 1, 2, 3$) vorliegen, die äußerst bedeutsam für die betriebswirtschaftliche Analyse der Lösung sein können.

2 Die Lösung eines vereinfachten Problems

Zur Vereinfachung der numerischen Lösung wird in der Praxis häufig die Proportionalität der Koeffizientenvektoren in der Kostenfunktion und den Restriktionen angenommen wie zum Beispiel

$$\underline{a} = \frac{1}{2} z \cdot \underline{c} \quad \text{und} \quad \underline{b} = K \cdot \underline{w} \tag{6}$$

bei Annahme einer (linearen) Budget- und einer (hyperbolischen) Handlingrestriktion. Dabei ist K die sog. „Bestellkostenproportionalitätskonstante" und z der für alle Artikel konstante Zinssatz, vgl. [4].

Damit ergibt sich aus (2), (5) und der ersten Restriktion (4) die vereinfachte Aufgabenstellung

$$f(\underline{x}) = l(\underline{x}) + h(\underline{x}) \rightarrow \text{Min}$$

$$\text{mit} \quad l(\underline{x}) \leqslant \frac{1}{2} z \cdot r_1 = R_1 \quad \text{und} \quad h(\underline{x}) \leqslant K \cdot r_3 = R_3 \tag{7}$$

deren Lösung sich explizit angeben läßt. Dabei können, abhängig von den rechten Seiten, die folgenden 3 Fälle unterschieden werden:

1) $R_1 \geqslant \hat{l}$ und $R_3 \geqslant \hat{h}$ $\left(\text{mit } \hat{l} = \hat{h} = \sum_I \sqrt{a_i b_i} \right)$

In diesem Fall ist keine Restriktion einschränkend und es ergibt sich die freie Lösung $\hat{\underline{x}}$.

2) $R_1 < \hat{l}$ und $R_3 < \hat{h}$

In diesem Fall existiert offensichtlich keine Lösung.

3a) $R_1 < \hat{l}$ und $R_3 > \hat{h}$

In diesem Fall ist die erste Restriktion einschränkend. Wird die zweite Restriktion zunächst nicht berücksichtigt, so muß für die eingeschränkte Minimallösung f* gelten:[2]

$$f^* = l^* + h^* > \hat{f}$$

da das freie Minimum nicht mehr angenommen werden kann und

$$R_1 = l^* < \hat{l} = \hat{h} < h^*$$

wegen der ersten Restriktion.
Ist nun $R_3 < h^*$ so existiert keine Lösung, die beide Restriktionen erfüllt. Ist dagegen $R_3 \geq h^*$, so ist die zweite Restriktion redundant.

3b) $R_1 > \hat{l}$ und $R_3 < \hat{h}$

Hier gilt mit entsprechender Begründung

$$l^* > \hat{l} = \hat{h} > h^* = R_3$$

und die Lösung existiert nur, wenn die erste Restriktion redundant ist.

Falls zur Aufgabe (7) eine Lösung existiert, so ist diese über die Lagrangeparameter leicht zu berechnen und man erhält im Fall

3a) $\underline{x}^* = \dfrac{1}{\sqrt{1+\lambda_1}}\, \hat{\underline{x}}$ mit $\sqrt{1+\lambda_1} = \hat{l}/R_1 > 1$

und $f^* = l^* + h^* = R_1 + (\hat{l}/R_1)\,\hat{h}$ $\hspace{3cm}$ (8)

d. h. es muß $R_3 \geq (\hat{l}/R_1)\,\hat{h}$ gelten.

3b) $\underline{x}^* = \sqrt{1+\lambda_3}\, \hat{\underline{x}}$ mit $\sqrt{1+\lambda_3} = \hat{h}/R_3 > 1$

und $f^* = l^* + h^* = (\hat{h}/R_3)\,\hat{l} + R_3$ $\hspace{3cm}$ (9)

d. h. es muß $R_1 \geq (\hat{h}/R_3)\,\hat{l}$ gelten.

Somit läßt sich zusammenfassend sagen:

---

[2] Alle Lösungsgrößen des eingeschränkten Problems werden durch hochgestellten Stern gekennzeichnet.

Für die Aufgabenstellung (7) existiert genau dann eine Lösung, wenn gilt

$$R_1R_3 \geqslant \left(\sum_I \sqrt{a_ib_i} \right)^2.$$

In dieser Lösung ist nur die Restriktion entschränkend, für welche gilt

$$R_j < \sum_I \sqrt{a_ib_i}, \quad (j = 1, 3)$$

Die Lösungswerte ergeben sich aus (8) bei $j = 1$ bzw. aus (9) bei $j = 3$.

Man erhält also auch hier, wie beim freien Problem, die Lösung direkt und explizit aus den Ausgangsdaten.

Im folgenden soll nun der Fall der Zielfunktion (2) und der beiden linearen Restriktionen (4) ohne die genannte Vereinfachung (6) behandelt werden. Mit der Transformation $y_i = x_i^{-1}$ ist damit auch der Fall erfaßt, bei dem allein die hyperbolische Restriktion (5) auftritt. Nicht behandelt wird hier der Fall des gleichzeitigen Auftretens linearer und hyperbolischer Restriktionen. Das hier benutzte Lösungsprinzip läßt sich zwar auch auf den Fall einer linearen und einer hyperbolischen Restriktion übertragen, jedoch gehen dann die Monotonieeigenschaften der Funktionen (13) und (14) verloren. Die dadurch entstehenden Probleme bei der Nullstellenbestimmung wurden noch nicht untersucht.

3 Das Optimierungsproblem

Zur mathematischen Behandlung der beschriebenen ökonomischen Problemstellung wird noch einmal eine entsprechende Optimierungsaufgabe formuliert:

$$f(\underline{x}) = \sum_I (a_i \cdot x_i + b_i/x_i) = \ell(\underline{x}) + h(\underline{x}) \rightarrow \text{Min} \tag{2}$$

unter den Nebenbedingungen

$$g_1(\underline{x}) = \sum_I c_i \cdot x_i \leqslant 1$$

$$g_2(\underline{x}) = \sum_I d_i \cdot x_i \leqslant 1 \tag{4a}$$

und $x_i \geqslant 0$ für $i \in I$

Die Koeffizienten a_i, b_i, c_i und d_i können der Problemstellung entsprechend als nichtnegativ vorausgesetzt werden. Da bei $b_i = 0$ auch für die Lösungsvariable $x_i^* = 0$ gilt, können o.B.d.A. alle b_i sogar positiv angenommen werden. Für $a_i = 0$

muß $c_i > 0$ oder $d_i > 0$ sein, da das Problem sonst keine endliche Lösung hat. D. h. für die Koeffizienten wird vorausgesetzt:

$$a_i \geqslant 0, \quad b_i > 0, \quad c_i \geqslant 0, \quad d_i \geqslant 0, \quad a_i + c_i + d_i > 0 \quad (i \in I) \tag{10}$$

Außerdem seien die Koeffizienten c_i und d_i so normiert, daß die rechten Seiten der Restriktionen den Wert Eins annehmen. Falls nur eine Restriktion gegeben ist, sind alle d_i gleich Null.

Unter den genannten Voraussetzungen ist der zulässige Bereich nicht leer, die Zielfunktion ist dort streng konvex und nimmt ein eindeutiges globales Minimum an. Wegen $b_i > 0$ $(i \in I)$ sind die Nichtnegativitätsbedingungen $\underline{x} \geqslant \underline{0}$ redundant und werden nicht weiter berücksichtigt. Der Minimalpunkt $\underline{x}^*$ kann im Innern des zulässigen Bereichs auf einer oder auf beiden Restriktionen liegen.

Im ersten Fall wird ein freies Minimum angenommen mit den bekannten Lösungswerten $\underline{\hat{x}}$ und $f(\underline{\hat{x}})$.

4 Lagrangeansatz und Wirkung der Restriktionen

Liegt kein freies Minimum vor, so sind in $\underline{x}^*$ alternativ 3 Fälle möglich:

1) $g_1(\underline{x}^*) = 1$ und $g_2(\underline{x}^*) < 1$ (d. h. g_2 ist redundant)

2) $g_2(\underline{x}^*) = 1$ und $g_1(\underline{x}^*) < 1$ (d. h. g_1 ist redundant) $\hspace{2cm}$ (11)

3) $g_1(x^*) = 1$ und $g_2(x^*) = 1$ (d. h. g_1 und g_2 sind aktiv)

Diese Fälle können aber einzeln mit Hilfe der Lagrange'schen Methode für Gleichungsrestriktionen behandelt werden. Dieser Weg wird im folgenden beschritten.

Die Lagrangefunktion für das gegebene Problem lautet:

$$L(\underline{x}, \lambda_1, \lambda_2) = f(\underline{x}) + \lambda_1(g_1(\underline{x}) - 1) + \lambda_2(g_2(\underline{x}) - 1)$$

Für die Aufgabenstellung (2), (4) bzw. (4a) ist damit $\lambda_1 \geqslant 0$ und $\lambda_2 \geqslant 0$.

Die notwendigen Bedingungen für das Minimum sind

$$a_i - \frac{b_i}{(x_i^*)^2} + \lambda_1^* \cdot c_i + \lambda_2^* \cdot d_i = 0$$

oder

$$x_i^* = \sqrt{b_i/(a_i + \lambda_1^* \cdot c_i + \lambda_2^* \cdot d_i)}, \quad (i \in I) \tag{12}$$

und ergeben eingesetzt in die Restriktionen die Gleichungen

$$\sum_I c_i \sqrt{b_i/(a_i + \lambda_1^* \cdot c_i + \lambda_2^* \cdot d_i)} = 1 \tag{13}$$

$$\sum_I d_i \sqrt{b_i/(a_i + \lambda_1^* \cdot c_i + \lambda_2^* \cdot d_i)} = 1. \tag{14}$$

Für $\lambda_1 = \lambda_2 = 0$ ergibt sich wieder das freie Minimum $\underline{x}^* = \hat{\underline{x}}$. Für $\lambda_1 > 0$ oder $\lambda_2 > 0$ und für $a_i > 0$ kann die Variation der freien Lösung durch die Restriktionen untersucht werden. Es ergibt sich für die Variablen: $\underline{x}^* \leq \hat{\underline{x}}$ und $x_i^* < \hat{x}_i$ wenn x_i in einer aktiven Restriktion vorkommt, d. h. c_i oder d_i dort verschieden von Null ist. Mit den Bezeichnungen

$$f(\underline{x}^*) = \sum_I l_i^* + \sum_I h_i^* \quad \text{und} \quad w_i^* = (1 + \lambda_1^* c_i' + \lambda_2^* d_i')^{1/2} > 1$$

wobei $c_i' = c_i/a_i$ und $d_i' = d_i/a_i$ ist, folgt für die Zielfunktion:

$$l_i^* = (1/w_i^*)\hat{l}_i < \hat{l}_i \quad \text{bzw} \quad h_i^* = w_i^* \cdot \hat{h}_i > \hat{h}_i \quad \text{oder}$$

$$h_i^*/l_i^* = 1 + \lambda_1^* c_i' + \lambda_2^* d_i'$$

wenn x_i in einer aktiven Restriktion vorkommt. Für die Summe beider Terme gilt dann

$$f_i^* = l_i^* + h_i^* = \sqrt{a_i b_i} \, [1/w_i^* + w_i^*] = \sqrt{a_i b_i} \, [x_i^*/\hat{x}_i + \hat{x}_i/x_i^*]$$

$$= \sqrt{a_i b_i} \left[2 + \frac{(\hat{x}_i - x_i^*)^2}{\hat{x}_i x_i^*} \right] = \hat{f}_i + \hat{h}_i \left[\frac{(\hat{x}_i - x_i^*)^2}{\hat{x}_i x_i^*} \right]$$

Eine andere Abschätzung kann durch folgenden Ansatz gewonnen werden:

Wegen $l_i(x_i) \cdot h_i(x_i) = a_i b_i$ für alle x_i

gilt auch $l_i^* \cdot h_i^* = a_i b_i$

d. h. l_i^* und h_i^* können als Seiten eines Rechtecks mit konstanter Fläche aufgefaßt werden. Daraus folgt, daß die Summe der Seiten um so kleiner ist, je kleiner die Differenz der Seiten ist. Sei D_i diese Differenz, so ist

$$D_i^2 = (l_i^* - h_i^*)^2 = (l_i^* + h_i^*)^2 - 4 l_i^* h_i^* = (f_i^*)^2 - 4 a_i b_i \quad \text{oder}$$

$$f_i^* = \sqrt{4 a_i b_i + D_i^2} = \hat{f}_i \sqrt{1 + (D_i/\hat{f}_i)^2}$$

Wie zu erwarten, verringern sich durch aktive Restriktionen die „Lagerkosten" für jedes betroffene Produkt um die obenstehenden Faktoren. Die „Bestellkosten" erhöhen sich aber so überproportional, daß sich die Gesamtkosten in der beschriebenen Weise vergrößern.

5 Fallunterscheidung und Lösung der nichtlinearen Gleichungen

Die Lösungswerte für die drei o. g. Fälle (11) ergeben sich nun durch Lösung der Gleichungen (13) und (14) mit den entsprechenden Vorgaben

1) λ_1^* ist Lösung von (13) mit $\lambda_2^* = 0$

2) λ_2^* ist Lösung von (14) mit $\lambda_1^* = 0$

3) λ_1^* und λ_2^* sind Lösungen von (13) und (14)

Zur Entscheidung darüber, welcher Fall im konkreten Beispiel vorliegt, kann das abgebildete Ablaufdiagramm benutzt werden, wobei zur Vereinfachung der Darstellung o.B.d.A. angenommen wird, daß $g_1(\hat{x}) \geqslant g_2(\hat{x})$ ist.

Zur Lösung der Fälle 1) oder 2) betrachtet man die Funktion

$$s(\lambda) = \sum_I e_i \sqrt{b_i/(a_i + e_i\lambda)} - 1 \tag{15}$$

mit $e_i = c_i$ bzw. $e_i = d_i$. Wie man leicht zeigt, ist $s(\lambda)$ konvex, streng monoton fallend für $\lambda > 0$ und hat dort genau eine Nullstelle λ^*. Da kein freies Minimum angenommen wird, gilt $g_1(\hat{x}) > 1$ oder $g_2(\hat{x}) > 1$ und damit $s(0) > 0$. Zur Bestimmung der Nullstelle ist im vorliegenden Fall das Newton-Verfahren mit dem Anfangswert $\lambda_0 = 0$ gut geeignet. Ist jedoch $a_i = 0$ $(i \in I_0)$ für eine nichtleere Indexmenge I_0, so wird ein Anfangswert $\lambda_0 > 0$ benötigt, da $s(0)$ nicht definiert ist. Man erhält diesen Wert wie folgt:

Sei

$$s_0(\lambda) = \sum_{I_0} e_i \sqrt{b_i/(e_i\lambda)} - 1$$

und sei λ^0 die Nullstelle von s_0, so gilt

$$\sum_{I_0} e_i \sqrt{b_i/(e_i\lambda^0)} = \sum_{I_0} \sqrt{e_ib_i/\lambda^0} = 1 \quad \text{oder}$$

$$\lambda^0 = \left(\sum_{I_0} \sqrt{e_ib_i} \right)^2 > \sum_{I_0} e_ib_i > 0$$

Wegen $s_0(\lambda) \leqslant s(\lambda)$ für $\lambda > 0$ gilt $\lambda^0 \leqslant \lambda^*$ und damit ergibt sich ein leicht zu berechnender Anfangswert

$$\lambda_0 = \sum_{I_0} e_ib_i$$

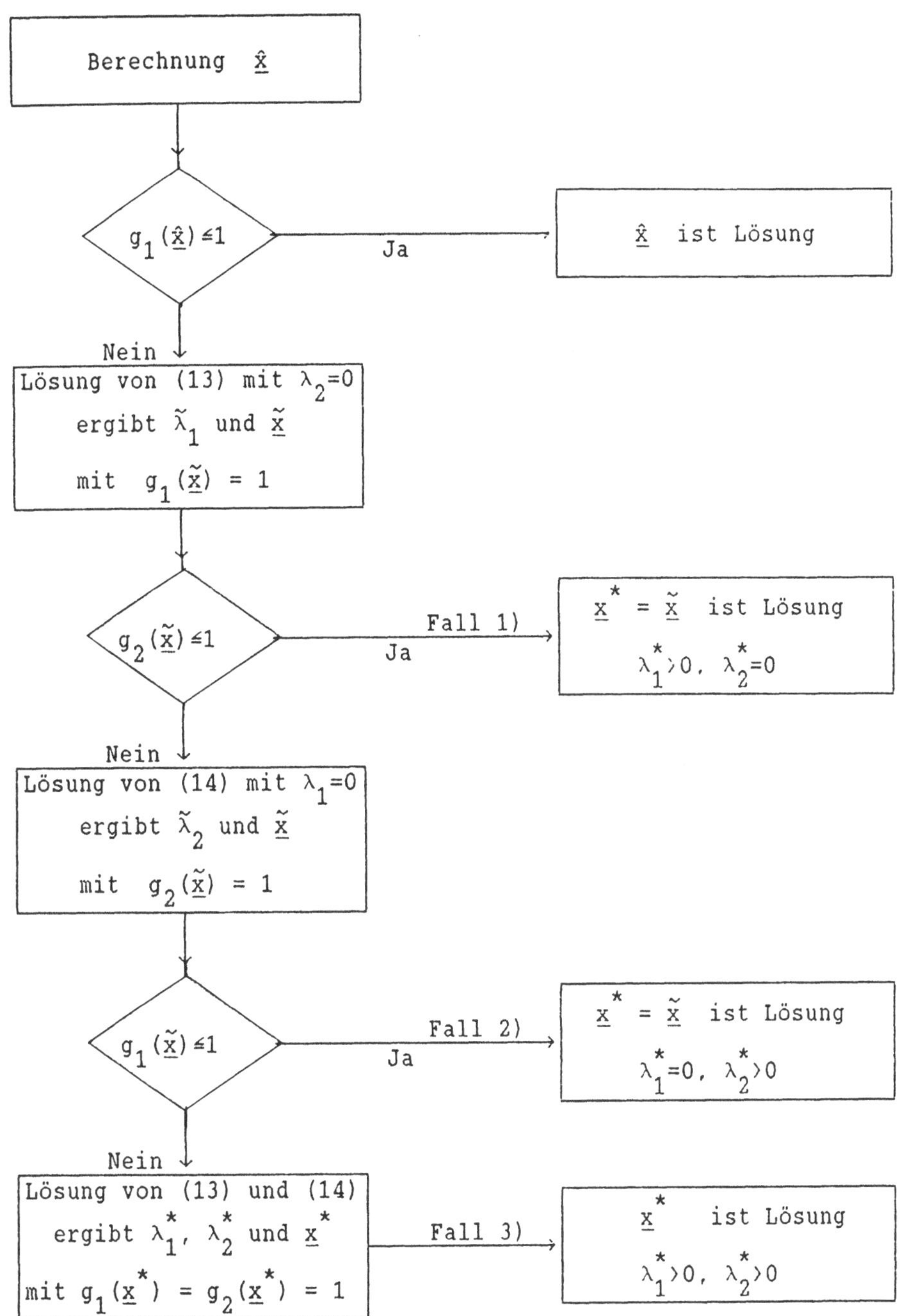

Abb. 1. Diagramm zur Entscheidung der Fälle 1), 2) oder 3)

Wegen der hohen Konvergenzgeschwindigkeit des Newton-Verfahrens (bei einfachen Nullstellen mindestens die Ordnung 2) erübrigt sich die Bestimmung verbesserter Anfangswerte.

Der Fall 3) ist etwas aufwendiger zu behandeln, da hier ein nichtlineares Gleichungssystem mit 2 Variablen gelöst werden muß. Auch hier kann jedoch ein verallgemeinertes Newton-Verfahren wie es etwa in [1] S. 42 beschrieben wird, benutzt werden. Die Funktionen, deren gleichzeitige Nullstellen bestimmt werden müssen, sind

$$s_1(\lambda_1, \lambda_2) = \sum_I c_i \sqrt{b_i/(a_i + c_i\lambda_1 + d_i\lambda_2)} - 1$$

$$s_2(\lambda_1, \lambda_2) = \sum_I d_i \sqrt{b_i/(a_i + c_i\lambda_1 + d_i\lambda_2)} - 1 \tag{16}$$

Die Funktionen s_1 und s_2 sind wie (15) konvex und streng monoton fallend.

Nach der Verfahrenslogik sind jetzt die Werte $\tilde{\lambda}_1 > 0$ und $\tilde{\lambda}_2 > 0$ als Nullstellen von (15) schon bekannt und es gilt:

$$s_1(\tilde{\lambda}_1, 0) = 0 \quad \text{und} \quad s_2(\tilde{\lambda}_1, 0) > 0$$

sowie

$$s_1(0, \tilde{\lambda}_2) > 0 \quad \text{und} \quad s_2(0, \tilde{\lambda}_2) = 0.$$

Da nun $s_1(\tilde{\lambda}_1, \lambda_2^*) < 0$ ist (wegen $\lambda_2^* > 0$), so muß gelten

$$\lambda_1^* < \tilde{\lambda}_1 \quad \text{und entsprechend} \quad \lambda_2^* < \tilde{\lambda}_2$$

Als Anfangswert für die Iteration kann somit ein Wert wie z. B.

$$\lambda_{1,0} = 1/2\,\tilde{\lambda}_1 \quad \text{und} \quad \lambda_{2,0} = 1/2\,\tilde{\lambda}_2$$

benutzt werden. Die Iteration wird beendet, wenn für vorgegebene Werte $\varepsilon_1 > 0$ und $\varepsilon_2 > 0$ gilt:

$$|s_1(\lambda_1, \lambda_2)| \leqslant \varepsilon_1 \quad \text{und} \quad |s_2(\lambda_1, \lambda_2)| \leqslant \varepsilon_1$$

Damit ist die Zulässigkeit der Verfahrenslösung bis auf die gegebenen Toleranzen gesichert mit

$$g_1 \leqslant 1 + \varepsilon_1 \quad \text{und} \quad g_2 \leqslant 1 + \varepsilon_2$$

6 Ein Demonstrationsbeispiel

Das folgende Beispiel mit $N = 6$ hat keinen ökonomischen Hintergrund, sondern soll nur die vorkommenden Größen und die Vorgehensweise erläutern. Die Restriktionen sind dabei in der anwendungsbezogenen Form (4) gegeben mit $r_1 = 10$ und $r_2 = 20$. Die übrigen Daten und die Lösung des unrestringierten Problems sind aus der Tabelle 1 zu entnehmen.

Tabelle 1. Eingabedaten des Beispiels

i	a_i	b_i	$\hat{x}_i$	$\sqrt{a_i b_i}$	c_i	d_i
1	2,0	5,0	1,58	3,16	4,0	0,0
2	5,0	5,0	1,00	5,00	2,0	10,0
3	5,0	2,0	0,63	3,16	4,0	1,0
4	50,0	50,0	1,00	50,00	1,0	4,0
5	3,0	12,0	2,00	6,00	0,0	4,0
6	5,0	1,0	0,45	2,24	10,0	2,0
Σ				69,56		

Für die freie Lösung $\hat{\underline{x}}$ gilt:

$$g_1(\hat{\underline{x}}) = 16,33 \quad \text{bzw.} \quad g_2(\hat{\underline{x}}) = 23,53 \quad \text{und}$$

$$f(\hat{\underline{x}}) = 69,56 + 69,56 = 139,12$$

Wegen $\dfrac{1}{10}\, g_1(\hat{\underline{x}}) > \dfrac{1}{20}\, g_2(\hat{\underline{x}}) > 1$ wird zunächst $\tilde{\lambda}_1$ aus $g_1(\tilde{\lambda}_1, 0) = 10$ berechnet und man erhält:

$$\tilde{\lambda}_1 = 1,33 \quad \text{mit} \quad g_2(\tilde{\lambda}_1, 0) = 20,94 > 20$$

Damit ist Fall 1) ausgeschlossen und man berechnet $\tilde{\lambda}_2$ aus $g_2(0, \tilde{\lambda}_2) = 20$. Es ergibt sich:

$$\tilde{\lambda}_2 = 0,31 \quad \text{mit} \quad g_1(0, \tilde{\lambda}_2) = 15,56 > 10$$

womit auch Fall 2) ausgeschlossen ist und daher der Fall 3) vorliegt. Somit müssen nun die Gleichungen (13) und (14) bzw.

$$g_1(\lambda_1^*, \lambda_2^*) = 10 \quad \text{und} \quad g_2(\lambda_1^*, \lambda_2^*) = 20$$

gelöst werden. Man erhält die Lösungen

$$\lambda_1^* = 1{,}275 \quad \text{und} \quad \lambda_2^* = 0{,}101$$

sowie die weiteren Werte in Tabelle 2.

Tabelle 2. Ergebniswerte des Beispiels

i	x_i^*	$g_1(x_i^*)$	$g_2(x_i^*)$	$l_i(x_i^*)$	$h_i(x_i^*)$	$f_i(x_i^*)$
1	0,84	3,36	0,00	1,68	5,96	7,64
2	0,76	1,53	7,64	3,82	6,54	10,36
3	0,44	1,77	0,44	2,21	4,52	6,73
4	0,98	0,98	3,94	49,20	50,81	100,01
5	1,88	0,00	7,50	5,63	6,39	12,02
6	0,24	2,36	0,48	1,18	4,24	5,42
Σ		10,00	20,00	63,72	78,46	142,18

Wie schon die freie Lösung $\hat{x}$ vermuten läßt, ist die erste Restriktion wesentlich einschränkender als die zweite, welche bei einer Erweiterung um ca. 5% schon redundant wird. Dementsprechend würde eine Vergrößerung von r_1 auf 11 die Zielfunktion näherungsweise um 1,27 verringern, während eine Vergrößerung von r_2 auf 21 nur eine Reduzierung um 0,10 bewirken würde.

Da in der ökonomischen Analyse gerne relative Größen betrachtet werden, kann die Übertragung des Begriffs der Elastizität auf die vorliegende Aufgabenstellung nützlich sein. Definiert man die (partielle) Elastizität der minimalen Kosten f* bzgl. der Ressourcenmenge r_j als:

$$\varepsilon_{f^*, r_j} = \frac{\Delta f^*}{f^*} \Big/ \frac{\Delta r_j}{r_j} \quad (j = 1, 2)$$

so ergibt sich mit der näherungsweisen Änderung der Minimalkosten

$$\Delta f^* \approx \lambda_j^* \quad \text{für} \quad \Delta r_j = 1 \ll r_j$$

für die Elastizität:

$$\varepsilon_{f^*, r_j} = \lambda_j^* \cdot r_j / f^* \tag{17}$$

Im vorliegenden Beispiel ist

$$\varepsilon_{f^*, r_1} = 0{,}089 \quad \text{und} \quad \varepsilon_{f^*, r_2} = 0{,}014.$$

Bei Erhöhung (Verringerung) der Ressourcenmenge r_1 bzw. r_2 um 1% verringern (erhöhen) sich also die minimalen Kosten um 0,089% bzw. um 0,014%. Die Minimalkosten sind damit sehr unelastisch gegenüber beiden Ressourcenmengen.

Literatur

Aus der Fülle der zum angesprochenen Themenkreis vorliegenden Literatur werden nur die Schriften genannt, die einen direkten Bezug zur vorliegenden Arbeit haben.

1. Becker/Dreyer/Haacke/Nabert (1977) Numerische Mathematik für Ingenieure. Stuttgart
2. Lewandoski R (1967) Ein Lösungsverfahren zur Bestimmung der wirtschaftlichen Losgrößen unter Nebenbedingungen. Elektronische Datenverarbeitung 9:44ff.
3. Müller-Merbach H (1962) Die Bestimmung optimaler Losgrößen bei Mehrproduktfertigung. Diss. Darmstadt
4. Schneeweiß Chr, Alscher J (1987) Zur Disposition von Mehrprodukt-Lägern unter Verwendung der klassischen Losgrößenformel. ZfB 57:483–502
5. Ziegler K, Hildebrandt B (1983) Bestimmung wirtschaftlicher Bestellmengen bei Ressourcenknappheit. Zeitschrift für Betriebswirtschaft 53:172ff.

III Zufall und Ungewißheit

Numerical Solutions for Markovian Event Systems

W. K. Grassmann

Abstract

Markovian event system are discrete event systems in which events occur at random with rates which only depend on the present state of the system and not on its past history. A number of algorithms for finding transient and equilibrium solutions of Markovian event systems are described, and their computational complexity is analysed. The methods discussed in detail include the randomization method, the state reduction method, and the method of Gauss-Seidel.

1 Description of Markovian Event Systems

Markovian event systems are special cases of discrete event systems. Discrete event systems are, of course, the subject of discrete event simulation, one of the most popular techniques of operations research. Unfortunately, discrete event systems can only be solved by simulation, and this is their major drawback. Simulation is often unsatisfactory, especially if high accuracy is required. While Markovian event systems retain much of the flexibility of discrete event systems, they can be solved analytically as will be shown in this paper.

Discrete event systems consist of three components, namely a set of state variables, a set of events, and a scheduling mechanism. A state variable may represent a queue length, the state of a server (busy, idle or blocked), or the number of customers in a certain priority class. The set of all state variables represents the state of the system. The system changes its state from time to time. These changes are discrete in nature, and they are called events. Examples of events include arrivals to queues, usages from inventories, breakdowns of equipment and so on. The scheduling mechanism regulates when the different events will take place.

A discrete event system is Markovian if the occurances of an event depends only on the present state of the system, not on its past history. In state s, event k will thus occur at a rate λ_{sk}, where λ_{sk} depends only on s and k. This means that the scheduling mechanism is redundant, which simplifies matters considerably. For further details on the theory of Markovian event systems, see Irani and Wallace (1971), Grassmann (1979, 1983) and Gross and Miller (1984). To show how to formulate Markovian event systems, consider the following example.

P. Kall et al. (Hrsg.) Quantitative
Methoden in den Wirtschaftswissenschaften
© Springer-Verlag Berlin Heidelberg 1989

Example: A service system consists of three servers. Each server has a separate waiting line. The first two servers work in parallel. They are followed by the third server. The line of each server includes the customer in service. If we want to exclude the customer in service, we use the word queue. Server 1 and 2 both work at a rate of $\mu = 8$, and their service times are exponential. Server 3 works at a rate of $\mu_3 = 15$, and his service time has an Erlang distribution with 2 phases, or an Erlang-2 distribution. Arrivals are Poisson with a rate of $\lambda = 10$. An arriving customer either joins line 1 or 2, depending which of ther two lines is shorter. Once served by server 1 or 2, he joins the queue in front of server 3 to wait for his turn. After his service with server 3 is complete, he leaves the system.

The state of the system can be described by 4 state variables, namely X_1, X_2, X_3, and X_4. X_1 and X_2 represent the length of line 1, respectively, 2. The fact that server 3 has an Erlang service time requires one to treat the customer in service separately from the other customers in line 3. To reflect this, we define X_3 as the queue length in front of server 3, and X_4 as the number of phases that still have to be completed before the customer presently in service can leave. If server 3 is idle, $X_4 = 0$. Note that $X_i \geqslant 0$, $i = 1, 2, 3, 4$. In order to keep the state-space finite, we assume that $X_1 \leqslant 4$, $X_2 \leqslant 4$, $X_3 \leqslant 3$. Since the service time of server 3 is Erlang-2, $X_4 \leqslant 2$. An event is not allowed to occur if the resulting state contains state variables which are outside their admissible range. For instance, if both X_1 and X_2 are 4, no arrivals will take place.

The following events are possible.

1. A customer joins line 1, which happens only if line 1 is shorter or the same length as line 2.
2. Server 1 finishes service, and the customer served joins line 3.
3. A customer joins line 2, because line 2 is shorter than line 1.
4. Server 2 finishes, and the customer proceeds to server 3.
5. A customer starts service with server 3.
6. A customer completes one of his two Erlang-phases.

The definition of events allows the modeler considerable freedom. For instance, event 1 and 3 could be combined into a single event, which can be described as "customer arrives and joins shorter queue". The effect of each event, their rates, and the conditions under which they can occur are given in Table 1.

Table 1. Example of Markovian Event Systems

Event	Effect on				Rate	Condition
	X_1	X_2	X_3	X_4		
Arrival 1	+1				$\lambda = 10$	$X_1 \leqslant X_2$
Dep. 1	−1		+1		$\mu = 8$	
Arrival 2		+1			$\lambda = 10$	$X_1 > X_2$
Dep. 2		−1	+1		$\mu = 8$	
Start 3			−1	+2	∞	
Next phase				−1	$2\mu_3 = 30$	

The information in this table should be self-explanatory. "Arrival 1", for instance, increases X_1, which is the length of line 1, leaving the other lines unchanged. It occurrs at a rate of $\lambda = 8$, but only if $X_1 \leqslant X_2$. The other events should be interpreted in a similar fashion. Because events are not allowed to occur unless their target state is within the state-space, we need not specify that "Arrival 1" can only take place if $X_1 < 4$. Similarly, there is no need to indicate that "Dep. 1" can only happen if $X_1 \geqslant 1$. Note that "Start 3" has a rate of infinity, that is, this event will take place as soon as $X_3 > 0$ and $X_4 = 0$.

As mentioned above, the system given in Table 1 is only one example of a Markovian event system. For other systems, see Grassmann (1979), Grassmann (1983) or Gross and Miller (1984).

In the next section, we mention some of the computer pachages available to solve Markovian event systems, and we show some of the numerical results obtainable from these packages. The packages include programs which convert the Markovian systems into Markov chains. This conversion is discussed in Section 3. The remaining sections of this paper discuss a number of techniques which can be used to find transient and equilibrium solutions of the resulting Markov chains, and it indicates the computational complexity of these methods.

2 Computer Packages for Solving Discrete Event Systems

Wallace and Rosenberg (1966) designed a package which accepts the description of a Markovian event system, such as the one given in Table 1, and calculates equilibrium probabilities for such systems, using an iterative solution technique (Wallace 1966). Grassmann (1979) later designed a similar package for calculating transient solutions of Markovian systems. In order to do this, he used the randomization method (Grassmann 1977a; Gross and Miller 1984). We also created a package to calculate equilibrium probabilities for Markovian systems. This package implements the state reduction method, a method which will be described later. The randomization package and the state-reduction package were applied to find transient, respectively, equilibrium solutions for the problem described in Table 1. When finding transient solutions, the initial state of the system must be specified. For our example, we assume that the system starts idle, that is, at time $t = 0$, X_1, X_2, X_3, and X_4 are all zero. Sample output of the runs is given in Table 2, which contains the expected length of line 1 and 2, and the

Table 2. Transient and Equilibirum Solutions

Time	1.0	3.0	10.0	equil.
E (X1)	1.1844	1.3511	1.3616	1.3616
E (X2)	0.8151	0.9829	0.9936	0.9936
E (X3)	0.5004	0.6179	0.6247	0.6247
P (X4 > 0)	0.6089	0.6512	0.6536	0.6536
Total	3.1088	3.6031	3.6335	3.6335

expected length of queue 3 for the times $t = 1$, $t = 3$, and $t = 10$. The probability that server 3 is busy is also given. The sum of all these measures yields the expected number of elements in the system. The last column of Table 2 represents the equilibrium values of the system. The equilibrium values were calculated by using the state-reduction method. Note that the equilibrium values obtained this way coincide with the transient values calculated at time $t = 10$. This indicates that the system has reached equilibrium within the given precision at time $t = 10$. The fact that all digits of the last two columns of Table 2 coincide is also evidence for the accuracy of the two methods.

3 Converting Markovian Event Systems into Markov Chains

To solve Markovian event systems, one has to convert them into continuous-time Markov chains. Most algorithms require that the resulting Markov chain has a finite state space. Moreover, most methods cannot handle infinite rates. Unfortunately, infinite rates are rather frequent, and any useful program must deal with them in one form or other. What one can usually do is to combine infinite rate events with the finite rate events that trigger them. The combined event has then the rate of the triggering event, and infinite rates are eliminated in this fashion. To see how this will work, consider the event "Start 3" of Table 1. "Start 3" can only happen following one of the events "Dep. 1", "Dep. 2" or "Next phase". By combining "Dep 1" with "Start 3", one can create a new event "Dep 1 and Start 3", which can only occur when $X_2 = X_3 = 0$. This new event has a rate of $\mu = 8$. It reduces X_1 by 1 and increases X_4 to 2, leaving X_2 and X_3 unchanged. The events "Dep. 2" and "Next phase" can similarly combined with "Start 3". Once this is done, once can delete "Start 3", and the system no longer contains an infinite rate event.

In Markovian event systems with e state variables, one can describe each state by the e-tuple $\{X_1, X_2, X_3, X_4\}$. In our example, $e = 4$. $E_1 = \{0, 0, 0, 0\}$ represents thus the state $X_1 = 0$, $X_2 = 0$, $X_3 = 0$, $E_2 = \{0, 0, 0, 1\}$ represents the state $X_1 = 0$, $X_2 = 0$, $X_3 = 0$, $X_4 = 1$, and so on. The number of states in the system will be denoted by N. In the system discussed here, $N = 225$ as will be shown later. E_{225} is therefore equal to $\{4, 4, 3, 2\}$.

Markov chains are normally described in terms of a transition matrix, and this approach is used here as well. Thus, let a_{ij} be the rate of going from state E_i to state E_j. Of course, if there is no event which can convert E_i into E_j, $a_{ij} = 0$. For instance, a completion of a phase in state $E_2 = \{0, 0, 0, 1\}$ results in state $E_1 = \{0, 0, 0, 0\}$, and since phase completions occur at a rate of 30 (see Table 1), $a_{2,1} = 30$. Generally, it is a simple book-keeping matter to determine what effect an event will have in a certain state, and the a_{ij}, $i \neq j$ can thus be generated readily. Normally, it is sufficient to enumerate (and store) only the non-vanishing a_{ij}. This saves both storage and computer time.

For our later discussion, we will need the rate at which state E_i is left, which we denote by a_i. One has

$$a_i = \sum_{j=1}^{N} a_{ij}. \tag{1}$$

We assume that there is no event that leaves the state unchanged, and we therefore define $a_{ii} = 0$. Note, however, that this convention is nonstandard. Normally, one defines a_{ii} to be equal to $-a_i$, but this is inconvenient for our purposes.

4 The Randomization Method

The randomization method has been pioneered as a numerical tool by Grassmann (1977), and it has been used by Kohlhas (1982), Gross and Miller (1984), Melamed and Yadin (1985), and others. According to Reibman and Trivedi (1988), it is one of the most efficient methods available to find transient solutions of Markov chains. Since it does not contain any subtractions, it is very resistant against rounding errors. A further advantage is its probabilistic interpretation.

Basic to transient solutions are the $\pi_j(t)$, the probabilities of being in state E_j at time t, $j = 1, 2, \ldots, N$. The initial probabilities $\pi_i(0)$, $i = 1, 2, \ldots, N$, are assumed to be given. Once the $\pi_j(t)$ are known, expectations and other measures of interest can be obtained without difficulty.

Transient solutions are relatively easy to obtain if all a_j are equal. The idea of randomization is now to make all a_j equal by padding the system with null-events, that is, with events which have no effect. In detail, one proceeds as follows: one chooses a value f which equals or exceeds all a_j, $j = 1, 2, \ldots, N$. For every state E_j with $a_j < f$, one introduces null-events at a rate of $a_{jj}^* = f - a_j > 0$. Normally, one will use the smallest possible value for f, that is, one chooses

$$f = \min a_j.$$

Events and null events result in what we call "jumps". According to our construction, the rate of jumps is always f, and it is independent of the state. In Markovian systems, the number of jumps in the interval from 0 to t is Poisson with parameter ft, that is

$$P(n \text{ jumps until } t) = p(n; ft) = e^{-ft}(ft)^n/n!.$$

Let X_n, $n > 0$, be the state of the system immediately following jump n, and let X_0 be the starting state. It is easy to see that the process $\{X_n; n > 0\}$ is a discrete-time Markov chain. The transition probabilities p_{ij} of this chain are

$$p_{ij} = P(X_n = E_j | X_{n-1} = E_i) = a_{ij}/f \quad i \neq j$$

$$p_{ii} = a_{ii}^*/f = 1 - a_i/f.$$

π_j^n, the probability to be in state E_j after n jumps, can now be obtained in the normal way. Clearly, $\pi_i^0 = \pi_i(0)$, and

$$\pi_j^n = \sum_{i=1}^{N} \pi_i^{n-1} p_{ij}, \quad n > 0. \tag{2}$$

In order to be in state E_j at time t, the process has to make n jumps, $n = 0, 1, 2, \ldots$ and end up in E_j after that. Hence

$$\pi_j(t) = \sum_{n=0}^{\infty} \pi_j^n p(n; ft). \tag{3}$$

Equations (2) and (3) allow one to find $\pi_j(t)$ without difficulty. To use (3), the upper summation index has to be replaced by some finite number m. This causes a truncation error. To determine the size of this error, one can use the following bounds for $\pi_j(t)$ (Grassmann 1977b).

$$\sum_{n=0}^{m} \pi_j^n p(n; ft) \leqslant \pi_j(t) \leqslant \sum_{n=0}^{m} \pi_j^n p(n; ft) + \sum_{n=m+1}^{\infty} p(n; ft)$$

It follows that the absolute precision of the calculation is bounded by the Poisson distribution. Sometimes, the relative truncation error is more relevant than the absolute error. This is especially true when $\pi_j(t)$ is small. In this case, one can approximate π_j^n, $n > m$, by $\pi_j(t)$. This leads to the following approximation

$$\pi_j(t) \approx \sum_{n=0}^{m} \pi_j^n p(n; ft) \Big/ \left(1 - \sum_{n > m} p(n; ft)\right)$$

Here, the Poisson distribution is used again, this time to approximate the relative error of $\pi_j(t)$.

For small ft, the necessary Poisson probabilities can easily be evaluated numerically. For large ft, the Poisson distribution can be approximated by the normal distribution. By using the normal approximation, one can find m as

$$m = ft + z_\alpha (ft)^{1/2}.$$

Actually, the value of m used for calculating the expectations of Table 2 was chosen to be

$$m = ft + 5(ft)^{1/2} + 4.9. \tag{4}$$

Hence, z_α was set to 5. The constant 4.9 was added to account for small values of ft when the normal approximation is poor. The value of 4.9 was found manually from Poisson tables.

5 The Computational Complexity of Randomization

When discussing the computational complexity of an algorithm, one usually distinguishes between time complexity and space complexity. The space complexity refers to the storage requirements of an algorithm, whereas the time complexity gives an indication of the computer time needed to execute the algorithm. In Markov modelling, space complexity is less important than time complexity, and we therefore ignore it. The time complexity will be mesured in terms of floating point operations or flops.

If the matrix $[p_{ij}]$ is dense, each application of (2) requires $2N^2$ operations. Fortunately, Markovian event systems typically lead to very sparse transition matrices. Indeed, each event with a finite rate will give exactly one non-zero entry into the transition matrix. Exceptions to this rule are mutually exclusive events, such as "Arrival 1" and "Arrival 2" in Table 1, but such events can easily be combined into what one might call full events. Table 1 obviously has 4 full events with finite rates, and therefore at most 4 nonzero a_{ij} per row. The nonzero a_{ij} lead to nonzero p_{ij}. In addition to that, p_{ii} may be greater zero. An analysis of our example shows, however, that p_{ii} is zero, unless the state does not admit all events, and there are thus at most 4 nonzero p_{ij} per row. Generally, we will assume that the average number of positive p_{ij} per row is equal to g, the number of full events with finite rate. This is a reasonable approximation, even though there are cases in which there are $g+1$ positive entries in a row. However, this may very well be compensated by rows with fewer than g positive entries. If there are g nonzero p_{ij} in an average row, one can do the m iterations of (2) required to calculate π_i^n, $n = 1, 2, ..., m$ in 2gNm flops (Gross and Miller 1985). In addition to this, one needs 2Nm flops to evaluate $\pi_j(t)$, $j = 1, 2, ..., N$ using (3), which gives a total of $2(g+1)Nm$ operations.

In our example, there are exactly $n = 225$ states. Actually, N is equal to the number of admissible 4-tupes $\{X_1, X_2, X_3, X_4\}$. To find this number, note that both X_1 and X_2 can each assume 5 different values, which can be combined to form 25 different pairs. Moreover, one can form 9 admissible pairs from X_3 and X_4, namely $\{0, 0\}$, plus the 8 pairs $\{0, 1\}$, $\{0, 2\}$, ..., $\{3, 2\}$. (The combinations $\{1, 0\}$, $\{2, 0\}$ and $\{3, 0)$ are not possible because the event "Start 3" would then immediately decrease X_3 by 1 and increase X_4 by 2.) Combining the 25 pairs formed by X_1 and X_2 with the 9 pairs formed by X_3 and X_4 yields 225 4-tupels, corresponding to the 225 states. If the range of any state variable doubles, N would essentially double as well. Similarly, if another state variable with a range of k different values were added, by adding, say, an extra queue, the number of states would increase by a factor of k. Generally, N tends to increase exponentially with the number of state variables, which is a rather dramatic growth. In addition, g, the number of events, normally increases with the number of state variables. By adding another server following server 3, for instance, the new event "Finish 4" would have to be added as well. Fortunately, the growth of g tends to be polynomially bounded. For instance, in the case of sequential queues, g grows for linearly, while in completely connected queueing networks, it grows quadratically.

In the example of Table 1, $f = 10 + 8 + 8 + 30 = 56$. If $t = 10$, equation (4) yields an m of 683. The total number of operations for calculating $\pi_i(10)$, $i = 1, 2, ..., N$ is thus approximately $2(g+1)Nm = 2 \times 5 \times 225 \times 683 = 1{,}536{,}750$. To find $\pi_i(10)$ for all states E_i takes thus roughly $1^1/_2$ million operations. The number of operations increases with both f and t. f, in turn, increases with the number of events, but only linearly.

If one uses Erlang distributions, the number of states increases in direct proportion to the number of phases. The rate to complete a phase is also proportional to the number of phases, which means that f increases with the number of phases as well. Suppose, for instance, that server 3 has an Erlang 4, rather than an Erlang 2 service time. In this case, one would obtain $N = 425$ states, and in order to keep the service rate constant, the event "Next phase" would have to have a rate of $4\mu_3 = 60$. f would then increase to 86, and for $t = 10$, (4) yields $m = 1{,}012$. In this case, $2(g+1)Nm = 4{,}301{,}000$, an almost three-fold increase compared to what we had before.

We mentioned earlier that most algorithms can handle only problems with a finite state space. However, randomization allows one to solve problems with a countable infinite state-space as well, provided one starts with certainty in a finite set of initial states. The reason is that in m jumps, not all states can possibly be reached. In principle, one can thus write programs which increase the state space dynamically. However, the number of states which can be reached in m jumps increases exponentially with the number of state variables, and it is still impossible to solve problems with many state variables numerically.

6 The State Reduction Method

The probabilities $\pi_j(t)$ frequently converge toward their equilibrium probabilities $\pi_j, j = 1, 2, ..., N$. These equilibrium probabilities can be found directly. One has

$$a_j\pi_j = \sum_{i=1}^{N} \pi_i a_{ij}, \quad j = 1, 2, ..., N. \tag{5}$$

These equations say that for each state E_j, the rate of entering must be equal to the rate of leaving the state. Relation (5) results in N equations for the N variables π_1, $\pi_2, ..., \pi_N$. However, one of these equations can be obtained from the others, and one can thus obtain only $N-1$ probabilities, say $\pi_2, \pi_3, ..., \pi_N$ from (5). These probabilities ar expressed in terms of π_1. To find the π_1, one uses

$$\sum_{j=1}^{N} \pi_j = 1. \tag{6}$$

(5) and (6) can be solved by using the method of Gaussian elimination. This is essentially the method we propose here. However, the solution of (5) by Gaussian elimination has a probabilistic interpretation, and this interpretation helps one to improve the algorithm. The resulting method is called the state reduction method (Grassmann 1985; Kohlas 1985; Kumar et al. 1987; Heymann 1987). It works as follows.

For $j = N$, (5) gives

$$\pi_N = \sum_{i=1}^{N-1} \pi_i a_{iN} / \sum_{j=1}^{N-1} a_{Nj}. \tag{7}$$

Note that we have replaced the numerator by (1). We do this because we assume that the $a_j, j = 1, 2, ..., N$ have not been evaluated. As we will see later, they are not really needed. (7) can be used to substitute π_N in (5). After a slight re-arrangement, this gives

$$(a_j - a_{jN} a_{Nj}/a_N)\pi_j = \sum_{i=1}^{N-1} \pi_i (a_{ij} + a_{iN} a_{Nj}/a_N) \tag{8}$$

We now define

$$a_{ij}^{N-1} = a_{ij} + a_{iN} a_{Nj}/a_N \tag{9}$$

$$a_j^{N-1} = a_j - a_{jN} a_{Nj}/a_N.$$

One can easily prove that

$$a_j^{N-1} = a_j - a_{jN} a_{Nj}/a_N = \sum_{j=1}^{N-2} a_{N-1j}^{N-1}. \tag{10}$$

When using the definitions given by (9) and (10), (8) becomes

$$a_j^{N-1}\pi_j = \sum_{i=1}^{N-1} \pi_i a_{ij}^{N-1}.$$

This equation is identical in structure to (5). This fact allows one to recursively obtain equations which have the same structure as (7) and (9). Specifically, if a_{ij}^N is defined to be a_{ij}, one has in analogy to (9)

$$a_{ij}^{n-1} = a_{ij}^n + a_{in}^n a_{nj}^n / \sum_{j=1}^{n-1} a_{nj}^n, \quad i, j = 1, 2, ..., n-1, n = N, N-1, ..., 2 \tag{11}$$

Moreover, in analogy to (7), one finds the following $N-1$ equations for π_n

$$\pi_n = \sum_{i=1}^{n-1} \pi_i a_{in}^n. \tag{12}$$

(12) allows one to find all π_n in terms of π_1. π_1, in turn, is determined by (6). The complete algorithm can now be spelled out. In this algorithm, $an(i, j)$ is an array of dimension N by N. In iteration n, $an(i, j)$ is equal to a_{ij}^n.

State Reduction Algorithm

$$an(i, j) = a_{ij}, \quad i, j = 1, 2, ..., N$$

for $n = N, N - 1, ..., 2$, do the following

(calculate a_{in}^n/a_n^n)

$$an(i, n) = an(i, n)/ \sum_{j=1}^{n-1} an(n, j), \quad i = 1, 2, ..., n - 1$$

(calculate $a_{ij}^{n-1} = a_{in}^n a_{nj}^n/a_n^n$ by using (11))

$$an(i, j) = an(i, j) + an(i, n) * an(n, j), \quad i, j = 1, 2, ..., n - 1$$

(calculate π_n by using (12))

$$\pi_1 = 1$$

for $n = 2, 3, ..., N$, do the following

$$\pi_n = \sum_{i=1}^{n-1} \pi_i\, an(i, n)$$

(scale the π_n such that their sum equals 1)

$$\pi_n = \pi_n/ \sum_{j=1}^{N} \pi_j, \quad n = 1, 2, ..., N.$$

The state reduction algorithm contains no substructions, which makes it numerically very stable (Grassmann et al. 1985; Heymann 1987). As mentioned already, the stable-reduction algorithm has a probabilistic interpretation. To see this, consider (9). a_{Nj}/a_N is obviously the probability that a process in state E_N moves to state E_j. $a_{iN}a_{Nj}/a_N$ is consequently the rate of going from E_i to E_N, and then to E_j. Hence, a_{ij}^{N-1}, as defined in (9), is the rate of going either from E_i to E_j directly, or going from E_i to E_N and from there to E_j. Expressed differently, a_{ij}^{N-1} is the rate of going from E_i to E_j without passing through any of the states $E_1, E_2, ... E_{N-1}$ before reaching E_j. Continuing this argument recursively, one concludes that a_{ij}^n is the rate of going from E_i to E_j while avoiding the states $E_1, E_2, ..., E_{n-1}$. This probabilistic interpretation is important because it allows one to establish logical connections between concepts which do not seem to be closely related at first sight. For instance, Grassmann and Jain (1989) demonstrated that the state reduction method is closely related to the Wiener-Hopf factorization, a connection which allowed them to find the waiting-time distribution of the GI/G/1 queue in an efficient way.

7 The Computational Complexity of the State Reduction Method

According to Grassmann et al. (1985), state reduction requires approximately $2N^3/3$ flops. If $N = 225$, as in our example, this yields over 7 million flops. According to Table 1, randomization reaches equilibrium at time $t = 10$. To find the expectations at this time requires only 1,536,750 flops, which is much less. This comparison is unfair, however, because randomization uses sparse matrix techniques, whereas state reduction does not. Unfortunately, when doing Gaussian elimination in general, or state reduction in particular, it is difficult to retain sparsity: one has fill, that is, the matices fill up with new elements which are created as the elimination proceeds (see e.g. Duff 1981). One may want to try to reduce fill, but this is not easy. Indeed, the determination of the optimal order in which the variables should be eliminated such that fill is minimized is an NP-complete problem, and one therefore has to rely on heuristic strategies to reduce fill. One can, for instance, exploit the bandedness of the transition matrix. To do this, one uses the following facts. If $a_{ij} = 0$, $j > i$, then a_{ij}^n will remain zero for all n, provided $a_{ik} = 0$, $k \geqslant j$. Similarly, if $a_{ij} = 0$, and $j < i$, then all a_{ij}^n are zero, provided $a_{kj} = 0$, $k \geqslant j$. Banded matrices remain thus banded, and the complexity of the problem depends on the width of the band. Generally, if a_{ij} vanishes for $j > i + h$ and $j < i - g$, one needs 2hgN operations to do state reduction (Grassmann et al. 1985). The problem is how to arrange the states in such an order that the bandwidth is minimal. Unfortunately, this problem is also NP-complete. In the case of Markovian event systems, however, it is not difficult to find a good heuristic which makes the bandwidth minimal or at least near-minimal. To see how this can be accomplished, consider again our example. One can order the states lexicographically, starting with $E_1 = \{0, 0, 0, 0\}$, and ending with $E_{225} = \{4, 4, 3, 2\}$. Thus, E_i is the i-th state, and given a state $\{X_1, X_2, X_3, X_4\}$, it is not difficult to find i, its rank. There are 9 combinations of X_3 and X_4, which we number form $X = 1$ to $X = 9$, that is, $X = 1$ if $X_3 = X_4 = 0$, $X = 2$ if $X_3 = 0$, $X_4 = 1$ and so on. Once X is known, once can find the rank of state $\{X_1, X_2, X_3, X_4\}$ as

$$i = 45X_1 + 9X_2 + X.$$

For instance, state $\{0, 0, 0, 0\}$ gives $X = 1$ and consequently $i = 1$, state $\{0, 0, 0, 1\}$ yields $i = 2$, and state $\{4, 4, 3, 2\}$ results in the state number $i = 225$.

The event "Arrival 1" increases X_1 by 1, or i by 45. For all states which admit arrivals, $a_{i,i+45} = \lambda > 0$, and $a_{ij} = 0$ for $j > i + 45$. In short, $h = 45$. The value of d is a bit more difficult to obtain, because a departure from line 1 results in an arrival at line 3, which in turn can result in the event "Start 3". When taking all these possibilities into account, one finds that $-d = -45 + 3 - 3 + 2$, or $d = 43$. When $h = 45$ and $d = 43$, the computational effort is approximately $2hdN = 2 \times 45 \times 43 \times 225 = 870,750$ flops. Let us now consider the general case. Suppose that there are e state variables $X_1, X_2, \ldots, X_e$, and the range of these variables is given as $r_1, r_2, \ldots, r_e$. To simplify our argument, we assume that all these variables can vary through their entire range, that is, restrictions such as "if $X_4 = 0$, than

$X_3 = 0$" are neglected. In this case, one can find the subscript of E_i as

$$i = X_1 f_1 + X_2 f_2 + \ldots + X_{e \times 1} f_{e-1} + X_e + 1,$$

with

$$f_k = r_{k+1} r_{k+2} \ldots r_e, \quad k = 1, 2, \ldots, e-1.$$

We now neglect the fact that the same event can affect more than one state variable, which is reasonable unless the range of a state variable is very small. If the maximum amount that an event can increase X_1 is c, and the maximum amount an event can decrease X_1 is b, h and d can be approximated as follows

$$h = cf_1 = cN/r_1 \tag{13}$$

$$d = bf_1 = bN/r_1. \tag{14}$$

These equations imply that the computational complexity of applying state reduction to a banded matrix is $2hdN \approx bcN^3/r_1^2$, which yields a reduction of the computational effort by a factor bc/r_1^2 compared to dense matrix techniques. Equations (13) and (14) allows one to find a minimal or near-minimal value for $2hdN$: one chooses X_1 to be the variable which minimizes cb/r^2, where r is the number of different values the variable can assume. In our example, $c = b = 1$. The decision which variable to select for X_1 is thus based on r, that is, one should select the variable with the largest range r. In our case, one should thus choose either line 1 or line 2 to be X_1.

8 Iterative Methods

In numerical analysis, one distinguishes between *direct methods* and *iterative methods*. Iterative methods converge toward, but will not reach the final solution in a finite number of iterations. However, by increasing the number of iterations, one can obtain the results within any prescribed precision. Iterative methods are thus asymptotic in nature. Non-asymptotic methods are called direct methods. Direct methods find the correct answer in a finite number of steps. State reduction is clearly a direct method, whereas the infinite sum in (5) makes randomization an interative method. The terms iterative methods and direct methods are somewhat misleading, because the difference between the two methods is not based on the presence or absence of iterations, but on the fact whether or not the number of iterations is finite.

There are a number of iterative methods which can be used to find equilibrium solutions for Markovian systems. One of the early iterative methods was invented by Wallace. Wallace did not have any knowledge about randomization, yet he used in fact equation (2) to calculate π_j^n. With a proper choice of f, $\pi_j^n, j = 1, 2, \ldots, N$ can always be made to converge to π_j, and the equilibrium probabilities can be calculated in this fashion.

In numerical analysis, much emphasis is placed on two particular iterative methods, namely on the method of Jacobi, and on the method of Gauss-Seidel. The method of Jacobi is actualy closely related to the method of Wallace, but we will not show this here. Instead, we concentrate on another iterative method, namely the method of Gauss-Seidel. The method of Gauss-Seidel tends to converge faster than the method of Jacobi or the method of Wallace, and it is therefore very popular for analysing Markovian systems. To derive the method of Gauss-Seidel, we write equation (5) as

$$\pi_j = (1/a_j)\left[\sum_{i=1}^{j-1} \pi_i a_{ij} + \sum_{i=j+1}^{N} \pi_i a_{ij}\right], \quad j = 1, 2, ..., N.$$

This equation suggests the following iterative scheme. One selects certain first approximations for π_i, say x_i^0, where $i = 1, 2, ..., N$. This first solution is iteratively improved using

$$x_j^n = (1/a_j)\left[\sum_{i=1}^{j-1} x_i^n a_{ij} + \sum_{i=j+1}^{N} x_i^{n-1} a_{ij}\right], \quad j = 1, 2, ..., N. \tag{15}$$

Note that if x_i^n is evaluated before x_j^n, provided $i < j$, then all x_i^n on the right side of (15) are available when needed. The x_j^n calculated by (15) hopefully converge toward π_j. The question of convergence was analysed by Kaufman (1983), who proved, in effect, that the scheme given by (15) either converges, or else the x_j^n will periodically assume the same values. The periodic case can only happen if the matrix $[a_{ij}]$ has certain special properties, which are best explained by means of a flowgraph. A flowgraph is a digraph useful for representing Markov chains. Specifically, the flowgraph of the Markov chain with the transition matrix $[a_{ij}]$ has an arc going from i to j exactly when $a_{ij} > 0$. Note that a_{ii} is zero by definition. It may now happen that all cycles within the flowgraph have lengths which are integer multiples of $q > 1$. If this happens, the flowgraph is called periodic, and q is its period. According to Kaufman, Gauss-Seidel can only be periodic if the flowgraph of the corresponding Markov chain is periodic. However, even if the flowgraph is periodic, one can still arrange the states in such a way that Gauss-Seidel converges. The states of periodic flowgraphs can always be partitioned into periodicity classes $Q_1, Q_2, ..., Q_q$ such that all arcs originating in Q_i have their endpoint in Q_{i+1}, $i = 1, 2, ..., q-1$, and all arcs originating in Q_q have their endpoint in Q_1. The states are said to be consistently ordered if the states from Q_i always precede the states from Q_{i+1}. According to Kaufman (1983), Gauss-Seidel will always converge in consistently ordered matrices. One can, therefore, insure convergence, if necessary by changing the order of the states.

Equation (15) obviously has the same computational complexity as equation (2), that is, one needs 2gNm flops to do m iterations of Gauss-Seidel. The performance of the method of Gauss-Seidel is thus very simular to the performance of randomization, except that m is now the number of iterations required to find π_j, $j = 1, 2, ..., N$ at a prescribed precision. This number is rather difficult to estimate. It depends both on the initial values x_j^0, on the way in which the states are ordered

and on the length of the longest cycle in the flowgraph, among others. The length of
the longest cycle in the flowgraph, in turn, will increase with the ranges of the state
variables. We are presently investigating these problems in more detail.

9 Conclusions

In this paper, we have discussed a number of methods which can be used to find
transient and equilibrium solutions in Markovian systems. We now explore the
similarities and differences between these methods. We also show how to select the
best method to solve a particular problem.

The methods described above can be classified as either direct methods or
iterative methods. Direct methods give the exact result in a finite number of steps,
which is definitely an advantage. In our case, however, they suffer from a severe
drawback: all direct methods we identified have a computational complexity which
increases by the third power of the number of states. For instance, the banded
implementation of the state reduction method has a complexity of bcN^3/r_1 flops,
where b and c represent the maximum increase, respectively, decrease, of X_1, and r_1
is the number of values X_1 can assume. The computational effort in iterative
methods grows at a much lower rate. To do m iterations in Gauss-Seidel requires
2gNm only flops. The randomization method and the method of Wallace have
almost the same computational complexity, except that m may have a different
value. The following ratio helps one to decide wheter to use Gauss-Seidel or state
reduction.

$$\frac{\text{flops for Gauss-Seidel}}{\text{flops for state reduction}} = \frac{gmr_1^2}{bcN^2} \tag{14}$$

From this formula, one concludes that poorly converging systems with relatively
few states, but many events, should be solved by direct methods, particularly if the
range of X_1 dominates the ranges of the other state variables. However, when the
number of states increases, direct methods become computationally very expen-
sive, and they can no longer compete with iterative methods. As was pointed out
earlier, N increases exponentially with the number of state variables. This means
that N becomes large rather quickly, and as this happens, Gauss-Seidel is the
preferable method.

According to folklore, it is much difficult to find transient solutions than
equilibrium solutions. Our investigations show, however, that this is not necessarily true. Indeed, it is not difficult to prove that the number of iterations needed to
calculate $\pi_i(t)$ at a prescribed precision decreases to zero as t goes to zero. (Of
course, equation (5), being only an approximation, will not properly exhibit this.)
Hence, for small enough t, transient solutions can be found more easily than
equilibrium solutions. Indeed, randomization is a viable method to find equilibrium solutions. To see this, we note again that for the system solved in Table 2,
equilibrium is reached at time $t = 10$. When using the randomization method, one
can find this solution in 1,536,750 flops. This compares with 870,750 flops for state

reduction. If the ranges of the state variables increases, this advantage of state reduction over randomization would soon evaporate. Hence, transient solutions can be found effectively, contrary to common belief.

References

Grassmann WK (1977a) Transient solutions in Markovian queueing systems. Comput and Ops Res 4:47–53

Grassmann WK (1977b) Transient solutions in Markovian queues. EJOR 1:396–402

Grassmann WK (1979) Modelbuilding without simulation. ASAC 1979 Conference, Management Science Proceedings, pp 37–46

Grassmann WK (1983) Markov modelling. Proceedings of the 1983 Winter Simulation Conference, pp 613–619

Grassmann WK (1985) The factorization of queueing equations and their interpretation. J Opl Res Soc 36:1041–1050

Grassmann WK, Jain JL (1989) Numerical solutions of the waiting time and idle time distribution of the arithmetic GI/G/1 queue. Operations Research 37 (to appear)

Grassmann WK, Taksar MI, Heyman DP (1985) Regenerative analyssis and steady-state distributions for Markov chains. Operations Research 33:1107–1116

Grassmann WK (1986) The $PH^X/M/c$ queue. In: Chaudhry ML, Templeton JGC (eds) Bulk queues. Vol 7 of Selecta Statistica Canadiana. Dept of Mathematics, McMaster University, Hamilton, Ont

Gross D, Miller DR (1984) The randomization techniques as a modelling tool and solution procedure for transient Markov processes. Operations Research 32:343–361

Heyman DP (1987) Further comparisons of direct methods for computing stationaly distributions of Markov chains. SIAM J Alg Disc Meth 15:286–303

Irani KB, Wallace VL (1971) On the network linguistics and the conversational design of queueing networks. J Assoc Comput Mach 18:616–629

Kaufman L (1983) Matrix methods for queueing problems. SIAM J Sci Stat Comput 4:525–552

Kohlas J (1982) Stochastic methods of operations research. Cambridge University Press

Kohlas J (1986) Numerical computation for mean passage times and absorption probabilities in Markov and semi-Markov models. Zeitschrift für Operations Research 30:A197–A207

Kumar S, Grassmann WK, Billinton R (1987) A stable algorithm to calculate steady-state probability and frequency of a Markov system. IEEE Transactions on Reliability R36:58–62

Mitra D, Tsoucas P (1987) Relaxation for the numerical solutions of some stochastic problems. Preprint

Melamed B, Yadin M (1984) Randomization procedures in the computation of cumulative-time distributions over discrete state Markov processes. Operations Research 32:926–943

Reibman A, Trivedi K (1988) Numerical transient analysis of Markov models. Comput Opns Res 15:19–36

Wallace VL (1966) Markovian models and numerical analysis of computer systems behavior. Proc AFIPS, Spring Joint Computer Conference, 28a, pp 141–148, AFIPS-Press

Wallace VL, Rosenberg RS (1966) RQA-1, the recursive queue analyser. System Eng Lab, University of Michigan, Ann Arbor, Technical Report 2

On Approximations for Stochastic Filtering
with an Application to Reliability

W. J. Runggaldier and C. A. Clarotti

Abstract

We describe a rather general approximation procedure to solve stochastic filtering problems, that can be applied to a variety of situations. As an example, we outline its application to a problem from reliability practice showing at the same time that also such problems can be formulated quite naturally as filtering problems.

1 Introduction

1.1 Description of a Discrete-Time Filtering Problem

In this subsection we give a short description of what is commonly meant by a stochastic filtering problem. Such problems can be formulated in continuous as well as discrete time. To keep technicalities at a minimum and still be able to present the basic ideas, we limit ourselves to discrete time. The example we discuss in Section 3 below leads however to a filtering problem in continuous time; for this example we show how the ideas and methods developed for discrete time carry over quite naturally also to continuous time.

In a filtering problem we are given two processes:

$\{X_n\}$ $n = 0, 1, \ldots$: The state or signal process, which cannot be observed, but whose probabilistic description is given;

$\{Y_n\}$ $n = 1, 2, \ldots$: The observation process, whose (probabilistic)behaviour depends on the actual evolution of $\{X_n\}$.

Given an integrable function $f(X_n)$ of the state X_n, the problem consists in estimating at a generic instant $n = 1, 2, \ldots$ the quantity $f(X_n)$ on the basis of an observed history $y^n := \{y_1, \ldots, y_n\}$, taking into account the probabilistic description of the process $\{X_n\}$.

As estimation criterion one takes the minimum mean square error; i.e. one looks for an estimate $\widehat{f(X_n)}$ such that

$$E\{[f(X_n) - \widehat{f(X_n)}]^2\} \to \min \tag{1}$$

P. Kall et al. (Hrsg.) Quantitative
Methoden in den Wirtschaftswissenschaften
© Springer-Verlag Berlin Heidelberg 1989

As is well known, this implies

$$\widehat{f(X_n)} = E\{f(X_n)|y^n\} \tag{2}$$

Notice that with the formulation as given above, a filtering problem appears as a generalization, in some sense, of a classical Bayesian Statistics problem: Instead of an unobserved parameter ϑ, here we have an entire process $\{X_n\}$, and the probabilistic description of $\{X_n\}$ corresponds to the prior on ϑ.

In Bayesian Statistics, rather than a point estimate of a function of the parameter, one tries to determine the entire posterior distribution of ϑ given the observations. Analogously, in filtering we may more generally be interested in the conditional distribution

$$p(x_n|y^n). \tag{3}$$

Once (3) is known, we can compute (2). On the other hand, by taking in particular $f(x_n) = \exp\{itx_n\}\,(t \in R)$, the point estimate (2) gives the characteristic function for (3) so that (2) and (3) are, at least theoretically, equivalent and we can refer to any of them as the solution to the given filtering problem.

To be specific, when we speak about a filter solution below, we shall mean a solution in the form of (2).

1.2 Motivation for Approximate Solution Methods

The level of difficulty to determine a filter solution depends on the model defining the pair $\{X_n\}$, $\{Y_n\}$, but there are only very few cases where it can be determined explicitly. One such case arises when X_n is Markov with transition kernel $p(x_{n+1}|x_n)$ and when, conditionally on X_n, Y_n is independent of Y_m for $m < n$; the process $\{Y_n\}$ can then be characterized by the distribution $p(y_n|x_n)$. In this case, $p(x_n|y^n)$ can be computed recursively by means of the dynamic Bayes formula, which is a simple extension of the classical Bayes formula and which, for $n = 1, 2, \ldots$, is given by

$$p(x_n|y^n) \propto p(y_n|x_n) \int p(x_n|x_{n-1}) dp(x_{n-1}|y^{n-1}) \tag{4}$$

where $\propto$ denotes "proportional to" and where $p(x_0|y^0) = p_0(x_0)$ the distribution of the initial X_0. However, an explicit computation of (4) is possible only if X_n takes a finite number of values.

Besides this one, there is also the case when (X_n, Y_n) are determined by the classical Kalman-Bucy model (see e.g. [7]), but in practically all other cases an explicit solution is very hard to obtain. This leads to a first motivation to look for approximate solution methods. We shall require an approximation method to be such that it allows $E\{f(X_n)|y^n\}$ to be approximated arbitrarily well by an explicitly computable function of the observed data y^n. This can be achieved as follows: Approximate the filtering problem for the given pair (X_n, Y_n) by a sequence of filtering problems for pairs $(X_n^{(k)}, Y_n)$, $k = 1, 2, \ldots$, such that

(P.1) $E\{f(X_n^{(k)})|y^n\}$ can be explicitly computed

(P.2) $\lim\limits_{k \to \infty} E\{f(X_n^{(k)})|y^n\} = E\{f(X_n)|y^n\}$ for almost all y^n.

Notice that the observation process $\{Y_n\}$ is the same in all pairs (X_n, Y_n) and $(X_n^{(k)}, Y_n))$. This has to be so, as only the original observation process can be actually observed.

In view of the foregoing it is quite natural to take the approximating filtering problems within a class for which an explicit filter solution can be found. In the next Section 2 we present an approximation procedure, introduced by Kushner in [8] and further developed by Di Masi and Runggaldier in [4], [5], which takes the approximating problems within the class described above, namely where $\{X_n\}$ is Markov whith a finite number of possible values.

A second motivation to look for approximate solution methods possessing properties (P.1) and (P.2) is as follows: There are problems (e.g. the reliability problem in Section 3 below) where we want to compute $E\{f(X_n)|y^n\}$ for a nonlinear function $f(.)$ and where $p(x_n|y^n)$ is a density for which an explicit representation can be obtained. However, the actual computation of such density involves the use of numerical methods (e.g. to compute integrals) thereby yielding de facto an approximation $\tilde{p}(x_n|y^n)$ to the true $p(x_n|y^n)$. Now, even if two densities $\tilde{p}$ and p are close for each value of x_n, the value of $\int f(x_n)\tilde{p}(x_n|y^n)dx_n$ may be all but close to $E\{f(X_n)|y^n\} = \int f(x_n)p(x_n|y^n)dx_n$, especially if $f(x_n)$ is highly nonlinear. This can best be seen from the following: given a Cauchy distribution, we can always find a Gaussian distribution so that the two densities are uniformly close to each other; however, while the Gaussian distribution admits all the moments, the Cauchy does not even have the first moment. The difficulties just raised disappear altogether if an approximation method can be used that, besides (P.1), possesses also property (P.2).

2 A General Approximation Method

Our purpose here is to present, for the case of X_n Markov, an approximation method based on [8], [4], [5] that possesses properties (P.1) and (P.2) above.

We start by recalling that if Z_k is a sequence of random variables, with values in an arbitrary topological space S, that converges in distribution to a random variable $Z \in S$, and if $\varphi(z)$ is a continuous and bounded function on S, then

$$\lim_{k \to \infty} E\{\varphi(Z_k)\} = E\{\varphi(Z)\} \tag{5}$$

Next we briefly describe a measure transformation technique by which property (5) carries over immediately to the conditional expectation in (P.2), but which most importantly allows the filter solution (2) to be represented more conveniently according the so-called reference probability method (see e.g. [1]). To describe it, let (Ω, F, P) be the probability space on which (X_n, Y_n) are defined and denote by P_0 a probability measure on (Ω, F) such that

i) P_0 is mutually absolutely continuous with respect to P implying the existence of the Radon-Nikodym derivatives dP_0/dP and dP/dP_0.

ii) The processes $\{X_n\}$ and $\{Y_n\}$ are independent under P_0.

iii) The marginal distribution of $\{X_n\}$ is the same under P and P_0.

It turns out that such a measure P_0 exists for rather general models for the processes $\{X_n\}$ and $\{Y_n\}$ (see e.g. the constructions in [6] for one possible case, see also [1], [5] for other cases). Furthermore, defining

$$L(X^n, Y^n) = E_0\left\{\frac{dP}{dP_0}\,\middle|\,(X_m, Y_m), 1 \leqslant m \leqslant n\right\} \tag{6}$$

we can represent (2) by the following formula for conditional expectations under an absolutely continuous transformation of measure (see e.g. [9]) which is sometimes also called Kallianpur-Striebel formula

$$E\{f(X_n)|y^n\} = \frac{E_0\{f(X_n)L(X^n, Y^n)|y^n\}}{E_0\{L(X^n, Y^n)|y^n\}} := \frac{V_n(Y; f)}{V_n(Y; 1)} \tag{7}$$

and which defines implicitly the functional $V_n(Y; f)$. This representation has the following advantage: By property ii) of P_0 the only effect of conditioning on y^n on the right in (7) is to fix the observed trajectory y^n of the process $\{Y_n\}$; by iii) this expectation is the same with respect to P and P_0.

It is useful to remark here also that for most of the common models for $\{X_n\}$, $\{Y_n\}$ the process $L(X^n, Y^n)$ has the representation

$$L(X^n, Y^n) = \prod_{m=0}^{n} L_m(X_m, Y_m); \quad (L_0(X_0, Y_0) = 1) \tag{8}$$

As a first consequence of the above reference-probability approach we have that, if the approximating processes $\{X_n^{(k)}\}$ are functions of the original process $\{X_n\}$, then we have immediately also

$$E\{f(X_n^{(k)})|y^n\} = \frac{E_0\{f(X_n^{(k)})L((X^{(k)})^n, Y^n)|y^n\}}{E_0\{L((X^{(k)})^n, Y^n)|y^n\}} = \frac{V_n^{(k)}(Y; f)}{V_n^{(k)}(Y; 1)} \tag{9}$$

with the same process L as in (7) and given by (6). Notice that (9) gives a computable representation for the approximating $E\{f(X_n^{(k)})|y^n\}$. This is quite important for the following reason: while we are given the (probabilistic) dependence of $\{Y_n\}$ from $\{X_n\}$ and therefore are, at least theoretically, in a position to compute $E\{f(X_n)|y^n\}$, little if any will be known about the dependence of the same $\{Y_n\}$ on the approximating $\{X_n^{(k)}\}$.

A further consequence of the reference probability approach is that the functional $V_n(Y; f)$, implicitly defined in (7) can be redefined by means of an ordinary expectation (with respect to P) as

$$V_n(Y; f) = E\left\{ f(X_n) \prod_{m=0}^{n} L_m(X_m, Y_m) \right\}_{|Y^n = y^n} := E\{\varphi_Y(X^n)\} \tag{10a}$$

where we use the representation (8) for the process L and where we define implicitly the function $\varphi_Y(X^n)$. Analogously we have

$$V_n^{(k)}(Y; f) = E\{\varphi_Y((X^{(k)})^n)\} \tag{10b}$$

At this point, taking into account (10), (9), (7), (5) we are in a position to derive an approximation procedure possessing properties (P.1) and (P.2), if we are able to approximate the process $\{X_n\}$ by a sequence of processes $\{X_n^{(k)}\}$ (functions of $\{X_n\}$) such that

(Q.1) $\{X_n^{(k)}\}$ converges in distribution to $\{X_n\}$

(Q.2) $V_n^{(k)}(Y; f)$ are explicitly computable

(Q.3) $\varphi_Y(.)$ is continuous and bounded.

Properties (Q.1) and (Q.2) hold certainly if $\{X_n^{(k)}\}$ are finite-valued Markov processes obtained from $\{X_n\}$ by a suitable discretization procedure. Property (Q.3) requires in general some additional a-priori assumptions on the model defining $\{X_n\}$, $\{Y_n\}$ (see the example in Section 3 below).

To complete our approximation procedure it is useful to have a recursive method to compute the approximating functions $V_n^{(k)}(Y; f)$ thereby allowing each new observation to be processed as it comes in. For this purpose, using x_i or x_j to denote the generic value of the approximating processes $\{X_n^{(k)}\}$ that now have to be finite-valued, let us rewrite $V_n^{(k)}(Y; f)$ as

$$V_n^{(k)}(Y; f) = \sum_{x_i} f(x_i) q_n^{(k)}(x_i) \tag{11}$$

From (10) it then follows that $q_n^{(k)}(.)$ satisfy the following recursive relations

$$\left. \begin{aligned} q_0^{(k)}(x_i) &= p_0^{(k)}(x_i) \\ q_{n+1}^{(k)}(x_i) &= L_{n+1}(x_i; y_{n+1}) \sum_{x_j} q_n^{(k)}(x_j) P_{n,n+1}^{(k)}(x_j, x_i) \end{aligned} \right\} \tag{12}$$

where $p_0^{(k)}(x_i)$ is the discretization of $p_0(x)$ corresponding to the discretization of X_0 leading to $X_0^{(k)}$, $L_m(.,.)$ are as in (8), and where

$$P_{n,n+1}^{(k)}(x_j, x_i) := P\{X_{n+1}^{(k)} = x_i | X_n^{(k)} = x_j\} \tag{13}$$

Notice that, analogously to (4), also (12) can be explicitly computed only if $\{X_n^{(k)}\}$ is finite-valued.

It follows from (9) and (11) that $q_n^{(k)}(.)$ can be regarded as unnormalized conditional distribution of $X_n^{(k)}$ given y^n so that (12) can be given the interpretation of an (unnormalized) dynamic Bayes formula with $L_{n+1}(x_i; y_{n+1})$ playing the role of a likelihood of y_{n+1} given $X_{n+1} = x_i$.

Recalling at this point the second motivation for an approximation method possessing properties (P.1) and (P.2), given at the end of subsection 1.2, the reader might notice that, after all, also with the present approximation method we compute an approximating unnormalized conditional distribution. The basic difference however is that this unnormalized conditional distribution is not a direct approximation to (an unnormalized version of) the true conditional distribution. It is rather a byproduct of the approximation of (2) by (9), i.e. by the functionals $V_n^{(k)}(Y; f)$ having the representation (11). As a result we obtain a very specific unnormalized conditional distribution that cannot be guessed by any direct approach.

3 A Problem From Reliability Practice

Below we shall briefly describe a problem from reliability practice that can be formulated as a filtering problem and for which the approximation method outlined in the previous Section 2 has lead to an efficient computational procedure.

The problem is in continuous time, but, as mentioned in the Introduction, the same ideas and results of the discrete time case carry over in complete analogy to the continuous time case. A full description of the problem and of the procedure can be found in [3].

3.1 Description of the Problem

The problem is concerned with the assessment of the reliability of a highly reliable component. For such components the statistical information can in general not be obtained from laboratory experiments, but has to be based on field data from similar components. This very fact complicates considerably the problem as field data are often contaminated due to maintenance. More precisely, given a certain moment t and the mission time t_m for the component, we want to estimate the probability that the (non maintained) component will not fail during the interval $[t, t + t_m]$. This probability can be expressed as

$$R(\vartheta) = \exp\left[-\int_t^{t+t_m} \lambda(s - t; \vartheta)ds\right] \tag{14}$$

where $\lambda(t; \vartheta)$ denotes the failure rate, which depends on an unknown parameter, but also on time: Taking maintenance into account, we implicitly assume that the component ages, which can be expressed mathematically by assuming that $\lambda(t; \vartheta)$

increases with time. This same fact allows us on the other hand to model maintenance as a (generally random) reduction of the age of a component so that the actual age of a component becomes a random process $\tau(t)$. To give a probabilistic description of $\tau(t)$ assume that maintenance is carried out periodically at epochs hT, ($h = 1, 2, \ldots$). Maintenance no. h causes the component's age to be reduced by a random quantity w_h which we assume ranges in the interval $[0, \tau(hT^-)]$ and is distributed according to a conditional pdf $g(w \mid \tau)$. This pdf is to be considered as one of the data of the problem and can be obtained by an expert elicitation. Since we can reasonably assume that maintenance does not make a component worse, the duration of maintenance is irrelevant. As a consequence, we can now define $\tau(t)$ more precisely as

$$\tau(t) = \begin{cases} t & \text{if } t \leqslant T \text{ or in case of no maintenance} \\ t - \sum_{j=1}^{[t/T]} w_j & \text{if } t > T \end{cases} \tag{15}$$

where $[.]$ denotes the integer part of its argument.

In order to estimate the reliability (14) it is appropriate to use the Bayesian approach (see the argument to this effect in [3]). We therefore have to assign a prior distribution $p_0(\vartheta)$ for ϑ that will be updated on the basis of the field data.

The observed survival/failure times in the field data are related to ϑ via the failure rate $\lambda(t; \vartheta)$ that depends also on the actual age. This implies that our statistical inference has to concern the pair $(\tau(t); \vartheta)$ rather than ϑ alone; in other words, $\tau(t)$ is a nuisance parameter. We can now synthesize our problem as: given a history (field data) of survivals and failures of components subject to maintenance, estimate the reliability (14) of a new component in case of no maintenance.

3.2 Formulation as a Filtering Problem

It is easily seen that stochastic filtering is a rather natural setting to reformulate our problem. We have in fact an unobserved "state process" $(\tau(t), \vartheta)$ whose probabilistic description is given. We also have an "observation process" given by the jump process

$$Y_t = \begin{cases} 1 & \text{if the on-test component is "up" at time t} \\ 0 & \text{otherwise} \end{cases} \tag{16}$$

or, equivalently, by the counting process

$$N_t = 1 - Y_t \tag{17}$$

The process N_t is probabilistically related to the state process in the sense that its intensity is

$$l(\tau(t), \vartheta) := \lambda(\tau(t), \vartheta)(1 - N_{t-}) \tag{18}$$

We shall let the observation of a component last up to either its failure time T_f or, at most, up to a given censoring time T_c.

For each observed component we can then formulate a filtering problem that consists in computing, for $t = T_f \wedge T_c$, the conditional expectation of (14) given the history $y^t = \{y_s, s \leq t\}$. Notice that $R(\vartheta)$ in (14) is a bounded function of the state $(\tau(t), \vartheta)$.

We remark here that the given problem is such that by a pure Bayesian Statistics approach one is able to obtain explicit expressions for $p((\tau(t), \vartheta)|y^t)$ (see [2]). However, these expressions involve integrals that have to be evaluated numerically thereby introducing not completely controllable errors in the final filter solution. In the next subsection we therefore describe the filter solution corresponding to the approach outlined in the previous Section 2.

3.3 Approximate Solution

Following the continuous time analogue of the procedure described in the previous Section 2, corresponding to (6), (8) we have for our problem (see e.g. [1, § 6.3], [5])

$$L(((\tau(s), \vartheta), y_s), s \leq t) =$$

$$= \left(\prod_{0 < s \leq t} [l(\tau(s), \vartheta)]^{\Delta N_s} \right) \exp\left[\int_0^t (1 - l(\tau(s), \vartheta))ds \right] \tag{19}$$

where N_t and $l(\tau(t), \vartheta)$ are as in (17), (18). Corresponding to (10.a) we then have for $t = T_f \wedge T_c$

$$V_t(Y; R) = E\left\{ R(\vartheta)\lambda^{1 - Y_t}(\tau(t), \vartheta) \exp\left[\int_0^t (1 - \lambda(\tau(s), \vartheta))ds \right] \right\} =$$

$$:= E\{\varphi_Y(\tau(.), \vartheta)\} \tag{20}$$

Assuming $\lambda(t, \vartheta)$ continuous in its arguments with $\vartheta \in \Theta$ compact and considering $\tau(t)$ as having values in the space of left continuous functions on $[0, T_c]$ with a countable number of jumps and equipped with the topology of uniform convergence, it can be easily seen that $\varphi_Y(\tau(.), \vartheta)$ is continuous and bounded; this fact corresponds to property (Q.3) required in Section 2. A rather obvious (space) discretization (see [3]) of the state process $(\tau(.), \vartheta)$ leading to a sequence $(\tau(.), \vartheta)_k$ of finite state Markov processes converging in distribution to $(\tau(.), \vartheta)$, allows one to fullfill also requirements (Q.1) and (Q.2) of Section 2.

Concerning a recursive procedure for computing the approximating functions $V_t^{(k)}(Y; R) = E\{\varphi_Y((\tau(.), \vartheta)_k)\}$ it is possible (see again [3]) to introduce a further time discretization $(\tau(jh), \vartheta)_k$ of the space discretized processes $(\tau(s), \vartheta)_k$, where the step size is $h = 1/k$ and where $j = 1, \ldots, kT_c$, so that after a piecewise constant time interpolation they still converge in distribution, for $k \to \infty$, to $(\tau(.), \vartheta)$. The approximating functionals $V_t^{(k)}(Y; R)$ can then be reqritten, for $t = jh$, as (see ((20))

$$V_t^{(k)}(Y; R) = E\{R(\vartheta)\lambda^{1-Y_{jh}}((\tau(jh), \vartheta)_k) \cdot$$

$$\cdot \prod_{i=1}^{j} \exp\left[1 - \lambda((\tau(ih), \vartheta)_k)\right] \cdot h\} \tag{21}$$

which in form corresponds exactly to (10) so that they can be rewritten according to (11) with the recursive relations (12). In case of data coming from more than one on-test component one should process them in sequence, one after the other and, except for the first component, the initial distribution in (12) should equal the final from the previous component.

A rather efficient computer code has been written to implement the procedure just described. It has been tested against data coming from real plants. An account of the corresponding results is given in Section of [3].

References

1. Brémaud P (1981) Point processes and queues, Martingale dynamics. Springer, New York
2. Clarotti CA, Koch G, Spizzichino F (1985) Bayes inference from failure data contaminated due to maintenance. IEEE Transactions on Reliability 34:377–381
3. Clarotti CA, Pugno GF, Runggaldier WJ (1989) Statistical reliability practice from sampling theory to stochastic filtering. To appear in Reliability Engineering and System Safety
4. Di Masi GB, Runggaldier WJ (1981) Continuous time approximations for the nonlinear filtering problem. Appl Math Optimiz 7:233–245
5. Di Masi GB, Runggaldier WJ (1982) On approximation methods for nonlinear filtering. In: Lecture Notes in mathematics, vol 972. Springer
6. Di Masi GB, Runggaldier WJ (1987) An approach to discrete-time stochastic control problems under partial observation. SIAM J Control and Optimization 25:38–48
7. Jazwinski AH (1970) Stochastic processes and filtering theory. Academic Press
8. Kushner HJ (1977) Probability methods for approximaions in stochastic control and for elliptic equations. Academic Press
9. Wong E (1971) Stochastic processes in information and dynamical systems. McGraw-Hill

Produktformlösungen für geschlossene Warteschlangennetzwerke

H. Tzschach

1 Einleitung

Unter einem *Warteschlangensystem* versteht man eine Bedienungsstation mit einem oder mehreren Bedienern und dem zugehörigen Warteraum, welcher Platz für eine unbeschränkte oder auch beschränkte Anzahl von Kunden haben kann. Die Anzahl der potentiellen Kunden kann ebenfalls endlich oder abzählbar unendlich sein. Wenn der Ankunftsprozeß für die Kunden und die Verteilung der Bedienungszeit für die Kunden gegeben ist, dann kann unter zusätzlichen Unabhängigkeitsvoraussetzungen die Verteilung der Kundenzahlen und Wartezeiten im System berechnet werden.

Unter einem *Warteschlangennetzwerk* versteht man ein Netzwerk, dessen Knoten Warteschlangensysteme sind und dessen Kanten die Verbindungswege zwischen den einzelnen Warteschlangensystemen darstellen. Kann ein Zustrom der Kunden von außen in das Netz und ein Abgang von Kunden aus dem Netz erfolgen, so spricht man von einem offenen Netzwerk. Ist dagegen die Anzahl der Kunden im Netz konstant, so spricht man von einem geschlossenen Netzwerk.

Warteschlangennetzwerke spielen u. a. eine Rolle als Modelle für Rechensysteme. Die Knoten des Netzes können etwa die Hardwarebetriebsmittel einer Rechenanlage (CPU, Platten- und Trommelspeicher etc.) darstellen und die Kunden des Netzes stellen Aufträge (Tasks) an die vorhandenen Betriebsmittel dar. Die Knoten des Netzes können aber auch Übertragungsleitungen eines Kommunikationsnetzes darstellen und die Kunden die zu übertragenden Nachrichten.

Diese Modelle dienen der Leistungsanalyse von Rechensystemen. Nach Vorgabe der Betriebsmitteldaten (Rechengeschwindigkeit der CPU, Zugriffszeiten zu den peripheren Speichern, Übertragungsgeschwindigkeiten von Leitungen etc.) soll die Verteilung der Kundenzahlen und Wartezeiten, in den Knoten des Netzes berechnet werden. Oder es sind Momente der Kundenzahlen oder Wartezeiten in den einzelnen Knoten vorgegeben und es sollen die Anforderungen an die Betriebsmittel bestimmt werden.

Die Lösung dieser Probleme stößt, wenn keine zusätzlichen Voraussetzungen gemacht werden, auf erhebliche mathematische Schwierigkeiten. Für Spezialfälle können diese Probleme jedoch gelöst werden. In [1] hat Jackson gezeigt, daß unter den Voraussetzungen

P. Kall et al. (Hrsg.) Quantitative
Methoden in den Wirtschaftswissenschaften
© Springer-Verlag Berlin Heidelberg 1989

(a) der Ankunftsprozeß der Kunden von außen in das Netz ist ein Poissonprozeß;
(b) der Verzweigungsprozeß der Kunden im Netz ist eine Markoff-Kette;
(c) die Bedienungsstrategie in den einzelnen Knoten des Netzes ist FCFS und die
     Verteilung der Bedienungszeiten der Kunden ist negativ exponentiell;

die stationäre Verteilung der Kundenzahlen in den Netzknoten in der Form

$$p(n_1, n_2, ..., n_M) = A\, f_1(n_1)f_2(n_2(n_2) ... f_M(n_M) \tag{1}$$

darstellbar ist. Dabei ist M die Anzahl der Knoten im Netz und n_i die Anzahl der
Kunden im Knoten mit der Nummer i $(i = 1, 2, ..., M)$. Die Faktoren $f_i(n_i)$ haben
die Form

$$f_i(n_i) = \frac{\lambda_i^{n_i}}{\mu_i(1)\mu_i(2) ... \mu_i(n_i)}$$

mit λ_i = mittlere Ankunftsrate pro Zeiteinheit im Knoten i und $\mu_i(n)$ = mittlere
Bedienungsrate, wenn n Kunden im Knoten i sind und die Konstante A ist durch

$$A = p_1(0)p_2(0) ... p_M(0)$$

gegeben mit

$$p_i^{-1}(0) = \sum_{n=0}^{\infty} \frac{\lambda_i^n}{\mu_i(1)\mu_i(2) ... \mu_i(n)}.$$

Für geschlossene Netzwerke haben Gordon und Newell [2] unter den Voraussetzungen b) und c) gezeigt, daß die stationäre Verteilung für die Kundenzahlen in der
Form

$$p(n_1, n_2, ... n_M) = \frac{f_1(n_1)f_2(n_2) ... f_M(n_M)}{G(N, M)} \tag{2}$$

darstellbar ist. Dabei ist

$$f_i(n_i) = \frac{e_i^{n_i}}{\mu_i(1)\mu_i(2) ... \mu_i(n_i)}.$$

Die $\mu_i(n)$ sind wie früher definiert und die e_i sind als Lösungen des homogenen
Gleichungssystems

$$e_i = \sum_{j=1}^{M} q_{ji}e_j \quad (i = 1, 2, ..., M)$$

definiert. Dabei ist q_{ji} die Wahrscheinlichkeit, daß ein Kunde unmittelbar nach
dem Ende seiner Bedienung im Knoten j zum Knoten i verzweigt. Die konstante
Kundenzahl im Netz ist N und die Normierungskonstante $G(N, M)$ ist durch

$$G(N, M) = \sum_{n_1 + n_2 + \ldots + n_M = N} \frac{e_1^{n_1} e_2^{n_2} \ldots e_M^{n_M}}{M_1(n_1) M_2(n_2) \ldots M_M(n_M)}$$

definiert mit $M_i(n_i) = \mu_i(1) m_i(2) \ldots \mu_i(n_i)$. Die Summation ist dabei über alle $\binom{N + M - 1}{M - 1}$ Kombinationen zu erstrecken, für welche $n_1 + n_2 + \ldots + n_M = N$ gilt.

Die Darstellung der Zustandswahrscheinlichkeiten (1) für offene Netze und (2) für geschlossene Netze nennt man Produktformdarstellung. Sie gilt für offene Netze unter den Voraussetzungen a) bis c) und für geschlossene Netze unter den Voraussetzungen b) bis c). Dabei ist insbesondere die Voraussetzung c) eine starke Einschränkung. In [3] wird gezeigt, daß die Voraussetzung c) durch folgende weniger restriktive Bedingungen ersetzt werden kann

(c′) Bedienungsstrategie und Bedienungszeitverteilung sollen so beschaffen sein, daß die Zwischenabgangszeiten der Kunden aus der Bedienungsstation negativ exponentiell verteilt sind, falls der Ankunftsprozeß der Kunden in die Station poisson'sch ist.

Die Bedienung c′) ist erfüllt, wenn

(1) Bei FCFS-Strategie die Bedienungszeiten negativ exponentiell verteilt sind.
(2) Jedem Kunden bei Ankunft sofort sein eigener Bediener zugeordnet wird. Dabei können die Bedienungszeiten der Kunden beliebig verteilt sein, wenn sie nur unabhängig sind (M/G/∞-Knoten).
(3) Jedem Kunden wird ein eigener Bediener zugeordnet, wobei allerdings die Gesamtbedienungskapazität konstant bleibt; d. h. bei n Kunden im Knoten wird dem einzelnen Kunden 1/n der Bedienungskapazität zugeordnet. Dies entspricht einer Zuteilung der Bedienungskapazität in Form von Zeitscheiben, wobei die Zeitscheibenlänge gegen Null strebt (Processor-Sharing(PS)-Knoten).
(4) Jedem neu ankommenden Kunden wird ohne Verzug die gesamte Bedienungskapazität der mit einem Bediener ausgestatteten Station zugeordnet (LCFS-preemptive-Resume(LCFS/PR)-Knoten).
(5) Die Bedienungsstation eine Kombination aus 3) und 4) ist.

Obwohl die Bedingung c′) weniger restriktiv als c) ist, sind so wichtige Fälle wie beliebige Bedienungszeitverteilung bei FCFS-Strategie nicht enthalten. So kann z. B. die stationäre Verteilung der Nachrichtenzahlen in den Vermittlungsrechnern eines Kommunikationssystems nicht in der Form 1) oder 2) dargestellt werden, wenn die Nachrichtenlänge und damit die Übertragungszeit konstant ist. Es sind deshalb viele Anstrengungen unternommen worden (siehe [5]), um Näherungslösungen in Produktform für die stationäre Verteilung der Kundenzahlen in Warteschlangennetzwerken zu berechnen. Dabei ist eine Lösung in Produktform deswegen besonders attraktiv, weil sie eine Darstellung zuläßt mit Hilfe von relativ wenigen lokalen Parametern, deren Anzahl nicht von der Anzahl der zulässigen Zustände, sondern nur von der Anzahl der Knoten im Netz abhängt.

In dieser Arbeit geben wir eine hinreichende und notwendige Bedingung für die Existenz von Produktformlösungen für geschlossene Warteschlangennetzwerke an. Unsere Überlegungen lassen sich jedoch auch auf offene Netze anwenden. Neben einem kurzen Beweis, welcher Methoden der mathematischen Optimierung benutzt, geben wir im letzten Abschnitt einige Anwendungen solcher Produktformlösungen an, für welche die Entropie des Wahrscheinlichkeitsraumes ein Maximum annimmt.

2 Eine notwendige und hinreichende Bedingung für eine Lösung in Produktform

Wir betrachten ein geschlossenes Warteschlangennetzwerk mit M Knoten und N Kunden. Die Zufallsvariable N_i sei die Anzahl der Kunden im Knoten i $(i = 1, 2, ..., M)$. Einen Netzzustand $n = (n_1, n_2, ..., n_M) (n_i \in N_0)$ nennen wir zulässig, wenn $n_1 + n_2 + ... + n_M = N$ gilt. Es gibt demnach $|Z| = \binom{N + M - 1}{M - 1}$ zulässige Zustände; dabei ist Z die Menge aller zulässigen Zustände. Es sei p_n die stationäre Wahrscheinlichkeit für den Zustand n. Das heißt

$$p_n = p(n_1, n_2, ..., n_M) = \text{Prob} \{N_1 = n_1 \wedge N_2 = n_2 \wedge ... \wedge N_M = n_M\}$$

mit

$$\sum_{n \in Z} p_n = 1. \tag{A}$$

Für die Wahrscheinlichkeiten p_n gilt nun der folgende Satz.

Satz: Die p_n seien wie oben definiert und es sollen neben der Bedingung (A) noch die Bedingungen

$$\sum_{n \in Z} g_{ik}(n)p_n = m_{ik} \quad (i = 1, 2, ..., M; k = 1, 2, ..., R_i) \tag{B}$$

gelten. Dabei sei die Anzahl der Nebenbedingungen (A) und (B) kleiner als $|Z|$, d.h. $1 + R_1 + R_2 + ... + R_M < |Z|$. Ist die durch (A) und (B) definierte Menge von Lösungen $\{p_n; n \in Z\}$ konvex, so lassen die Wahrscheinlichkeiten p_n genau dann eine Darstellung in der Form

$$p_n = p(n_1, n_2, ..., n_M) = \tilde{G}(N, M)f_1(n_1)f_2(n_2) ... f_M(n_M)$$

zu, wenn keine der Bedingungen (B) einen Extremwert annimmt.

Beweis: Eine Lösung in Produktform ist sicher dann *nicht* möglich, wenn die Nebenbedingungen (A) und (B) nur Lösungen zulassen, für welche mindestens ein

$p_n = 0$ ist. Nun nehme eine der Bedingungen (B) einen Extremwert an. Da für die Optimallösungen von linearen Optimierungsproblemen die Anzahl der von Null verschiedenen unabhängigen Variablen höchstens gleich der Anzahl der Nebenbedingungen sein kann, folgt wegen $1 + R_1 + R_2 \ldots + R_M < |Z|$, daß mindestens ein $p_n = 0$ sein muß. Das heißt, die Bedingung, daß keine der Bedingungen (B) einen Extremwert annehmen darf, ist notwendig.

Nimmt dagegen keine der Nebenbedingungen (B) einen Extremwert an, so existieren zulässige Lösungen, welche (A) und (B) genügen und für welche $p_n > 0$ für die n gilt. Wir haben nun zu zeigen, daß unter diesen Lösungen mindestens eine ist, die Produktform hat. Wir betrachten dazu die Funktion

$$H = - \sum_{n \in Z} p_n \log p_n$$

und wollen das Maximum von H unter den Nebenbedingungen (A), (B) und $p_n > 0$ für die n bestimmen. Da durch (A), (B), $p_n > 0$ eine konvexe Menge definiert ist, und H eine streng konkave Funktion ist, ist die Lösung des Maximumproblems eindeutig. Wir betrachten nun die Funktion

$$\phi = H + \sum_{(i)} \sum_{(k)} \beta_{ik} \left(\sum_{(n)} g_{ik}(n) p_n - m_{ik} \right) + \alpha \left(\sum_{(n)} p_n - 1 \right) + \sum_{(n)} \gamma_n p_n.$$

Auf diese Funktion wenden wir die lokalen Kuhn-Tucker-Bedingungen an (siehe etwa [6] Seite 63). Da für den optimalen Punkt $p_n^* > 0$ vorausgesetzt wird, folgt $\gamma_n = 0$ und $\dfrac{\partial \phi}{\partial p_n} = 0$, das heißt

$$-1 - \log p_n^* + \sum_{(i)} \sum_{(k)} \beta_{ik} g_{ik}(n) + \alpha = 0$$

oder

$$p_n^* = e^{\alpha - 1 + \Sigma_{(i)} \Sigma_{(k)} \beta_{ik} g_{ik}(n)} = e^{\beta + \Sigma_{(i)} \Sigma_{(k)} \beta_{ik} g_{ik}(n)}.$$

Die Parameter β und β_{ik} werden durch Auflösung des nichtlinearen Gleichungssystems

$$\sum_{(n)} e^{\beta + \Sigma_{(i)} \Sigma_{(k)} \beta_{ik} g_{ik}(n)} = 1$$

$$\sum_{(n)} g_{ik}(n) e^{\beta + \Sigma_{(i)} \Sigma_{(k)} \beta_{ik} g_{ik}(n)} = m_{ik} \quad (i = 1, 2, \ldots, M; k = 1, 2, \ldots, R_i)$$

bestimmt. Damit ist der Beweis vollständig.

Anmerkungen: Da sich konvexe Bereiche beliebig genau durch lineare Bedingungen approximieren lassen, gelten unsere Überlegungen auch, wenn die linearen

Nebenbedingungen durch Nebenbedingungen ersetzt werden, welche einen konvexen Bereich definieren. Ein Beweis für die Existenz von Produktformlösungen, der nicht die Methoden der mathematischen Optimierungstheorie benutzt, findet sich auch in [4].

2.1 Beispiele

(a) Wir betrachten zunächst ein Netz mit nur 2 Knoten. Im ersten Knoten seien erstes und zweites Moment gegeben. Wenn N die Gesamtkundenzahl im Netz ist und N_1 die Zahl der Kunden im 1. Knoten, so sind bei Vorgabe von $m_1 = E(N_1)$ und $m_2 = E(N_1^2)$ wegen $N = N_1 + N_2$, somit

$$E(N_2) = E(N - N_1) = N - E(N_1)$$

$$E(N_2^2) = E([N - N_1]^2) = N^2 - 2N\,E(N_1) + E(N_1^2)$$

$E(N_2)$ und $E(N_2^2)$ ebenfalls gegeben. Die Produktformlösung nach dem Prinzip der maximalen Entropie hat hier die Form

$$p_n = p(n,\ N - n) = e^{\beta_0 + \beta_1 n + \beta_2 n^2}$$

wobei die Werte der Parameter β_0, β_1, β_2 aus den Gleichungen

$$\sum_{n=0}^{N} e^{\beta_0 + \beta_1 n + \beta_2 n^2} = 1, \quad \sum_{n=1}^{N} n^k e^{\beta_0 + \beta_1 n + \beta_2 n^2} = m_k \quad (k = 1, 2)$$

berechnet werden. Gibt man im 1. Knoten die k ersten Momente vor, so ist die Lösung

$$p_n = p(n, N - n) = e^{\beta_0 + \beta_1 n + \beta_2 n^2 + \ldots + \beta_k n^k}$$

Zahlenbeispiel: Sei $N = 10$ und $m_1 = 5$. Solange das 2. Moment im Intervall $25 < m_2 < 50$ liegt, existiert eine Produktformlösung. Wählen wir $m_2 = 30$, so erhalten wir für das 3. Moment: $180 < m_3 < 220$. Wählen wir schließlich für $m_3 = 200$, so erhalten wir für das 4. Moment: $1404 < m_4 < 1500$. (Gibt man $m_2 = 30$, $m_3 = 200$ und $m_4 = 1450$ vor, so erhält man für das erste Moment: $4.833 < m_1 < 5.0904$.)

Gibt man $m_1 = 5$ vor, so hat die Näherungslösung nach dem Prinzip der maximalen Entropie die Gestalt

$$p_n = 0.0909\ldots \quad \text{für } n = 0, 1, \ldots, 10.$$

Man erhält in diesem Fall die Verteilung für den Fall exponentieller Bedienungszeit. Es ist $e^{\beta_0} = 1/11$ und $\beta_1 = 0$. Geben wir $m_1 = 5$, $m_2 = 30$ und $m_3 = 200$ vor, so erhalten wir

$$\beta_0 = -3.9404, \quad \beta_1 = 0.8666, \quad \beta_2 = -0.0867, \quad \beta_3 = 0$$

und für die Zustandswahrscheinlichkeiten

$$p_0 = e^{-3.9404}, \quad p_n = p_0 e^{0.8666n - 0.0867n^2} \quad \text{für } n = 1, 2, \ldots, 10.$$

(b) Geben wir den M Knoten eines geschlossenen Netzes mit N Kunden nur die ersten Momente vor, so existiert eine Produktformlösung sicher, wenn $N_1 + N_2 + \ldots + N_M = N$ ist und $N_i > 0$ für die $i = 1, 2, \ldots, M$ gilt. Dies entspricht den in [2] und [3] beschriebenen separablen Netzen, auch BMCP-Netze genannt. Die Zustandswahrscheinlichkeiten haben hier die Form

$$p_n = p(n_1, n_2, \ldots, n_M) = \tilde{G}(N, M) e^{\beta_1 n_1 + \beta_2 n_2 + \ldots + \beta_M n_M}$$

Zahlenbeispiel: Es sei $m_{11} = 0.321, m_{21} = 0.928, m_{31} = 2.346$ und $m_{41} = 6.405$. Wir erhalten

$$\tilde{G}(N, M) = \frac{1}{10391745} \quad \text{und} \quad p(n_1, n_2, n_3, n_4) = \tilde{G}(N, M) 1^{n_1} 2^{n_2} 3^{n_3} 4^{n_4}.$$

(c) Wir betrachten ein Netz mit $M = 3$ und $N = 6$. Es sei $m_{11} = 1.1$, $m_{12} = 1.9$, $m_{21} = 3.5$ und $m_{22} = 13.9$. Es soll zunächst die obere und untere Schranke für m_{32} berechnet werden. Dabei muß das folgende lineare Optimierungsproblem gelöst werden:

$$\text{Maximiere bzw. Minimiere} \quad \sum_{n=1}^{6} n^2 p_3(n) \quad \text{unter den Nebenbedingungen}$$

$$\sum_{n_1 + n_2 + n_3 = 6} p(n_1, n_2, n_3) = 1, \quad \sum_{n_1 + n_2 + n_3 = 6} n^i p_k(n) = m_{ki} \quad (k = 1, 2; i = 1, 2)$$

$$\text{mit} \quad p_1(n) = \sum_{n_2 + n_3 = 6 - n} p(n, n_2, n_3), \quad \text{entsprechend } p_2(n) \text{ und } p_3(n).$$

Man erhält als untere Schranke für m_{32} 2.2 und als obere Schranke 5.8. Gibt man die Momente

$$m_{11} = 1.1, \quad m_{12} = 1.9, \quad m_{21} = 3.5, \quad m_{22} = 13.9, \quad m_{32} = 4.3$$

vor (natürlich muß wegen $N = 6$ $m_{31} = 1.4$ sein), so erhält man mit $\rho_{ik} = e^{\beta_{ik}}$

$$\tilde{G}(N, M) = \frac{1}{210636.573}, \quad \begin{aligned} &\rho_{11} = 8.314, &&\rho_{12} = 0.5848, \\ &\rho_{21} = 30.71102, &&\rho_{22} = 0.7167, \\ &\rho_{31} = 1.0, &&\rho_{32} = 1.253 \end{aligned}$$

und die Zustandswahrscheinlichkeiten sind gegeben durch

$$p(n_1, n_2, n_3) = \tilde{G}(N, M) \rho_{11}^{n_1} \rho_{12}^{n_1^2} \rho_{21}^{n_2} \rho_{22}^{n_2^2} \rho_{31}^{n_3} \rho_{32}^{n_3^2}.$$

3 Anwendungen

(a) Der im Abschnitt 2 bewiesene Satz kann dazu verwendet werden, um bei gegebener Varianz in $M - 1$ Knoten eines Netzes die Varianz im M-ten Knoten nach oben und unten abzuschätzen.

Zahlenbeispiel: Es sei $M = 3$ und $N = 6$. Die Varianz im 1. Knoten sei $\sigma_1^2 = 0.69$, im 2. Knoten $\sigma_2^2 = 1.65$, dann ist $2.2 - 1.4^2 = 0.24$ eine untere und $5.8 - 1.4^2 = 3.84$ eine obere Schranke für die Varianz im 3. Knoten des Netzes.

(b) Unter einem Central-Server-Netz versteht man ein geschlossenes Netz, bei dem die Kunden vom Central-Server ausgehend, auf die Knoten des Netzes verteilt werden und zwar so, daß nur Übergänge vom Central-Server auf die Knoten des Netzes und von den Knoten des Netzes auf den Central-Server erfolgen können; d. h. ist q_{ij} die Wahrscheinlichkeit, daß nach Beendigung der Bedienung im Knoten i ein Übergang nach Knoten j erfolgt und hat der Central-Server-Knoten die Nummer 1, so ist $q_{ij} = 0$, wenn $j \neq 1$ und $q_{i1} = 1$, wenn $i \neq 1$. Sind nun über den Central-Server-Knoten viele Meßergebnisse bekannt, so kann die Verteilung der Kundenzahlen im Central-Server näherungsweise ohne nähere Informationen in den restlichen Knoten des Netzes berechnet werden.

Zahlenbeispiel: Wir wählen ein zyklisches System mit 2 Knoten ($M = 2$). Das Verhältnis der Bedienungsraten in den beiden Knoten sei 1. Die Anzahl der Kunden $N = 10$. Rechnet man mit einem separablen Netz, so gilt $p_i = 1/11$ ($i = 0, 1, \ldots 10$) und $E(N_1) = 5$. Im wirklichen Netz soll aber nur ein Knoten eine exponentielle Bedienungszeitverteilung haben, der andere Knoten mit Nummer 1 soll eine hyperexponentielle Bedienungszeitverteilung haben mit Dichte $b(t) = 2s^2 \gamma e^{2s\gamma t} + 2(1-s)^2 \gamma e^{2\gamma(1-s)}$ und $s = 0.01$. Die tatsächliche Verteilung der Kundenzahlen im Knoten 1 ist dann

$$p_0 = 0.3017, \quad p_1 = 0.1568, \quad p_2 = 0.0844, \quad p_3 = 0.0482, \quad p_4 = 0.031,$$

$$p_5 = 0.0210, \quad p_6 = 0.0165, \quad p_7 = 0.0142, \quad p_8 = 0.0131, \quad p_9 = 0.0125,$$

und die Wahrscheinlichkeit für eine Blockierung des 1. Knotens $p_{10} = 0.3017$.

Werden nun im Knoten die ersten beiden Momente gemessen – $m_1 = 4.1274$ und $m_2 = 35.2399$ – so erhält man als Näherungslösung $p_0 = 0.355$ und $p_{10} = 0.222$. Sind 4 Momente bekannt – $m_3 = 332.5954$ und $m_4 = 3234.0085$ – so erhält man $p_0 = 0.3083$ und $p_{10} = 0.2952$.

Bedauerlicherweise sind die Parameter β und β_{ik} für die Produktformlösung von der Kundenzahl im Netz abhängig, wenn die Knoten des Netzes nicht entweder exponentielle Bedienungszeitverteilung haben oder vom Typ $M/G/\infty$ oder Processor-Sharing oder LCFS/PR sind. Bei großen Kundenzahlen im Netz kann diese Abhängigkeit jedoch vernachlässigt werden.

Zusammenfassung: Es wurde gezeigt, daß genau dann eine Darstellung in Produktform der stationären Zustandswahrscheinlichkeiten für die Kundenzahlen in einem geschlossenen Warteschlangennetz existiert, wenn keine der Nebenbedingungen einen Extremwert annimmt. Die Beweismethode entstammt der Optimierungstheorie. Eine explizite Darstellung der Zustandswahrscheinlichkeiten wird angegeben, wenn das zugehörige Wahrscheinlichkeitsmaß eine maximale Entropie besitzt.

Grob gesprochen bedeutet dies, daß vorhandene Informationen benutzt werden und über das Weitere so verfügt wird, daß die „Ungewißheit" maximal wird. Siehe auch dazu [7].

Literatur

1. Jackson JR (1963) Job-shop-like queueing systems. Management Science 10(1):131–142
2. Gordon WL, Newell GF (1967) Closed queueing, networks with exponential servers. Operations Research 15(2):137–152
3. Basket, Chandy, Muntz, Palacios (1975) Open, closed and mixed networks of queues with different classes of customers. J ACM 22(2):248–260
4. Hasslinger G (1986) Das Näherungsverfahren nach dem Prinzip der maximalen Entropie für Warteschlangen-Verteilungen in geschlossenen Netzen. Dissertation TH Darmstadt
5. Balbo G (1979) Approximate solutions of queueing network models of computer systems. Dissertation Prudue University
6. Kunzi HP, Krelle W (1962) Nichtlineare Programmierung. Springer
7. Tzschach H (1986) Näherungslösungen und Entropie. In: Der Informationsbegriff in Technik und Wissenschaft. Oldenburg-Verlag

Modellierung der Ungewißheit mit unsicheren Mengen

J. Kohlas

1 Einleitung

Der klassische mathematische Formalismus zur Beschreibung und Behandlung der Ungewißheit ist die Wahrscheinlichkeitsrechnung. Diese kann in der Kolmogoroff'schen Axiomatik als Maßtheorie betrieben werden, nämlich dann, wenn es um die Beschreibung von Zufalls- oder Massenphänomenen geht und die Wahrscheinlichkeit eine Abstraktion der Häufigkeit ist. Sie kann aber auch in einer subjektiven Form auftreten (begründet u. a. von Savage 1972 und De Finetti 1970), nämlich dann, wenn Wahrscheinlichkeiten als Grade der Gewißheit von unsicheren Aussagen auftreten.

Die neueren Entwicklungen auf dem Gebiet wissensbasierter Systeme haben aber aufgezeigt, daß es echte Schwierigkeiten geben kann, unsicheres Wissen und ungewisse Information im üblichen Formalismus der Wahrscheinlichkeitstheorie zu beschreiben (siehe z. B. Kohlas 1987c). Andere, neue Ansätze sind deshalb vorgeschlagen worden. Einer davon ist die „mathematische Theorie der Evidenz" von Shafer (1976). Man kann diese Theorie von verschiedenen Standpunkten aus entwickeln, siehe z. B. Smets (1988). Es ist u. a. auch möglich, den Ansatz in den Rahmen der Wahrscheinlichkeitsrechnung als eine Theorie unsicherer Mengen einzubetten. Das ist der hier gewählte Zugang. In diesem Aufsatz soll dargelegt werden, wie diese Theorie zur Beschreibung und Behandlung der Ungewißheit verwendet werden kann.

2 Indizien, Indizien-Gesamtheiten

Die Beschreibung dessen, was man über eine ungewisse Situation weiß, beginnt mit der Festlegung des Bereichs des Möglichen. Dieser wird durch eine Menge Θ dargestellt, deren Elemente θ mögliche Ergebnisse sind, von denen genau eines eintritt („wahr" sein muß). Im Laufe einer Untersuchung kann die Betrachtung verfeinert werden, indem einzelne oder alle Elemente θ in weitere Elemente θ' – feiner beschriebene Möglichkeiten – unterteilt werden. Der Bereich des Möglichen Θ wird dann durch die „feinere" Menge Θ' ersetzt. Die Betrachtung kann aber auch vergröbert werden, indem Elemente θ zu Teilmengen θ'' zusammengefaßt werden, die eine Zerlegung von Θ bilden. Die θ'' können als Elemente einer „gröberen" Menge des Möglichen Θ'' aufgefaßt werden. Diese dynamische Fokussierung der Untersuchung auf feinere und gröbere Betrachtungs-Rahmen ist ein wichtiges

P. Kall et al. (Hrsg.) Quantitative
Methoden in den Wirtschaftswissenschaften
© Springer-Verlag Berlin Heidelberg 1989

Element einer Argumentation unter Ungewißheit. Sie erlaubt es, die Aufmerksamkeit je nach Bedarf auf den einen oder anderen Aspekt des Möglichen zu lenken.

Man weiß immer mehr als nur, was möglich ist. Man hat Angaben, Information, Wissen, die nahelegen, daß gewisse Möglichkeiten eher eintreten als andere. Wir wollen ein klar abgegrenztes Stück Information, ein klar umschriebener Hinweis, eine Beobachtung, etc. ein Indiz nennen. Ein Indiz kann mehrere mögliche Interpretationen haben, die allerdings nicht alle gleich wahrscheinlich sind. Jede mögliche Interpretation isoliert eine Teilmenge von Θ, in der das wahre Ergebnis liegen muß, wenn die betreffende Interpretation des Indiz korrekt ist. Das kann formal wie folgt umschrieben werden:

(1) Es ist $\Omega = \{\omega_1, \omega_2, \ldots, \omega_s\}$ ein endlicher Wahrscheinlichkeitsraum mit $P(\{\omega_i\}) = p_i$. Die ω_i bezeichnen die möglichen Interpretationen des Indiz und die p_i sind ihre Wahrscheinlichkeiten.

(2) Es ist u eine mehrwertige Abbildung von Ω in Θ. $u(\omega_i) = F_i$ ist die Teilmenge von Θ, in der das wahre Ergebnis liegen muß, wenn die i-te Interpretation des Indizes korrekt ist.

Das beschreibt eine Zufallsmenge, oder wie wir lieber sagen wollen, eine unsichere Menge, deren möglichen Werte die Mengen F_i sind, die mit den Wahrscheinlichkeiten p_i angenommen werden. Wir beschränken uns hier fast ausschließlich auf die Betrachtung endlicher Räume Ω, obwohl eine Verallgemeinerung möglich ist (Shafer 1979). Die F_i werden Fokalmengen und die $p_i, i = 1, 2, \ldots, s$ eine grundlegende Wahrscheinlichkeits-Zuweisung genannt. Wir schreiben auch $m(A) = p_i$, wenn $A = F_i$ und $m(A) = 0$ sonst.

Ist $A \subset \Theta$, so stützen alle Interpretationen mit $F_i \subset A$ die Hypothese, daß das wahre Ergebnis in A ist. Man kann daher mit

$$\mathrm{Bel}(A) = \sum_{F_i \subset A} m(F_i) \tag{1}$$

den Grad der Glaubwürdigkeit von A messen (Bel steht für belief). Bel ist eine Abbildung von 2^Θ in $[0, 1]$, wobei $\mathrm{Bel}(\phi) = 0$ und $\mathrm{Bel}(\Theta) = 1$ gilt. Die Interpretationen mit $F_i \subset A^c$ stützen die Gegenhypothese zu A, also den Zweifel an A. Entsprechend kann $\mathrm{Dou}(A) = \mathrm{Bel}(A^c)$ als Maß des Grad des Zweifels an A genommen werden. Je weniger Zweifel an A vorhanden ist, desto höher ist die Plausibilität von A. Deshalb kann $\mathrm{Pl}(A) = 1 - \mathrm{Dou}(A) = 1 - \mathrm{Bel}(A^c)$ als Grad der Plausibilität von A betrachtet werden. Die Plausibilität ist auch gleich

$$\mathrm{Pl}(A) = \sum_{F_i \cap A \neq \phi} m(F_i). \tag{2}$$

In der Tat ist für jede Interpretation mit $F_i \cap A \neq \phi$ die Hypothese A nicht auszuschließen. Es ist einfach zu sehen, daß immer $\mathrm{Bel}(A) \leq \mathrm{Pl}(A)$ gilt.

Ein Indiz wird also durch eine unsichere Menge dargestellt. Dadurch wird nicht nur die Ungewißheit (man weiß nicht was ist oder sein wird) erfaßt, sondern gleichzeitig auch die Unschärfe, weil die Interpretationen nicht zu exakten Punkten, sondern zu Mengen führen. Mit dieser Konstruktion führt ein Indiz eine

Glaubwürdigkeit und eine Plausibilität in die Potenzmenge der Menge des Möglichen ein. Es ist damit insbesondere möglich, die völlige Ignoranz sauber darzustellen: Dabei wird Θ selbst die einzige Fokalmenge (mit Wahrscheinlichkeit 1) und es gilt somit $\mathrm{Bel}(A) = 0$ für alle $A \neq \Theta$ und $\mathrm{Pl}(A) = 1$ für alle $A \neq \phi$. Das ist die leere Glaubwürdigkeit.

In einem Gesamtkomplex von Informationen und Wissen hat man es nicht nur mit einem einzigen Indiz zu tun, sondern mit einer Indizien-Gesamtheit $\{(\Omega_j, u_j), j = 1, 2, \ldots, r\}$, die auf unterschiedliche Aspekte des Möglichen hinweisen. Wenn man diese Indizien in einer Gesamtschau zusammenfügt, dann kann man zunächst die kombinierten Interpretationen $\omega \in \Omega = \Pi\{\Omega_j, j = 1, \ldots, r\}$ betrachten, zu der die Durchschnittsmenge $u(\omega) = \cap\{u_j(\omega_j), \omega_j \in \Omega_j, j = 1, \ldots, r\}$ als Bild in Θ gehört. Dieser Durchschnitt kann allerdings auch leer sein. Das bedeutet nichts anderes, als daß die zugehörige Kombination von Interpretationen der r Indizien unmöglich ist (denn sie führt zu einem Widerspruch). Die Betrachtung der kombinierten Indizien muß sich dann auf mögliche, widerspruchsfreie Kombinationen von Interpretationen konzentrieren. Es können verschiedene Kombinationen ω' und ω'' aus Ω zum gleichen Ergebnis $u(\omega') = u(\omega'') = A$ führen. Solche kombinierten Interpretationen werden zu Klassen $\omega' = \{\omega \in \Omega$ mit $u(\omega) = A \subset \Theta\}$ zusammengefaßt.

Es muß nun weiter die Wahrscheinlichkeitsstruktur auf dem Produktraum Ω präzisiert werden. Im allgemeinen Fall hat man darüber eine beliebige r-dimensionale Wahrscheinlichkeitsverteilung, deren Randverteilungen die Wahrscheinlichkeiten der Interpretationen für alle Indizien festlegen. Damit ist es nun möglich, die Indizien-Gesamtheit in ein einziges, kombiniertes Indiz zusammenzufassen:

(1) Ω' ist die Menge der Klassen $\omega' = \{\omega \in \Omega$ mit $u(\omega) = A \subset \Theta\}$ für $A \neq \phi$. Es ist ferner $P(\{\omega' \in \Omega'\}) = \Sigma\{P(\omega), \omega \in \omega'\}/q$, wobei $q = 1 - \Sigma\{P(\omega), u(\omega) = \phi\}$. D. h. die Wahrscheinlichkeiten der kombinierten Interpretationen werden darauf konditioniert, daß sie widerspruchsfrei sind.

(2) Es ist u die mehrwertige Abbildung von Ω' in Θ, definiert durch $u(\omega') = u(\omega)$, wenn $\omega \in \omega'$.

Dieses kombinierte Indiz definiert erneut eine Glaubwürdigkeit Bel auf Θ, die der Kombination der Glaubwürdigkeiten $\{\mathrm{Bel}_j, j = 1, \ldots, r\}$ entspricht. Auf diese Weise können beliebige (i. a. korrelierte) Glaubwürdigkeiten kombiniert werden. Das ist ein Hauptpunkt der Theorie. Oft dürfen die Indizien als unabhängig voneinander vorausgesetzt werden. Dann ist das Wahrscheinlichkeitsmaß auf Ω ein Produktmaß. Das ist jedenfalls der einfachste Fall. Dann entspricht die obige Kombination der sog. Regel von Dempster (Dempster 1967). Werden damit zwei Glaubwürdigkeiten Bel' und Bel'' kombiniert, dann schreiben wir für das Resultat $\mathrm{Bel}' \oplus \mathrm{Bel}''$. Die Operation $\oplus$ ist kommutativ und assoziativ, wie man leicht sieht. Wenn im folgenden nichts spezielles gesagt wird, dann sind die Indizien bzw. Glaubwürdigkeiten als unabhängig voneinander vorausgesetzt. Die leere Glaubwürdigkeit Bel_0 (die der vollen Ignoranz entspricht) ist das neutrale Element der Operation, $\mathrm{Bel}_0 \oplus \mathrm{Bel} = \mathrm{Bel}$.

3 Erste Beispiele

Shafer (1976) hat die Theorie der Glaubwürdigkeit im Einzelnen für endliche Mengen Θ entwickelt und dargestellt. Dieser Fall ist zweifellos sehr wichtig. Viele der Ergebnisse lassen sich aber auch einfach und unmittelbar auf den Fall unendlicher Mengen Θ übertragen, solange nur die Menge der möglichen Interpretationen Ω endlich bleibt.

Wichtig für Anwendungen ist insbesondere der Fall $\Theta = \mathbb{R}$ (oder $\mathbb{R}^n$). Bei unendlichen Mengen ist es oft aus praktischen Gründen wünschenswert, die Betrachtung zum vorneherein auf bestimmte Klassen E von einfachen Teilmengen von Θ zu beschränken und insbesondere die Fokalmengen in E vorauszusetzen. Damit aber Glaubwürdigkeiten kombiniert werden können, ohne aus dieser Klasse herauszutreten, muß E unter der Durchschnittsbildung abgeschlossen sein; wenn $A, B \in E$, dann muß auch $A \cap B \in E$ gelten. Solche Klassen nennt man multiplikativ.

Beispiele einfacher, multiplikativer Klassen in $\mathbb{R}$ sind (a) $E = \{\phi, \{0\}, (-\infty, 0), (-\infty, 0], (0, \infty), [0, \infty), (-\infty, \infty)\}$ und (b) Intervalle (offene, geschlossene, beliebige). Die multiplikative Klasse (a) ist wichtig für die Modellierung qualitativer Zusammenhänge und Argumente, bei der nur die Vorzeichen der Größen betrachtet werden. Die Klassen (b) dagegen sind für quantitative Modelle von Interesse, bei denen mit numerischen Größen operiert wird. Geschlossene Intervalle haben dabei den Vorzug Punkte, also exakte Größen einzuschließen.

Auch die Beschränkung auf endliche Ω ist nicht zwingend, wie schon erwähnt wurde. Als illustratives Beispiel, in dem diese Einschränkung fallen gelassen wird, sollen unsichere (geschlossene) Intervalle betrachtet werden. Sind V, W zwei reellwertige Zufallsvariablen mit $V \leq W$, dann ist $[V, W]$ ein unsicheres Intervall. Hier ist Ω die Halbebene mit Koordinaten $v \leq w$ und u die mehrwertige Abbildung von (v, w) in $[v, w]$. Das Wahrscheinlichkeitsmaß auf Ω kann durch die Verteilung $H(v, w) = P(V \leq v, W \geq w)$ definiert werden (Dempster 1968). Es seien $F(v) = P(V > v)$ und $G(w) = P(W < w)$ die Randverteilungen. Dann sieht man leicht, daß $Bel([a, b]) = P([V, W] \subset [a, b]) = P(V \geq a, W \leq b) = 1 - (F(b) + G(a)) - (H(b, b^+) + H(a^-, a) - H(a^-, b^+))$ und $Pl([a, b]) = P([V, W] \cap [a, b] \neq \phi) = 1 - P(\{V > b\} + \{W < a\}) = 1 - (F(b) + G(a))$ gilt.

Seien im Besonderen (v', w') und (v'', w'') zwei Punkte, so daß $[u', v'] \subset [u'', v'']$ und sei $H(v, w)$ durch eine uniforme Verteilung konzentriert auf die Strecke zwischen den beiden Punkten (v', w') und (v'', w'') bestimmt. Dann ist es ein leichtes nachzuprüfen, daß $Pl(x) = Pl(\{x\})$ wie in Abb. 1 dargestellt ist. Weiter gilt $Pl([a, b]) = \max \{Pl(x), x \in [a, b]\}$. In diesem speziellen Fall ist die Glaubwürdigkeit also durch die Plausibilität der Punkte im Intervall $[u'', v'']$ bestimmt. Das ist immer dann der Fall, wenn die Fokalmengen geschachtelt sind (der sog. Fall konsonanter Glaubwürdigkeit, Shafer 1976). Formal entspricht dieser Fall der sog. „possibility theory", die auf der Theorie unscharfer Mengen beruht (Dubois, Prade 1985; Shafer 1984). Die „possibility theory" erscheint also als Spezialfall der Theorie unsicherer Mengen. Allerdings wird in der Theorie unscharfer Mengen der Bezug zur Wahrscheinlichkeitstheorie meistens gerade vermieden, so daß dieser Zusammenhang rein technisch zu sehen ist.

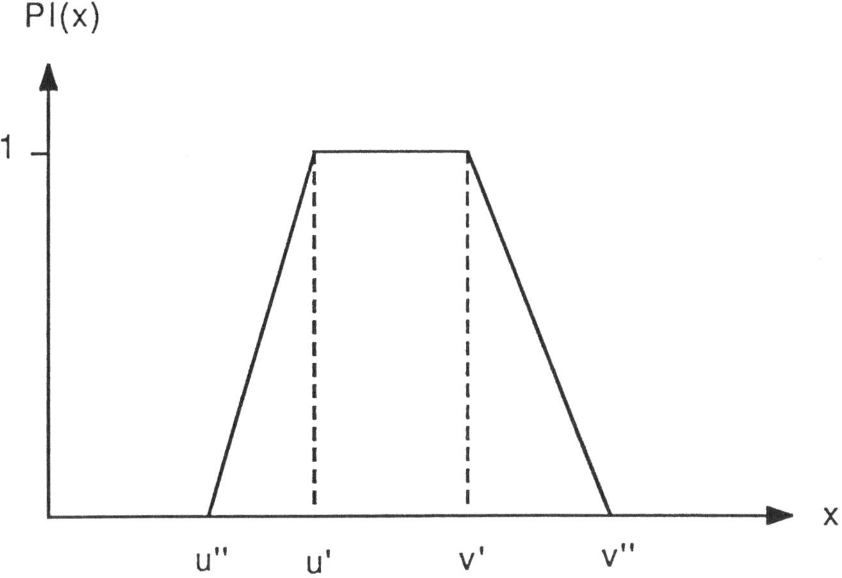

Abb. 1

4 Multidimensionale Modelle

Für die praktische Anwendung der Theorie unsicherer Mengen ist es unumgänglich, daß Struktur in den Bereich des Möglichen oder den Diskussionsrahmen Θ gebracht wird, ebenso wie in die diesbezügliche Indizien-Gesamtheit. Dazu wird eine Familie von Variablen $x_i, i \in R = \{1, 2, \ldots, r\}$ mit Wertebereichen Θ_i betrachtet. In einer qualitativ orientierten Untersuchung repräsentiert jede Variable einen bestimmten Aspekt, eine mögliche Frage zum modellierten Gegenstand und Θ_i stellt die möglichen Antworten dazu dar (siehe Shafer et al. 1986; Lowrance 1986; Kohlas 1987a). In einem quantitativen Modell stellen die Variablen bestimmte numerische Größen dar und es ist $\Theta_i = \mathbb{R}$ (Kohlas 1987b). Es ist dann $\Theta = \Pi\{\Theta_i, i \in R\}$ der Gesamtrahmen der Betrachtung.

Das Wissen, die Informationen, betreffen Indizien über die Zusammenhänge oder Relationen zwischen Gruppen von Variablen $\{X_i, i \in J \subset R\}$ oder auch die Werte von einzelnen Variablen, wenn $J = \{j\}$. Man kann $\Theta_J = \Pi\{\theta_i, i \in J \subset R\}$ jeweils als eine Vergröberung von Θ auffassen. Jedes Element $\theta' \in \Theta_J$ definiert eine Zylindermenge $\{\theta \in \Theta: \theta_i = \theta'_i$ für $i \in J\}$ in Θ und diese Zylindermengen bilden eine Zerlegung von Θ, die ebenfalls der Kürze halber mit Θ_J bezeichnet wird. Unsichere Relationen zwischen Variablen einer Gruppe J werden durch Indizien mit Fokalmengen in Θ_J definiert. Dabei ist jede Fokalmenge F eine Relation $F \subset \Theta_J$ zwischen Variablen aus der Gruppe J, die mit einer bestimmten Wahrscheinlichkeit gilt. Eine Relation zwischen einer Gruppe von Variablen beschränkt die möglichen Werte der entsprechenden Tupel. In diesem Sinn ist eine unsichere Relation eine unsichere Restriktion auf den gemeinsamen Werten der Variablen der Gruppe.

Eine unsichere Relation definiert eine Glaubwürdigkeit Bel_J auf Θ_J. Diese Glaubwürdigkeit kann ohne Schwierigkeit auf ganz Θ erweitert (verfeinert) werden: Als Fokalmengen werden einfach die Zylindermengen der Fokalmengen von Bel_J in Θ genommen. Das ist die sog. leere Erweiterung (leer, weil keine neue Information zugefügt wird).

Sei nun W eine Familie von Teilmengen von R (ohne ϕ). Dann kann eine Familie von unsicheren Relationen Bel_J, $J \in W$ betrachtet werden. Für die Wahrscheinlichkeitsstruktur zwischen diesen Indizien wird oft Unabhängigkeit vorausgesetzt. Das ist keineswegs zwingend: In manchen Fällen sind Abhängigkeiten zwischen den Indizen anzunehmen (siehe Abschnitt 2). Im folgenden wird jedoch erneut Unabhängigkeit vorausgesetzt, wenn nichts anderes gesagt wird.

Das Paar (R, W) definiert einen Hypergraph. Dieser kann durch einen Graphen mit Knotenmenge W und Bögen zwischen J, $K \in W$ genau dann, wenn $J \cap K \neq \phi$ gilt, dargestellt werden. Als besonders interessant (weil einfach) erweisen sich Modelle, bei denen dieser Relationengraph ein Baum ist (siehe dazu Abschnitt 6).

In solchen multidimensionalen Modellen können gewisse qualitative Unabhängigkeitsstrukturen diskutiert werden (unabhängig zunächst von der Unabhängigkeit oder Abhängigkeit der Indizien, Shafer et al. 1986). Wir betrachten Zerlegungen Θ_J in Θ. Zwei solche Zerlegungen Θ_J und Θ_K werden qualitativ unabhängig (q-unabhängig) genannt, wenn $J \cap K = \phi$. Allgemeiner, Zerlegungen $\Theta_{J(h)}$, $J(h) \subset R, h = 1, ..., n$, werden q-unabhängig genannt, wenn alle Mengen J(h) paarweise disjunkt sind. Die Zerlegungen $\Theta_{J(h)}$, $J(h) \subset R, h = 1, ..., n$ werden bedingt q-unabhängig gegeben Θ_K genannt, wenn die Zerlegungen $\Theta_{J(h)-K}$ q-unabhängig sind. Im Relationengraphen G zu einer Familie von unsicheren Relationen W werde eine Relation $J \in W$ fixiert. Sei $K = \cup \{I \in W, I$ benachbart zu J in G$\}$ und $H = \cup \{I \in W, I$ nicht benachbart zu J in G$\}$. Dann sind offenbar Θ_J und Θ_H bedingt q-unabhängig, gegeben Θ_K. Das heißt, gegeben $\theta \in \Theta_I$ für benachbarte Relationen I zu J, bringt die Kenntnis von $\theta \in \Theta_I$ für nicht benachbarte Relationen I zu J keinerlei weitere Informationen über $\theta \in \Theta_J$. Deswegen kann man hier von einem qualitativen Markoff-Netz sprechen. Ist G ein Baum, dann führt die Entfernung eines Knotens $K \in W$ zu einer Zerlegung des Graphen in einen oder mehrere Teilgraphen $h = 1, 2, ..., n$. Sei $J(h) = \cup \{I \in W, I$ im h-ten Teilgraph$\}$. Dann sind offensichtlich $\Theta_{J(h)}$ bedingt q-unabhängig, gegeben Θ_K. Man spricht in diesem Fall von einem qualitativen Markoff-Baum.

Die Auswertung multidimensionaler Modelle unsicherer Relationen wird im Abschnitt 6 diskutiert. Zuvor sollen zur Illustration einige konkrete Modellklassen dieser Art vorgestellt werden.

5 Weitere Beispiele

Für die Definition unsicherer Relationen zieht man oft wiederum nur einschränkend bestimmte multiplikative Klassen E_J von Teilmengen von Θ_J in Betracht. Jede solche Klasse kann ohne weiteres auf Θ erweitert werden, indem die Zylindermengen der Elemente der Klassen in Θ betrachtet werden. Es sei nun E die multiplikative Klasse in Θ, die durch die E_J, $J \in W$, erzeugt wird (d. h. die kleinste multiplikative Klasse in Θ, die alle E_J enthält). Indem man jedes Element von E auf Θ_J projeziert, erhält man eine weitere multiplikative Klasse E'_J in Θ_J. Es ist $E_J \subset E'_J$; in gewissen Fällen gilt aber $E_J = E'_J$. Wenn nicht Gleichheit gilt, dann heißt das, daß E_J zu grob ist, um die aus dem Modell ableitbare Information darzustellen; dem ist bei der Auswertung des Modelles Rechnung zu tragen.

Das folgende sind nun einige konkrete Modellklassen von besonderem Interesse:

(1) Ordnungsrelationen: Wenn die Θ_i alle gleich einer geordneten Menge O sind, dann kann man die multiplikative Klasse $E_{[ij]}$ der binären Relationen $\{\phi, (x_i < y_j), (x_i = y_j), (x_i > y_j), (x_i \leq y_j), (x_i \geq y_j), O \times O)$ betrachten. Man kann Glaubwürdigkeiten auf $\Theta_{\{ij\}}$ mit Fokalmengen in dieser Klasse definieren. Das Modell ist noch zu ergänzen mit den (sicheren) Relationen zwischen drei Variablen, die sich aus der Transitivität der Ordnungs-Beziehungen ergeben. Es ist intuitiv einleuchtend, daß in diesem Fall $E_{\{ij\}} = E'_{\{ij\}}$ ist. Diese Modelle sind interessant im Zusammenhang mit der Diskussion von Rangierungen von Entscheidungsalternativen auf Grund von paarweisen Vergleichen von Alternativen.

(2) Differenzen von Variablen: Hier wird $\Theta_i = \mathbb{R}$ vorausgesetzt. Bei der Diskussion von zeitlichen Abläufen (ähnlich wie bei der Netzplantechnik) betrachtet man gewisse Zeitpunkte x_i und hat gewisse Vorstellungen über bestimmte Zeitdauern $d_{ij} = x_i - x_j$. Man kann Glaubwürdigkeiten über diese Zeitdauern formulieren, in dem man sich z. B. darauf beschränkt, als Fokalmengen für d_{ij} Intervalle zu nehmen. $E_{\{ij\}}$ ist in diesem Fall die Klasse der Mengen $a \leq x_i - x_j \leq b$.
Diesem Modell sind die sicheren Relationen $d_{ij} + d_{jk} = d_{ik}$ beizufügen. Es ist klar, daß in diesem Fall $E_{\{ij\}} = E'_{\{ij\}}$ gilt.
Fügt man nun aber noch Glaubwürdigkeiten über die Zeitpunkte x_i selber hinzu, etwa mit Fokalmengen aus der Klasse $E_{\{i\}}$ von Intervallen $a \leq x_i \leq b$, dann gilt $E_{\{i\}} = E'_{\{i\}}$, aber nicht mehr $E_{\{ij\}} = E'_{\{ij\}}$.

(3) Lineare Relationen: Im obigen Beispiel waren alle Relationen linear. Man kann es daher verallgemeinern, indem man allgemein lineare Relationen der Form $\Sigma\{c_{ij}x_j, j \in J\} \in [a_i, b_i], i = 1, 2, \ldots, n$ über Gruppen J von Variablen betrachtet. Die Unsicherheit der Relationen betrifft nur die rechte Seite. Hier ist E_J die Klasse der Polyeder in $\mathbb{R}^{|J|}$. Da Zylindermengen von Polyedern wie auch Projektionen von Polyedern wieder Polyeder sind, gilt $E_J = E'_J$.

(4) Arithmetische Relationen: Ein praktisch wichtiger Fall sind arithmetische Relationen zwischen Gruppen J von Variablen. Dies sind meistens sichere Relationen, die aber mit unsicheren Werten der Variablen kombiniert werden. Dabei beschränkt man sich mit Vorteil auf Glaubwürdigkeiten mit Intervallen als Fokalmengen (Kohlas 1987b).

6 Kombination und Fortpflanzung von Glaubwürdigkeiten

Gegeben die unsicheren Relationen zwischen den Variablengruppen $J \in W$, müssen diese alle kombiniert werden, mit dem Ziel die kombinierte Glaubwürdigkeit der gemeinsamen Werte von bestimmten Variablengruppen K zu bestimmen (dabei geht es oft um einzelne Variablen $K = \{k\}$). Zu diesem Zweck können alle Glaubwürdigkeiten (nach der leeren Erweiterung) auf Θ kombiniert werden, $\text{Bel} = \oplus \{\text{Bel}_J, J \in W\}$. Anschließend muß die Betrachtung vergröbert werden durch Fokussierung auf Θ_K. Die Vergröberung von Bel geschieht durch die Projektion ihrer Fokalmengen auf Θ_K. Dadurch entsteht eine neue Glaubwürdigkeit, bezeichnet mit Bel/K, die natürlich weniger Information enthält als Bel.

Diese Vorgehen kann man als globale Lösung bezeichnen, weil die Kombination auf dem Gesamtrahmen, d. h. dem feinsten betrachteten Diskussionsrahmen, vorgenommen wird. Die Lösung enthält dann die größtmögliche Information und kann daher auf beliebige Θ_K vergröbert werden. Leider ist diese globale Lösung rechentechnisch unbrauchbar. Die Ausführung der Regel von Dempster auf einen umfangreichen Raum wie Θ ist viel zu aufwendig. Gesucht sind daher lokale Lösungsverfahren, bei denen die Glaubwürdigkeiten nur auf möglichst kleinen Räumen Θ_J kombiniert werden müssen.

Eine solche Lösung wurde von Shafer et al. (1986) für q-Markoff-Bäume vorgeschlagen. Die Methode beruht auf zwei grundlegenden Sätzen (Beweise in Shafer et al. 1986; siehe auch Kohlas, Monney (1988):

Satz 1: Ist Bel_1 auf Θ_J definiert und Bel_2 auf Θ_H, sind Θ_J und Θ_K bedingt q-unabhängig, gegeben Θ_K, dann gilt

$$(\text{Bel}_1 \oplus \text{Bel}_2)/K = (\text{Bel}_1/K) \oplus (\text{Bel}_2/K) \tag{4}$$

Satz 2: Ist Bel auf Θ_J definiert, sind Θ_J und Θ_H bedingt q-unabhängig, gegeben Θ_K, dann gilt

$$\text{Bel}/H = (\text{Bel}/K)/H \tag{5}$$

Sei nun $J \in W$ und der Relationengraph ein Baum, $K(h)$ die Nachbarrelation zu J im h-ten Teilgraph, der aus dem Baum nach Entfernung von J entsteht und $J(h) = \cup \{I \in W, I \text{ im h-ten Teilgraph}\}$. Sei ferner $\text{Bel}_h = \oplus \{\text{Bel}_I, I \text{ im h-ten Teilgraph}\}$ die kombinierte Glaubwürdigkeit auf $\Theta_{J(h)}$. Dann folgt aus den beiden Sätzen

$$\text{Bel}/J = \text{Bel}_J \oplus \{(\text{Bel}_h/K(h))/J, h = 1, \dots, n\}) \tag{6}$$

weil das Modell ein q-Markoff-Baum ist (siehe Abschnitt 4). (6) ist eine rekursive Formel, die die Berechnung von Bel/J mit Hilfe von lokalen Kombinationen von Glaubwürdigkeiten auf Teilräumen Θ_J von Θ allein erlaubt. Allerdings können damit nur Glaubwürdigkeiten Bel/J für $J \in W$, bzw. durch Vergröberung Bel/H für $H \subset J \in W$ berechnet werden. Dafür kann die gleichzeitige Berechnung von Bel/J für alle $J \in W$ in einem parallelen Algorithmus arrangiert werden (Shafer et al. 1986).

Ist nun der Relationengraph kein Baum, kann man durch Zusammenfassung von Relationen eventuell einen solchen daraus machen. Ausgehend von einer Familie W von Relationen, kann man einige Relationen $J_i \in W, i = 1, 2, \dots, n$

zusammenfassen, $J = \cup \{J_i, i = 1, .., n\}$. Die neue Familie W' wird gebildet, indem alle $I \in W$ mit $I \subset J$ aus W entfernt werden und dafür J hinzugefügt wird. Auf dieser neuen Gruppierung wird die Glaubwürdigkeit $Bel_J = \oplus \{Bel_I, I \in W$ und $I \subset J\}$ definiert. Wir wollen dieses neue Modell in Bezug auf das alte als umfassend bezeichnen. Durch geschicktes Zusammenfassen von Relationen kann man vielleicht zu einem umfassenden Modell kommen, dessen Relationengraph ein Baum ist. In der Tat ist das in einer trivialen Weise immer möglich; faßt man nämlich alle Relationen $J \in W$ zusammen kommt man zum trivialen Baum bestehend aus R allein.

Kohlas, Monney (1988) und Mellouli (1988) geben Verfahren an, um ausgehend von einem multidimensionalen Modell umfassende Bäume zu konstruieren. Der entstehende q-Markoff-Baum kann dann mit obigem lokalen Verfahren berechnet werden. Bel/J für $J \in W$ kann anschließend durch Vergröberung eines Bel/J', $J' \in W'$ erhalten werden. Da die Komplexität der Kombination von Glaubwürdigkeiten auf Θ_J exponential von $|J|$ abhängt, hat man ein Interesse daran, umfassende Bäume zu konstruieren, bei denen $\max \{|J|, J \in W'\}$ möglichst klein ist. Dieses Problem wird von Mellouli (1988) diskutiert; es ist keine allgemeine Lösung bekannt. Kong (1987) gibt ein weiteres, lokales Verfahren an, um allgemeine multidimensionale Modelle zu behandeln.

In bestimmten speziellen Fällen können besondere Methoden zur Lösung des Problems angegeben werden. Bei Inferenznetzen (Netzen von Propositionen, die durch unsichere Implikationen verbunden sind) kann man z. B. das Problem auf das äquivalente Problem der Berechnung der Zuverlässigkeit von Netzwerken von (zufällig ausfallenden) Argumenten zurückführen (Kohlas 1987a) und damit die Methoden der Zuverlässigkeit von Netzwerken anwenden (Kohlas 1987d).

Ein weiterer allgemeiner Ansatz besteht darin, Stichproben der Interpretationen, bzw. der Fokalmengen der unsicheren Restriktionen, zu nehmen. Mit jeder Stichprobe wird das Modell dann zu einem deterministischen Restriktionsmodell, das u. U. sehr effizient mittels Relaxationsverfahren gelöst werden kann (zu solchen Verfahren siehe Davis 1987). Die Stichproben können zufällig gewählt werden und die Ergebnisse der Rechnungen sind dann zufällige Stichproben der Fokalmengen der gesuchten Glaubwürdigkeit; ein solches Verfahren ist in Kohlas (1987b) beschrieben, wo die Intervall-Arithmetik für die Behandlung der Stichproben vorgeschlagen wird. Allerdings sind solche Monte Carlo Verfahren sehr ungenau. Erfolgversprechend kann die gezielte, heuristische Wahl der Stichproben zur Erzielung einer guten Approximation an die gesuchte Glaubwürdigkeit sein.

Diese Stichproben-Methoden sind noch wenig untersucht worden. Sie sind aber erfolgversprechend. Insbesondere bilden sie geeignete Ausgangspunkte für die Entwicklung von approximativen und heuristischen Verfahren der Kombination von unsicherem Wissen. Leitgedanken sind dabei z. B. die Konzentration auf die wichtigsten Argumente, d. h. auf die wahrscheinlichsten Interpretationen der Indizen, und auf die naheliegensten Argumente, d. h. auf die Relationen, die im Relationengraphen nicht zu weit weg von den zu untersuchenden Variablen liegen. Diese intuitiven Ideen sind allerdings noch zu formalisieren und auf ihre Eignung hin zu prüfen.

7 Schlußbemerkung

Die hier skizzierte Theorie erweitert unser Instrumentarium zum Umgang mit Ungewißheit. Sie ist nicht ein Ersatz für die Wahrscheinlichkeitstheorie, sondern eine neue Anwendung derselben. Die Entwicklung dieses Ansatzes steht erst ganz am Anfang. Die Anwendung der Theorie auf Entscheidungsprobleme ist praktisch noch überhaupt nicht in Betracht gezogen worden (eine Ausnahme allerdings: Jaffray 1988). Es eröffnet sich hier ein neues Forschungsfeld, das die Vitalität des Operations Research belegt.

Literatur

Davis E (1987) Constraint propagation with interval labels. Artificial Intelligence 32:281–331

De Finetti B (1970) Theory of probability. Wiley, New York

Dempster AP (1967) Upper and lower probabilities induced by a multivalued mapping. Ann of Math Stat 38:325–339

Dempster AP (1968) Upper and lower probabilities generated by a random closed interval. Ann of Math Stat 39:957–966

Dubois D, Prade H (1985) Théorie des possibilités. Applications à la représentation des conaissances en informatique. Masson, Paris

Jaffray JY (1988) Application of linear utility theory for belief functions. In: Bouchon B, Saitta L, Yager RR (eds) Uncertainty and intelligent systems. Springer, Berlin, S 1–8

Kohlas J (1987a) Conditional belief structures. Institut für Automation und Operations Research, Universität Fribourg, No. 131. Erscheint in Probability in Engineering and Information Science

Kohlas J (1987b) Modelling uncertainty with belief functions in numerical models. Institut für Automation und Operations Research, Universität Fribourg, No. 141. Erscheint in European Journal of OR

Kohlas J (1987c) The logic of uncertainty. Potential and limits of probability theory for managing uncertainty in expert systems. Institut für Automation und Operations Research, Universität Fribourg, No. 142, und Chorafas N, Rowe AJ (ed) Proceedings of the Second International Symposium on Artificial Intelligence and Expert Systems, Berlin, June 21–22, 1988, pp 63–112

Kohlas J (1987d) Zuverlässigkeit und Verfügbarkeit. Mathematische Modelle, Methoden und Algorithmen. Teubner, Stuttgart

Kohlas J, Monney PA (1988) Propagating information and belief in a network of linked variables. Institut für Automation und Operations Research, Universität Fribourg, No. 151

Kong A (1986) Multivariate belief functions and graphical models. Doctoral dissertation, Dept. of Statistics, Harvard University

Lowrance JD (1986) Automating argument construction. AI Center, SRI International, Menlo Park, Ca 94025

Mellouli (1988) Doctoral dissertation. School of Business, The University of Kansas, Lawrence

Savage LJ (1972) The foundation of statistics. Dover, New York

Shafer G (1976) A mathematical theory of evidence. Princeton University Press

Shafer G (1979) Allocations of probability. The Ann of Prob 7:827–839

Shafer G (1984) Belief functions and possibility measures. Working Paper No. 163, School of Business, The University of Kansas, Lawrence

Shafer G, Shenoy PP, Mellouli K (1986) Propaganting belief functions in qualitative Markov chains. Working Paper No. 186, School of Business, The University of Kansas, Lawrence

Smets Ph (1988) Belief functions. In: Smets Ph, Mamdani A, Dubois D, Prade H (ed) Non standard logics for automated reasoning. Academic Press, London, pp 253–286

O.R. and M.S. Revisited in the Case of Uncertain and Subjective Data

A. Kaufmann

Summary

Everybody who is confronted with modeling of micro or macro economical systems knows that classical deterministic or probabilistic data are more and more difficult to obtain. The environment changes too rapidly to obtain past data for the future, even the near future. In this case, expert advices, personal opinions, simulations with computers, various investigations and so on can be acceptable. But this kind of data are, in their nature, uncertain and subjective. Of course, objective data are ideal and when measurement is possible it should be done. But for lack of such ideal informations, other less reliable informations, must be used.

When uncertain and subjective data must be introduced in economic models, other approaches than deterministic models are convenient: intervals of confidence, fuzzy subsets, probabilistic subsets, expertons, etc. The concept of possibility will take the place of the usual and stronger concept of probability. This paper will show how to specify and use these novel concepts in O.R. and M.S. modeling.

1 Intervals of Confidence

Suppose the exact value of a numerical information is not well known but a lower and a upper bound can be correctly estimated. The information $[a_1, a_2]$ where a_1 is the lower bound and a_2 is the upper bound is an "interval of confidence" of the unknown information.

This mathematical concept is very simple to use and its algebra is near to algebra of ordinary numbers. We shall start to recall this algebra of interval of confidence.

With $a_1, a_2, b_1, b_2 \in R$

$$[a_1, a_2] (+) [b_1, b_2] = [a_1 + b_1, a_2 + b_2] \tag{1.1}$$

$$[a_1, a_2] (-) [b_1, b_2] = [a_1 - b_2, a_2 - b_1] \tag{1.2}$$

(ordinary difference)

P. Kall et al. (Hrsg.) Quantitative
Methoden in den Wirtschaftswissenschaften
© Springer-Verlag Berlin Heidelberg 1989

$$[a_1, a_2] \,(\overline{m})\, [b_1, b_2] = [a_1 - b_1, a_2 - b_2] \tag{1.3}$$

(Minkowski difference for equations. Conditions: $a_1 - b_1 \leq a_2 - b_2$)

$$[a_1, a_2] \,(\cdot)\, [b_1, b_2] = [\mathrm{MIN}\, (a_1 \cdot b_1, a_1 \cdot b_2, a_2 \cdot b_1, a_2 \cdot b_2),$$
$$\mathrm{MAX}\, (a_1 \cdot b_1, a_1 \cdot b_2, a_2 \cdot b_1, a_2 \cdot b_2)] \tag{1.4}$$

$$[a_1, a_2] \overset{-1}{=} [\mathrm{MIN}\, (1/a_1, 1/a_2), \mathrm{MAX}\, (1/a_1, 1/a_2)] \tag{1.5}$$

$$[a_1, a_2] \,(:)\, [b_1, b_2] = [\mathrm{MIN}\, a_1/b_1, a_1/b_2, a_2/b_1, a_2/b_2),$$
$$\mathrm{MAX}\, a_1/b_1, a_1/b_2, a_2/b_1, a_2/b_2)] \tag{1.6}$$

$$[a_1, a_2] \,(\wedge)\, [b_1, b_2] = [a_1 \wedge b_1, a_2 \wedge b_2] \tag{1.7}$$

$(\wedge)$ means minimization,

$$[a_1, a_2] \,(\vee)\, [b_1, b_2] = [a_1 \vee b_1, a_2 \vee b_2] \tag{1.8}$$

$(\vee)$ means maximization.

Operation of intervals of confidence are commutative, associative, idempotent, distributive for $(\wedge)$ and $(\vee)$ and for the other operators the reader will find easily the peculiar properties.

A little bit more sophisticated are "triplets of confidence". A triplet of confidence is defined by 3 numbers (a_1, a_2, a_3). a_1 is the lower bound, a_2 is the maximum of presumption and a_3 is the upper bound. Of course $a_1 \leq a_2 \leq a_3$. Let us define the main operations on $\mathbf{R}^+$:

$$(a_1, a_2, a_3) \,(+)\, (b_1, b_2, b_3) = (a_1 + b_1, a_2 + b_2, a_3 + b_3), \tag{1.9}$$

$$(a_1, a_2, a_3) \,(-)\, (b_1, b_2, b_3) = (a_1 - b_3, a_2 - b_2, a_3 - b_1), \tag{1.10}$$

$$(a_1, a_2, a_3) \,(\overline{m})\, (b_1, b_2, b_3) = (a_1 - b_1, a_2 - b_2, a_3 - b_3),$$
$$0 \leq a_1 - b_1 \leq a_2 - b_2 \leq a_3 \leq b_3 \tag{1.11}$$

$$(a_1, a_2, a_3) \overset{-1}{=} (1/a_3, 1/a_2, 1/a_1), \tag{1.12}$$

$$(a_1, a_2, a_3) \,(:)\, (b_1, b_2, b_3) = (a_1/b_3, a_2/b_2, a_3/b_1) \tag{1.13}$$

$$(a_1, a_2, a_3) \,(\wedge)\, (b_1, b_2, b_3) = (a_1 \wedge b_1, a_2 \wedge b_2, a_3 \wedge b_3) \tag{1.14}$$

$$(a_1, a_2, a_3) \,(\vee)\, (b_1, b_2, b_3) = (a_1 \vee b_1, a_2 \vee b_2, a_3 \vee b_3) \tag{1.15}$$

In R some result are more complicated to present but the reader will establish that with not too much difficulties.

Let us see an application in a very well known concept.

A C.P.M. or P.E.R.T. is usually used with data which are deterministic or probabilistic. In real problems however, these data are more often uncertain and given subjectively by expertise, experience and technical analogy. To show how to use, for instance, triplet of confidence the following P.E.R.T. network will be analyzed through this conception.

First it is necessary to be able to compare two triplets of confidence. We shall consider two cases:

(1) One triplet dominates the others, that is to say:

$$a_1 > b_1, a_2 > b_2, a_3 > b_3 \qquad\qquad (1.16)$$

Where at most one inequality is strict. In this case:

$$(a_1, a_2, a_3) \text{ is chosen.} \qquad\qquad (1.17)$$

(2) There is no domination. In this case each triplet is replaced by its nearest ordinary numbers:

$$\hat{a} = (a_1 + 2a_2 + a_3)/4 \quad \text{for } (a_1, a_2, a_3), \qquad\qquad (1.18)$$

$$\hat{b} = (b_1 + 2b_2 + b_3)/4 \quad \text{for } (b_1, b_2, b_3). \qquad\qquad (1.19)$$

If $\hat{a} > \hat{b}$ (a_1, a_2, a_3) is chosen.

In the case of $\hat{a} = \hat{b}$ a third criterion is given freely by the analyst (for instance, the maximum of presumption).

Why do not use directly anywhere the nearest ordinary number? The answer is clear, an uncertain number like an interval or a triplet of confidence is in possession of an "entropy" and this entropy must be eliminated the latest possible. And, an other point, at the end of the optimization process the result must have the same mathematical structure as the data. Of course, because criterion (1.17) is sometime needed, the optimization process is not rigorous but approximate. But this is sufficient for a problem with uncertain data.

In Fig. 1.1 we show a very simple P.E.R.T. network with triplets of confidence like data.

In B, C et D we put the triplets of links AB, AC et AD. In E, we must compare. In a part, we have $(3, 4, 7) (+) (5, 8, 13) = (8, 12, 20)$, in the other part $(4, 7, 9) (+) (1, 8, 10) = (5, 15, 19)$; there is not a domination, we shall use the nearest ordinary numbers $= (8, 12, 20) \rightarrow 13, (5, 15, 19) \rightarrow 13.5$. We choose $(5, 15, 19)$. In F, we put $(3, 6, 11)$. In G, we compare $(3, 4, 7) (+) (3, 3, 3) = (6, 7, 10), (4, 7, 9) (+) (4, 6, 8) = (8, 13, 17), (3, 6, 11) (+) (2, 8, 10) = (5, 14, 21)$. $(6, 7, 10)$ is dominated, we compare the two others: $(8, 13, 17) \rightarrow 12.75, (5, 14, 21) \rightarrow 13.5$. We choose $(5, 14, 21)$. In H, we compare $(4, 7, 9) (+) (5, 7, 11) = (9, 14, 20), (3, 6, 11) (+) (4, 7, 13) = (7, 13, 24), (2, 2, 6) (+) (2, 6, 8) = (4, 8, 14)$. $(4, 8, 14)$ is dominated. $(9, 14, 20) \rightarrow 14.25, (7, 13, 24) \rightarrow 14.25$. The supplementary criterion will be the most likely value, we choose

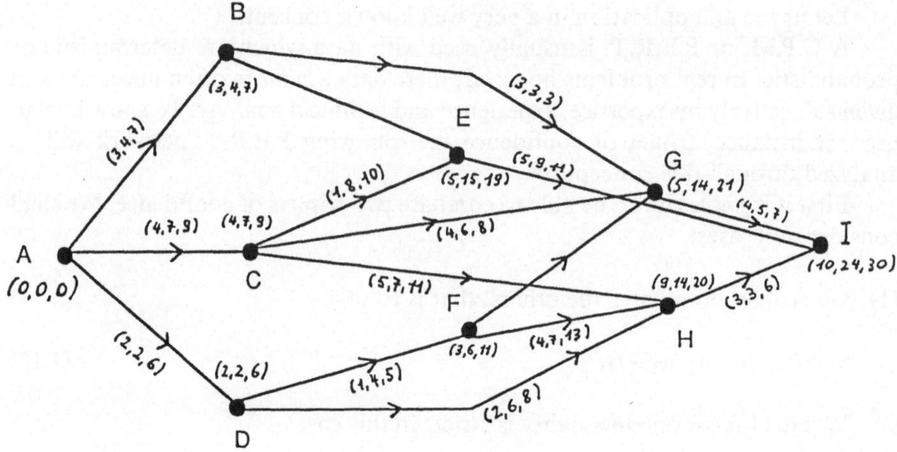

Fig. 1.1

$(9, 14, 20)$. In I, we compare: $(5, 14, 21)$ $(+)$ $(4, 5, 7) = (9, 19, 28)$, $(5, 15, 19)$ $(+)$ $(5, 9, 11) = (10, 24, 30)$, $(9, 14, 20)$ $(+)$ $(3, 3, 6) = (12, 17, 26)$. $(9, 19, 28)$ is dominated. $(10, 24, 30) \rightarrow 22$, $(12, 17, 26) \rightarrow 18$. We choose $(10, 24, 30)$. This is the triplet giving the latest event with its uncertainty. The critical path will be found computing backward in such a way to find the difference type (1.3). The critical path is ACEI. The float or slack of events out of the critical path will be obtained, as usual, using also difference type (1.3).

This method can be extended in different ways. We discuss here only a simple example to explain shortly how to use concepts of confidence.

2 Fuzzy Subsets

It is known from the classical theory of sets that a subset is defined by its characteristic function or membership function $\mu_A(x) = 1$ if x belongs to A and $\mu_A(x) = 0$ if x does not belong to A where A is a subset of E, the referential set.

A novel door has been opened in 1965 when the American mathematician and specialist of system theorie L. A. Zadeh from the University of California at Berkeley introduced the concept of "fuzzy set". It should be noticed that several decades before some other mathematicians had established some neighboring concepts with the multivalent logics. But the effective extension of the mathematical thinking in the direction of fuzziness is a proper idea of Zadeh.

To understand immediately this extension it is sufficient to explain that a characteristic function of a subset instead to belong to $\{0, 1\}$, belongs to the segment $[0, 1]$. This means that vagueness is accepted. And because the natural thinking in our brain is more fuzzy than formal, this extension is welcome for everybody who is concerned with any kind of human sciences; particularly with

Operations Research, Psychology, Sociology and others sciences where it is not possible to measure everything.

Let us present some elementary examples. Let us consider a referential set E.

$$E = \{a, b, c, d, e, f, g\}. \tag{2.1}$$

An ordinary subset is such:

	a	b	c	d	e	f	g
A =	1	0	0	1	1	0	1

$$= \{a, d, e, g\}$$

A fuzzy subset:

	a	b	c	d	e	f	g
B =	0.53	0.80	0	1	0.18	0.77	0.20

The membership function belongs to [0, 1].

The boolean algebra which is the theoretical basis of membership functions for ordinary subsets is still available for fuzzy subsets except for two properties:

$$A \cap \bar{A} \neq \varnothing \quad \text{third part not excluded} \tag{2.4}$$

$$A \cup \bar{A} \neq E \quad \text{fuzzy contradiction} \tag{2.5}$$

Figure 2.1 shows a fuzzy subset of R. Figure 2.2 shows also a fuzzy subset but this one is convex and normal; (MAX $\mu(x) = 1$) and is called a "fuzzy number".

A fuzzy relation is a fuzzy subset of a product space like $E_1 \times E_2$ or $E_1 \times E_2 \times E_3, \ldots$. Such relations are very important in the construction of models in Operations Research and other domains of human science. In the special case when G is a fuzzy subset of $E \times E$, the fuzzy relation is called "fuzzy graph". The theory of fuzzy relations and fuzzy graphs generalizes the corresponding theories

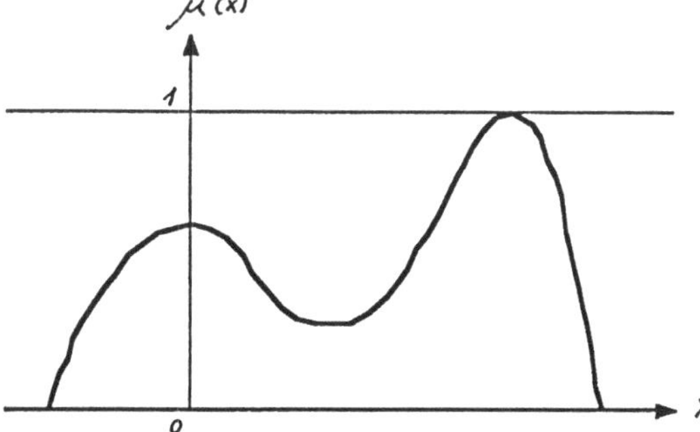

Fig. 2.1

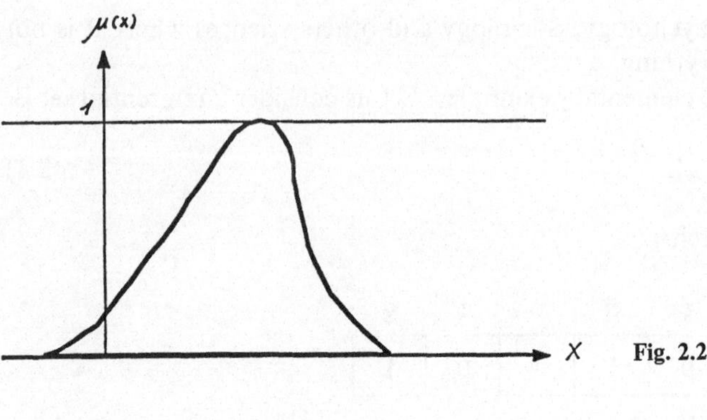

	a	b	c	d	e
a	.8	1	0	0	.4
b	.5	1	.6	.3	1
c	.2	.1	.1	.5	.9
d	0	.4	.6	1	.3
e	.7	.7	.2	0	.6

Fig. 2.3

in ordinary sets. The Fig. 2.3 a fuzzy relation or fuzzy graph is shown. Every important property defined in set theory about relations and graphs are valid in this extension.

In Operations Research models constructed with various types or relations have corresponding structures with fuzzy data. But some structures which have a very modest interest with formal data can be very useful if fuzziness is considered. This is the case, for instance, with "resemblance relations". A resemblance relation in $E \times E$ is reflexive, symmetric but not necessarily transitive. It is a good model for comparison of properties, locations, behaviour, etc. Using the concept of distance between fuzzy subsets from the same referential, a resemblance relation is obtained and several ways are available for comparison, optimization and specification.

The use of fuzzy numbers is also a good tool in Operations Research. A special class of fuzzy numbers called "triangular fuzzy numbers" is specially easy to use. Figure 2.4 shows a "triangular fuzzy number" (T.F.N.). It can be considered as an extension of triplets of confidence specified in paragraph 1. Here the membership function is taken into account. A T.F.N. is obtained when an embodiment of intervals of confidence is realized.

$$A_\alpha = [a_{1\alpha}, a_{2\alpha}] \tag{2.6}$$

with:

$$(\alpha > \alpha') \Rightarrow ([a_{1\alpha}, a_{2\alpha}] \leq [a_{1\alpha'}, a_{2\alpha'}]) \tag{2.7}$$

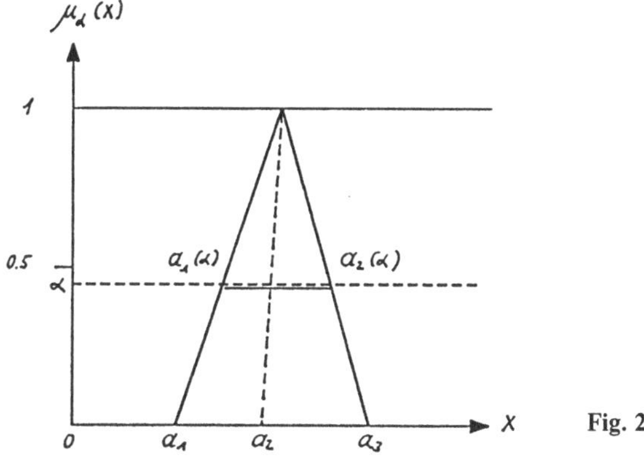

Fig. 2.4

A fuzzy number is also defined by its membership function:

$$\mu_A(x) = 0 \qquad\qquad\qquad x \leq a_1 \qquad\qquad (2.8)$$
$$= (x - a_1)/(a_2 - a_1), \qquad a_1 \leq x \leq a_2,$$
$$= (a_3 - x)/(a_3 - a_2), \qquad a_2 \leq x \leq a_3,$$
$$= 0 \qquad\qquad\qquad\qquad x \geq a_3$$

The arithmetics of T.F.N. is very convenient in Operations Research problems when estimation of uncertainty can be described by levels such as α in Fig. 2.4.

The author has modellized with T.F.N. a lot of problems such as forecasting, linear programming, investments, zero base budgeting, inventory, maintenance, reliability.

3 Probabilities and Possibilities

Hazard and uncertainty are two different concepts. Hazard underlies the laws of probability; uncertainty is concerned with an other situation, statistical measurements are not possible. The mathematical tools are different.

A law of probability on a referential E is given by:

$$pr(x) \in [, 1], \quad x \in A \subset E \text{ finite} \qquad\qquad (3.1)$$

$$\sum_{x \in A} pr(x) = 1 \qquad\qquad (3.2)$$

For the case of uncertainty, a corresponding concept can be used:

$$poss(x) \in [0, 1], \quad x \in A \subset E,$$

$$\bigvee_x poss(x) = 1 \text{ where V means "maximum"} \qquad\qquad (3.3)$$

Now let us suppose we have the following subset A and a given probability law on the referential E:

$$A = \begin{array}{|c|c|c|c|c|c|} \hline a & b & c & d & e & f \\ \hline 1 & 0 & 0 & 1 & 1 & 0 \\ \hline \end{array} \tag{3.5}$$

$$pr\,(x) = \begin{array}{|c|c|c|c|c|c|} \hline a & b & c & d & e & f \\ \hline 0.2 & 0.1 & 0.3 & 0.1 & 0.1 & 0.2 \\ \hline \end{array} \tag{3.6}$$

then:

$$pr\,(A) = (0.2)\,(1) + (0.1)\,(1) + (0.1)\,(1) = 0.4. \tag{3.7}$$

Let us suppose we have the following fuzzy subset B and a given possibility law on the same referential E:

$$B = \begin{array}{|c|c|c|c|c|c|} \hline a & b & c & d & e & f \\ \hline 0.3 & 0.2 & 1 & 0.3 & 0 & 0.8 \\ \hline \end{array} \tag{3.8}$$

$$poss\,(x) = \begin{array}{|c|c|c|c|c|c|} \hline a & b & c & d & e & f \\ \hline 0.6 & 0.8 & 0.1 & 1 & 0.2 & 0 \\ \hline \end{array} \tag{3.9}$$

then:

$$\begin{aligned}
poss\,(B) &= (0.6 \wedge 0.3) \vee (0.8 \wedge 0.2) \vee (0.1 \wedge 1) \vee (1 \wedge 0.3) \\
&\quad \vee (0.2 \wedge 0) \vee (0 \wedge 0.8) \\
&= 0.3 \vee 0.2 \vee 1 \vee 0.3 \vee 0 \vee 0 \\
&= 0.3.
\end{aligned} \tag{3.10}$$

The mathematical expectancy is given by:

$$pr\,(A) = \sum_{x} \mu_A(x) \cdot pr\,(x) \tag{3.11}$$

and the possibility by:

$$poss\,(B) = \bigvee_{x} (\mu_B(x) \wedge \mu_H(x)) \tag{3.12}$$

Where **H** is the possibility law ((3.9) is an example).

We see in (3.11) and (3.12) that in probability theory sum-product is used whereas max-min is used in possibility theory (fuzzy subsets).

An other very important point: A mistake is very frequent in simulation: the use of a law of equiprobability in uncertainty (Laplace, hypothesis). The interval of confidence $[a_1, a_2]$ is a concept of uncertainty whereas the uniformdensity:

$$f(x) = 0, \qquad x < a_1$$
$$= \frac{1}{a_2 - a_1}, \quad a_1 \leq x \leq a_2,$$
$$= 0 \qquad\qquad x > a_2 \tag{3.13}$$

describes equiprobability.

The convolution of $[a_1, a_2]$ and $[a_1, a_2]$ gives $[2a_1, 2a_2]$. The convolution of (3.13) by itself gives a triangular shape and repeated again and again gives a Gauss law. In uncertainty $[a_1, a_2]$ will become $[na_1, na_2]$ after n convolutions (addition).

Probability and possibility are therefore different concepts. Probability deals with objectivity (measure), possibility with subjectivity (judgement).

Besides, an other point.

The main axiom from the Borel-Kolmogorov axiomatic system for probability is the additivity:

$$(A \cap B = \varnothing) \Rightarrow \mathrm{pr}\,(A \cup B) = \mathrm{pr}\,(A) + \mathrm{pr}\,(B) \tag{3.14}$$

With fuzzy sets and valuations, the corresponding property is the monotonicity:

$$(A \subset B) \Rightarrow (v(A) \leq v(B)) \tag{3.15}$$

Where v is a valuation – (3.14) imply (3.15) but not the inverse.

The operations researcher will use probability theory when measurement is available and fuzzy set theory and valuation without acceptable measurement.

But, even if the two concepts are completely different they can be associated in various cases.

4 With Several Experts – The Theory of Expertons

Since more than a decade Operations Research models have performed various evolutions. Especially because computers are used in a semi-permanent man – machine dialog. Programs became adaptive. Management methods are strongly associated with the power of computers. In fact, an efficient modern management can't be imagined without an informatic network inside and outside the factory or the administration. Not only measurable informations are introduced in the data bank but also subjective data from experts. Step by step, Operations Research incorporated what everyone calls "experts systems" which are, in fact, the application of logic and data banks to the extraction of knowledge. The fundamental part of the program is the inference engine where logical properties are exploited in order to find a degree of truth for a complex conclusion.

Because expertise is a subjective estimation of a personal ability it is often required to dispose of several experts and the aggregation of expert opinions becomes then a central problem.

A novel concept coming from an association of fuzzy theory and statistics is now an efficient procedure in system expert models. The fundamental ideas behind this new concept will be introduced by an example.

Suppose you require to 12 experts to give a level of truth from 0 (false) to 1 (true) concerning a proposal like: sales will be very good in this market, the reliability of the component is now very good, this strategy is dangerous. Questions can be precise or vague. Each expert is asked to give a level of truth not only using a number which belongs to [0, 1] but for more freedom to give an interval of confidence in [0, 1] for instance [0.2, 0.4]. Now, let us suppose these 12 experts are inquired in this way and a special code for the degree of truth and the semantic is given:

$$
\begin{aligned}
&0: &&\text{false} \\
&0.1: &&\text{quasi false} \\
&0.2: &&\text{almost false} \\
&0.3: &&\text{false enough} \\
&0.4: &&\text{more false than true} \\
&0.5: &&\text{nor false nor true} \\
&0.6: &&\text{more true than false} \\
&0.7: &&\text{true enough} \\
&0.8: &&\text{almost true} \\
&0.9: &&\text{quasi true} \\
&1: &&\text{true}
\end{aligned}
\tag{4.1}
$$

Intervals of confidence with this code can be used. For example:

[more true than false, almost true] = [0.6, 0.8]

[0, 1] means "I have not an opinion".

Now, returning to the 12 experts, their opinion is asked using the code above. The following small tableau gives the result of the inquiry.

Expert				(4.2)
1	[.3,	.5]		
2	[.8,	1]		
3	[.2,	.3]		
4	.6			
5	1			
6	[0,	.4]		
7	[0,	1]		
8	[.9,	1]		
10	[.3	.4]		
11	0			
12	.7			

A statistic can be derived from this sample of 12 experts.

Level of true

	lower bound	upper bound
0	3	1
.1		
.2	1	
.3	2	1
.4		2
.5		1
.6	1	1
.7	1	1
.8	2	
.9	1	
1	1	5

(4.3)

From this statistic, a probability law for lower bound and upper bound can be established.

0	.250	.083
.1		
.2	.083	
.3	.166	.083
.4		.166
.5		.083
.6	.083	.083
.7	.083	.083
.8	.166	
.9	.083	
1	.083	.416

(4.4)

Now for the left and for the right side, the cumulative complementary law of probability can be computed (start from level 1).

$A = $

0	1	1
.1	.750	.916
.2	.750	.916
.3	.666	.916
.4	.500	.833
.5	.500	.666
.6	.500	.583
.7	.416	.500
.8	.333	.416
.9	.166	.416
1	.083	.416

(4.5)

This mathematical expression is an "experton" noted **A**. Recall that the structure of an experton is the same as that for fuzzy subsets and intervals of confidence (distributive lattice). So we can do with expertons what we are able to do with fuzzy subsets. Each model using fuzzy subsets instead of ordinary subsets can be extended to expertons. All the infinite class of operations used with fuzzy sets can be use with expertons (for instance T-norms, T-conorms, inferences). The algebra is the same.

Expertons preserve the peculiar distribution of opinions of experts, from the beginning to the end of all computations which are needed for the model. The number of experts is free, of course a large number is better than a small one for the sample of opinions. Above we presented an experton singleton, but these considerations are extended to every kind of subset of a finite or infinite referential.

How are experton to be exploited for decision? The answer is clear: take the mathematical expectancy at the left and at the right hand side from the experton. To obtain this expectancy, add the cumulative probabilities at the left (resp at the right) except for the level 0 and divide the sum by 10. In this way, it follows from (4.5):

$$E(\mathbf{A}) = [0.466, 0.658] \tag{4.6}$$

The mean gives $\dfrac{0.466 + 0.658}{2} = 0.562$, rather true than false. $\tag{4.7}$

Let us show same simple examples of operations with expertons.

$$\mathbf{A} = \tag{4.8}$$

level		
0		1
.1		1
.2	.8	1
.3	.8	.9
.4	.7	.7
.5	.7	.7
.6	.5	.6
.7	.4	.5
.8	.3	.3
.9	0	.1
1	0	.1

$$\mathbf{B} = \tag{4.9}$$

level		
0		1
.1		1
.2		1
.3		1
.4	.8	.9
.5	.7	.7
.6	.5	7
.7	.3	.3
.8	.3	.3
.9	.2	.3
1	.2	.2

$$C = \begin{array}{c|cc}
0 & \multicolumn{2}{c}{1} \\
.1 & .5 & .6 \\
.2 & .1 & .5 \\
.3 & .4 & .5 \\
.4 & \multicolumn{2}{c}{.4} \\
.5 & \multicolumn{2}{c}{.4} \\
.6 & \multicolumn{2}{c}{.4} \\
.7 & \multicolumn{2}{c}{.4} \\
.8 & \multicolumn{2}{c}{.4} \\
.9 & .3 & .4 \\
1 & \multicolumn{2}{c}{0}
\end{array}$$

(4.10)

To begin with compute the complementary A

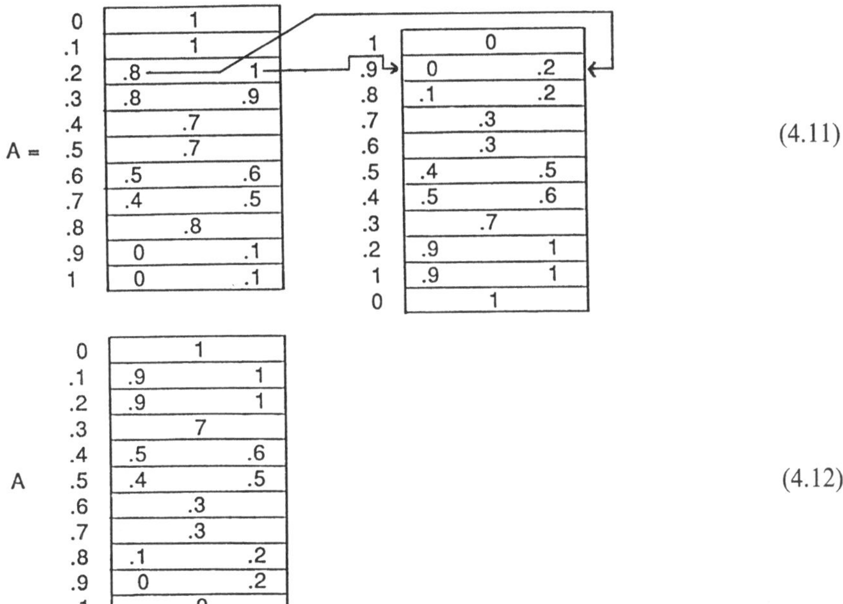

(4.11)

(4.12)

This scheme explains clearly the process.

The following is an example of computation with expertons:

(4.13)

Level after level, intervals of confidence are computed. For all T-norms, T-conorms, monotonic inferences, the monotonicity is preserved. Everything you can do with fuzzy subsets you can do with expertons.

A especially interesting case of experton is a $\emptyset$-fuzzy subset:

	a	b	c	d	(4.14)
0	1	1	1	1	
.1	1	0	1	1	
.2	1	0	1	1	
.3	0 1	0	1	1	
.4	0 1	0	1	1	
.5	0 1	0	0 1	1	
.6	0	0	0 1	1	
.7	0	0	0 1	1	
.8	0	0	0 1	1	
.9	0	0	0	1	
1	0	0	0	1	

$$A = \begin{array}{|c c|c|c c|c|} \hline .2 & .5 & 0 & .4 & 8 & 1 \\ \hline \end{array}$$

An other peculiar case is the probabilistic subset

	a	b	c	d	(4.15)
0	1	1	1	1	
.1	1	1	1	1	
.2	.7	1	.5	1	
.3	.6	1	0	1	
.4	.3	.8	0	.9	$A =$
.5	.2	.8	0	.2	
.6	.1	.8	0	.4	
.7	0	.3	0	.3	
.8	0	.3	0	.2	
.9	0	.1	0	.1	
1	0	.1	0	.1	

A fuzzy subset is of course an experton:

	a	b	c	d	(4.16)
0	1	1	1	1	
.1	1	1	0	1	
.2	1	1	0	1	
.3	1	1	0	1	
.4	1	1	0	1	
.5	0	1	0	1	
.6	0	1	0	0	
.7	0	1	0	0	
.8	0	1	0	0	
.9	0	1	0	0	
1	0	0	0	0	

$$A = \qquad 0.4 \qquad\qquad 0.9 \qquad\qquad 0 \qquad\qquad 0.5$$

The reader will see himself that an ordinary subset is also an experton. The concept of experton include all concepts used in extensions of set theory.

5 Short Conclusion

In this paper we intended to show some novel concepts which are very useful for the operation researcher in an uncertain environment. But it is a too short sample. Many new tools for this purpose have been established and each month novel tools are discovered. Human sciences will be improved following the needs of society.

References

A very short sample for O.R. and M.S. from the author of this article.

1. Kaufmann A: Introduction to the theory of fuzzy subsets. Academic Press
2. Kaufmann A, Gupta MM: Fuzzy arithmetic. Van Nostrand–Rheinhold
3. Kaufmann A, Gupta MM: Fuzzy mathematical models in engineering and management science. North-Holland
4. Kaufmann A, Aluja Gil J: Introduccion de la teoria de los subconjuntos borsosos a la gestion de las empresas. Milladoiro, Spain
5. Kaufmann A, Aluja Gil J: Tecnicas operativas de gestion pasa el tratamiento de la incertidumbre. Hispano-Europa, Spain
6. Kaufmann A: Nouvelles logiques pour l'intelligence artificielle. Hermes, Paris
7. Kaufmann A: Logiques humaines et logiques artificielles. Hermes, Paris
8. Kaufmann A: Le paramètrage des moteurs d'infèrence. Hermes, Paris
9. Kaufmann A: Les expertons. Hermes, Paris
10. Kaufmann A: Introduction à la thèorie des sous-ensembles flous, 4 volumes. Masson, Paris

From 1965, more than 9,000 papers, books, thesis, have been published on the theory of fuzzy subsets. Especially more than 100 books by various authors all over the world. And it is only the beginning!

I dedicate this paper to my friend Professor Hans-Paul Kunzi in memory of some very exiting discussions and to celebrate his 65th birthday.

IV Mathematische Modelle in der Volkswirtschaftslehre

Mathematische Modelle als Hilfsmittel für die Wirtschaftspolitik

W. Krelle und H. Sarrazin

1 Einleitung. Problemstellung

Dem ersten Autor seien einige persönliche Vorbemerkungen gestattet.

Hans Paul Künzis Verdienste um die Weiterentwicklung der mathematischen Optimierungsverfahren und um die Einführung des Operations Research in der Schweiz sind wohlbekannt und werden durch andere Beiträge in dieser Festschrift gewürdigt. Wir haben zusammen Bücher über lineare und nichtlineare Programmierung verfaßt, die ins Englische, Französische und Russische übersetzt worden sind. Es ist mir eine Freude, ihm für langjährige persönliche Freundschaft und wissenschaftliche Zusammenarbeit durch diesen Beitrag zu seiner Festschrift danken zu dürfen. Ich möchte das tun, indem ich an eine weniger bekannte Aktivität von Hans Paul Künzi anknüpfe: die Erstellung von Entscheidungsmodellen für staatliche Aktivitäten.

Hans Paul Künzi ist nämlich auch einer der Pioniere der Anwendung mathematischer Methoden als Entscheidungshilfe staatlicher Stellen. In seinem Artikel „Mathematische Programmierung in wirtschaftlicher und militärischer Sicht", Industrielle Organisation 28 (1959), scheint etwas davon durch. Leider sind die eigentlichen Ansätze und Rechnungen in aller Regel nicht zur Veröffentlichung bestimmt und bleiben daher der wissenschaftlichen Öffentlichkeit unbekannt. Ich möchte nun hier über einige Arbeiten ähnlichen Charakters berichten, die von verschiedenen Arbeitsgruppen unter meiner Leitung am Institut für Gesellschafts- und Wirtschaftswissenschaften der Universität Bonn für verschiedene Bundesministerien ausgeführt wurden und die Entscheidungshilfen in Form ökonometrischer Modelle für bestimmte Teilbereiche staatlicher Aktivitäten bereitstellen. Auch diese Arbeiten sind und werden (mit einer Ausnahme) nicht veröffentlicht. Ich bitte daher um Verständnis, daß hier auch nur in sehr allgemeiner Form darüber berichtet werden kann. Es handelt sich dabei um drei Projekte:

1. die Erstellung eines gesamtwirtschaftlichen ökonometrischen Prognose- und Simulationsmodells mit disaggregierter Sozialversicherung im Auftrag des Bundesministeriums für Arbeit und Sozialordnung,
2. die Schätzung der gesamtwirtschaftlichen Auswirkungen alternativer Bemessungsgrundlagen für die Arbeitgeberbeiträge zur Sozialversicherung, im Auftrag des gleichen Ministeriums, und
3. die Erstellung eines ökonometrischen Prognose- und Simulationsmodells zur Erfassung der Wechselbeziehungen zwischen den ökonomischen Aktivitäten

P. Kall et al. (Hrsg.) Quantitative
Methoden in den Wirtschaftswissenschaften
© Springer-Verlag Berlin Heidelberg 1989

der Deutschen Bundespost und der gesamtwirtschaftlichen Entwicklung, im Auftrag des Bundesministeriums für das Post- und Fernmeldewesen.

Diese Modelle wurden am Institut in Zusammenarbeit mit den zuständigen Stellen in den betreffenden Ministerien entwickelt und anschließend bei den Ministerien installiert, wobei die notwendige Software mitgeliefert und die entsprechenden Arbeitsgruppen in den Ministerien eingearbeitet wurden, so daß sie die Modelle dort handhaben und selbständig weiterentwickeln können. Der zweite Autor, Hermann Sarrazin, war der verantwortliche Bearbeiter dieser Projekte.

2 Das Prognose- und Simulationsmodell für das Sozialversicherungssystem der Bundesrepublik Deutschland

Ein Grund für die Modellierung des Sozialversicherungssystems sind die Probleme, die mit Sicherheit in der Rentenversicherung auf die Bundesrepublik zukommen und in der Krankenversicherung bereits sichtbar sind. Die sich schnell ändernde Altersstruktur der Bevölkerung (mehr Alte, weniger Personen im Erwerbsalter), aber auch die Zurücknahme des Pensionsalters und die Ausdehnung der Ausbildungszeit haben zur Folge, daß immer weniger Erwerbstätige immer mehr Rentner unterhalten müssen. Die Belastungsfähigkeit der aktiven Bevölkerung stößt aber auf Grenzen. Somit muß man wissen, wann die Defizite in der Rentenversicherung beim jetzigen System eintreten und welche Folgen bestimmte Gesetzesänderungen haben. Ähnliches gilt für die Krankenversicherung. Die Kostenexplosion im Krankenhaus- und Arzneimittelsektor ist offensichtlich. Auch hier sind die Gründe klar: Wenn der Arztbesuch, der Krankenhausaufenthalt und der Tablettenkonsum den Versicherten nichts kosten (wie er meint), so ist die Nachfrage auch kaum beschränkt. Die Gesamtkosten, die in Form von Sozialversicherungsbeiträgen ja von den Versicherten insgesamt getragen werden, werden ohne Änderungen des Systems daher stets wachsen. Das kann nicht laufend weitergehen. So sieht man leicht, daß ein Bedürfnis von staatlicher Seite besteht, das komplizierte Sozialversicherungssystem in seiner Funktionsweise, d. h. in der Entwicklung der Einnahmen- und Ausgabenströme möglichst exakt zu erfassen. Das ist der Hintergrund für den Auftrag zur ökonometrischen Modellierung dieses Systems.

Das deutsche Sozialversicherungssystem ist historisch gewachsen und nicht rational konstruiert. Es ist schwer überschaubar. Wahrscheinlich gibt es überhaupt niemanden, der alle Einzelheiten dieses Systems voll beherrscht. Es gibt ja allein rund 1200 Krankenkassen, die relativ selbständig sind, und im übrigen verschiedene andere Sozialversicherungsträger. Man kann das Sozialversicherungssystem in sechs große Trägergruppen einteilen: die gesetzliche Rentenversicherung, die gesetzliche Krankenversicherung, die Arbeitslosenversicherung, die gesetzliche Unfallversicherung, die Zusatzversicherung des Öffentlichen Dienstes und die landwirtschaftlichen Alterskassen. Dies sind aber auch keine einheitlichen Organisationen, und die einzelnen Finanzierungsmodalitäten und Ausgabenkategorien sind sehr verschieden und durch unterschiedliche gesetzliche Regelungen geprägt. Als ein Beispiel für die Komplexität des Sozialversicherungssystems (und da-

Übersicht 1. Die Beitragseinnahmen der gesetzlichen Krankenversicherung im Sozialversicherungsmodell

	Beitrag 1987 (Mrd. DM)
Tatsächliche Sozialbeiträge insgesamt	120.91
Tatsächliche Sozialbeiträge von privaten Haushalten	120.73
Arbeitgeberbeiträge	42.39
Arbeitnehmerbeiträge	42.87
Pflichtbeiträge der Selbständigen	1.25
Beiträge des Staates für Empf. soz. Leistungen	16.04
Beiträge der Gebietskörperschaften	2.24
für Empfänger von Arbeitslosenhilfe	2.19
für Teilnehmer an Deutschlehrgängen	0.05
Beiträge der Sozialversicherung	13.80
der Rentenversicherung	9.75
Zuschuß zur Krankenversicherung der Rentner	9.67
im Zusammenhang mit Rehabilitationsmaßnahmen	0.08
der Bundesanstalt für Arbeit	4.02
für Empfänger von Arbeitslosengeld	3.10
für Empfänger von Unterhaltsgeld	0.57
für Empfänger von Kurzarbeitergeld	0.13
für Empfänger von Konkursausfallgeld	0.09
für Empfänger von Vorruhestandsgeld	0.01
für Empfänger von Zusch. zur berufl. Förderung	0.11
Beitragserstattung an Behinderteneinrichtungen	0.01
der Unfallversicherung	0.03
Eigenbeiträge von Empfängern soz. Leistungen	10.55
Eigenanteil der Rentner	8.63
Eigenanteil von Beziehern von Vorruhestandsgeld	0.14
Beiträge aus Versorgungsbezügen	1.78
Übrige Beiträge	7.64
Beiträge von der übrigen Welt	0.18

mit des Sozialversicherungsmodells) sind in Übersicht 1 die verschiedenen Beitragseinnahmen der gesetzlichen Krankenversicherung zusammengestellt. Sämtliche hier aufgeführten Positionen werden im Modell ausgewiesen und, soweit sie nicht quantitativ bedeutungslos sind, ökonometrisch erklärt. Zum Teil müssen dabei sogar noch weitere Differenzierungen vorgenommen werden. Man sieht an diesem Beispiel, daß man in die Details der gesetzlichen Bestimmungen gehen muß, wenn man das Sozialversicherungssystem richtig erfassen will.

Das Modell ist so konzipiert, daß die gesetzlich festgelegten Größen oder die Entscheidungsgrößen der Sozialversicherungsträger (Beitragssätze, Leistungssätze, Anpassungsregeln usw.) explizit im Modell erscheinen, so daß jede gesetzliche Änderung unmittelbar auf das Modell zu übertragen ist. Einnahmen und Ausgaben der Sozialversicherung hängen natürlich auch von der gesamtwirtschaftlichen Entwicklung ab. Das Sozialversicherungsmodell muß also in den gesamtwirtschaftlichen Rahmen gestellt werden. Dies kann auf zwei Weisen geschehen. Entweder wird die gesamtwirtschaftliche Entwicklung vorgegeben und das Modell aufgrund dieser Vorgaben gelöst (in der Bundesrepublik gibt es einen interministeriellen Arbeitskreis, der die Eckdaten der gesamtwirtschaftlichen Entwicklung vorausschätzt; diese Daten werden dann in das Modell eingesetzt), oder das Modell wird mit einem gesamtwirtschaftlichen Modell verbunden, in diesem Fall mit dem Bonner Prognosemodell 11. Letzteres prognostiziert die wirtschaftliche Entwicklung in der Bundesrepublik, wenn die staatlichen Entscheidungen (Steuersätze, Investitionsausgaben u. a.) und die außenwirtschaftlichen Daten vorgegeben sind. Das Sozialversicherungsmodell kann also mit dem gesamtwirtschaftlichen Modell gekoppelt werden, so daß ein voll konsistentes gesamtwirtschaftliches Modell entsteht, bei dem der Sozialversicherungsteil sehr im Detail ausgeführt ist, während die anderen Teile mehr global erfaßt werden. Das Sozialversicherungsmodell kann aber auch, wie gesagt, für sich benutzt werden.

Die Vorschriften über das Rechnungswesen in der Sozialversicherung sind nicht voll kompatibel mit den Verbuchungsvorschriften des Statistischen Bundesamtes im Rahmen der Volkswirtschaftlichen Gesamtrechnung. Natürlich müssen für die sozialpolitischen Fragestellungen die Daten der Arbeits- und Sozialstatistik benutzt werden, während für das gesamtwirtschaftliche Modell die Daten der Volkswirtschaftlichen Gesamtrechnung grundlegend sind. Um die Kompatibilität herzustellen, waren also gewisse Übergangsfunktionen zu schätzen, so daß beide Modelle dann auch zusammenpassen. In vielen Fällen ist es jedoch gelungen, die Rechnungsergebnisse der Sozialversicherungsträger unmittelbar in die Aggregate der Volkswirtschaftlichen Gesamtrechnung zu überführen.

Übersicht 2 zeigt die Größenordnung des Bonner Modells 11 mit disaggregierter Sozialversicherung. Dieses Gesamtmodell wurde für die unten angegebenen ex-post-Prognosen benutzt. Wie man sieht, handelt es sich um ein relativ großes Modell. Es bedarf der ständigen Adaption der exogenen Größen, d. h. der Angleichung an sich ändernde gesetzliche Bestimmungen für die Sozialversicherung, an die sich ändernden sonstigen wirtschaftlichen Entscheidungen des Staates und an die außenwirtschaftliche Situation. Es muß also ständig auf dem laufenden gehalten werden, wenn man möglichst genaue Prognosen erhalten will.

Der begrenzte Raum verbietet es, an dieser Stelle die Einzelheiten des Sozialversicherungsmodells darzustellen. Stattdessen soll anhand eines Beispiels aus dem Bereich der Arbeitslosenversicherung gezeigt werden, wie in dem Modell einzelne Phänomene behandelt werden. Bei der Modellierung der Ausgabenseite der Bundesanstalt für Arbeit (Arbeitslosenversicherung) stellte sich das Problem, den Anteil der Empfänger von Arbeitslosengeld und Arbeitslosenhilfe an der Gesamtzahl der Arbeitslosen zu erklären. Die Dauer des Anspruchs auf Arbeitslosengeld ist begrenzt und richtet sich nach der Länge des beitragspflichtigen Beschäftigungsverhältnisses innerhalb eines bestimmten Zeitraumes vor der Arbeitslosenmeldung. Nach Ausschöpfung des Anspruchs auf Arbeitslosengeld hat der Arbeitslose das Recht auf Bezug von (deutlich niedrigerer) Arbeitslosenhilfe, jedoch ist bei dieser Leistungsart die Bedürftigkeit des Arbeitslosen nachzuweisen. Diese Ausgestaltung des deutschen Sozialversicherungssystems hat zur Folge, daß die durchschnittliche Dauer der Arbeitslosigkeit eine entscheidende Determinante für den Anteil der Empfänger einer bestimmten Leistungsart an der Gesamtzahl der Arbeitslosen ist. Die statistischen Daten zeigen, daß in den Jahren eines plötzlichen Anstiegs der Arbeitslosigkeit der Anteil der Arbeitslosengeld-

Übersicht 2. Anzahl der Verhaltens- und Definitionsgleichungen im Bonner Modell 11 mit disaggregierter Sozialversicherung

	Verhaltensgleichungen	Definitionsgleichungen	Insgesamt
Sozialprodukt und Volkseinkommen	15	34	49
Private inländische Verwendung	10	15	25
Preise	15	31	46
Kapitalstöcke, Produktionskapazität und Auslastungsgrad	3	22	25
Arbeitsmarkt	13	39	51
Außenwirtschaft	12	31	43
Monetärer Sektor	26	9	35
(Modell für den Staatssektor)	(144)	(347)	(491)
Staat, insgesamt	1	46	47
Gebietskörperschaften	30	45	75
(Modell für die Sozialversicherung)	(113)	(256)	(369)
Sozialversicherung, aggregiert	3	54	57
Rentenversicherung	28	58	86
Krankenversicherung	23	31	54
Arbeitslosenversicherung	32	53	85
Unfallversicherung	14	25	39
Zusatzversicherung	6	17	23
Landwirtschaftliche Alterskassen	7	18	25
Insgesamt	237	528	765

bezieher besonders hoch ist (z. B. 1967 mit 69,7%, 1975 mit 65,8%). Mit der starken Zunahme der Arbeitslosigkeit seit Mitte der 70er Jahre ist der Anteil der Empfänger von Arbeitslosengeld tendenziell zurückgegangen. Der historische Tiefstand wurde im Jahre 1986 erreicht, als von 2,3 Millionen Arbeitslosen lediglich 35,9% also rund 800000 Personen, Arbeitslosengeld bezogen. Im gleichen Jahr erreichte die Quote der Empfänger von Arbeitslosenhilfe mit 26,7% einen Höchststand. Der Anteil der Empfänger von Arbeitslosenhilfe an der Gesamtzahl der Arbeitslosen ist in der Vergangenheit tendenziell gestiegen. Daran sieht man, daß das Phänomen der Dauerarbeitslosigkeit an Bedeutung gewonnen hat.

Eine reine Bestands- bzw. Stichtagsbetrachtung vermittelt keinen Aufschluß über die für die Art des Leistungsbezugs so wichtige durchschnittliche Dauer der Arbeitslosigkeit. Es ist für unseren Untersuchungszweck erforderlich, die Bestandsrechnung durch eine Stromrechnung zu ergänzen, um die Bewegungen zwischen den Beständen zu erfassen. Betrachtet man einen bestimmten Zeitraum, so läßt sich die Arbeitslosigkeit in drei Komponenten aufspalten, und zwar in die Betroffenheit von Arbeitslosigkeit überhaupt, die Mehrfacharbeitslosigkeit und die durchschnittliche Dauer der Arbeitslosigkeit.[1] Es ist also wichtig, wieviele

---

[1] Vgl. Egle, F.: Zusammenhang zwischen Arbeitslosenquote, Dauer der Arbeitslosigkeit und Betroffenheit von Arbeitslosigkeit, in: Mitteilungen aus der Arbeitsmarkt- und Berufsforschung, 1977, S. 224ff.

unterschiedliche Personen arbeitslos werden, wie oft sie arbeitslos werden und wie lange sie arbeitslos bleiben. Es ist zu beachten, daß unterschiedliche Konstellationen von Betroffenheit, Durchschnittsdauer und Mehrfacharbeitslosigkeit zum gleichen Arbeitslosenbestand führen können. Mit einem Anstieg der Betroffenheit von Arbeitslosigkeit während eines bestimmten Zeitraumes und abnehmender durchschnittlicher Dauer der Arbeitslosigkeit wird der Anteil der Arbeitslosengeldempfänger an der Gesamtzahl der Arbeitslosen tendenziell zunehmen. Unterstellt man zur Vereinfachung, die Arbeitslosenquote sei eine stationäre Zeitreihe, dann gilt der folgende Zusammenhang zwischen den Bestands- und Bewegungsgrößen:

$$U = \frac{Z \cdot m \cdot d}{\text{Zahl der Wochen pro Jahr}} \tag{1}$$

mit $U :=$ durchschnittliche Zahl der Arbeitslosen in einem Jahr
(Bestandsgröße)

$Z :=$ Zugänge an unterschiedlichen arbeitslosen Personen in einem Jahr
(Stromgröße, Betroffenheit von Arbeitslosigkeit)

$m :=$ Häufigkeit von Arbeitslosigkeitsfällen pro Person und Jahr
(durchschnittliche Mehrfacharbeitslosigkeit)

$d :=$ durchschnittliche abgeschlossene Dauer der Arbeitslosigkeit in Wochen

Der durchschnittliche Arbeitslosenbestand steigt also mit der Zahl und der Häufigkeit, mit der einzelne Personen während eines bestimmten Zeitraums arbeitslos werden, sowie mit der vollendeten Dauer ihrer Arbeitslosigkeit. Auf der anderen Seite hängt die durchschnittliche Dauer der Arbeitslosigkeit von dem gesamten Arbeitslosenbestand und den Bruttozugängen (einschließlich mehrfacher Arbeitslosigkeit) ab.

Bei der Erklärung der Zahl der Arbeitslosengeld- und der Arbeitslosenhilfeempfänger unterstellen wir im Sozialversicherungsmodell, daß die wesentlichen Einflußfaktoren der Arbeitslosenbestand sowie die durchschnittliche Verweildauer innerhalb dieses Bestandes sind. Die Zahl der Arbeitslosengeldempfänger (E^{AG}) ist ein bestimmter Anteil γ des jahresdurchschnittlichen Arbeitslosenbestandes:

$$E_t^{AG} = \gamma_t U_t \tag{2}$$

Der Empfängeranteil γ hängt insbesondere von den unterschiedlichen bisherigen (nicht vollendeten) Verweildauern der Arbeitslosen ab. Die diesbezügliche Struktur des Arbeitslosenbestandes wird approximiert durch das Verhältnis der Bruttozugänge an Arbeitslosen (UZ) zum jahresdurchschnittlichen Arbeitslosenbestand insgesamt und dem entsprechenden Anteil der Nettobestandsveränderung. Für den Empfängeranteil γ_t wird angesetzt:

$$\gamma_t = a_0 + a_1 \frac{\Sigma_{i=0}^{2} \alpha_i UZ_{t-i}}{U_t} + a_2 \frac{\Delta U_t}{U_t} + a_3 \frac{1}{U_t} \tag{3}$$

Die Einbeziehung der Variablen $1/U_t$ dient dazu, zu testen, ob die Zahl der Arbeitslosengeldempfänger homogen bezüglich des gesamten Arbeitslosenbestandes ist. Für die Bezieher von Arbeitslosengeld (E^{AG}) ergibt sich dann die folgende Schätzgleichung:

$$E_t^{AG} = a_0 U_t + a_1 \sum_{i=0}^{2} \alpha_i U Z_{t-i} + a_2 \Delta U_t + a_3 \tag{4}$$

$$\text{mit } \sum_{i=0}^{2} \alpha_i = 1, \alpha_2 = 0$$

Die Zahl der Empfänger von Arbeitslosenhilfe wird mit dem gleichen Ansatz ermittelt, jedoch gilt hier $\alpha_2 > 0$. Diese Annahmen über α_2 haben sich ökonometrisch als am günstigsten erwiesen. Die Schätzergebnisse sind:

	für das Arbeitslosengeld	für die Arbeitslosenhilfe
a_0	0.171 (11.28)	0.400 (74.43)
a_1	0.166 (12.31)	−0.112 (23.30)
a_2	0.364 (14.41)	−0.266 (30.31)
a_3	−0.163 (6.60)	0.109 (12.30)
R^2C	0.995	0.999
DW	1.45	1.94

OLS-Schätzung 1970 bis 1987. Die Zahlen in Klammern sind die t-Werte.

Die Schätzergebnisse zeigen, daß der gewählte Ansatz die Entwicklung der Anteile der Arbeitslosengeld- und der Arbeitslosenhilfeempfänger an der Gesamtzahl der Arbeitslosen sehr gut erklärt. Die Zahl der Bezieher von Arbeitslosengeld steigt mit dem Niveau und der Veränderung des durchschnittlichen Arbeitslosenbestandes sowie mit dem gewogenen Zweijahresdurchschnitt des Zugangs an Arbeitslosenfällen. Die Quote der Empfänger von Arbeitslosengeld ist also umso höher, je größer das Verhältnis von Arbeitslosenzugängen (brutto) zum gesamten durchschnittlichen Arbeitslosenbestand und das entsprechende Verhältnis der Nettobestandsveränderung ist. Beide Größen approximieren die durchschnittliche Dauer der Arbeitslosigkeit. Die Signifikanz des Absolutgliedes zeigt, daß die Zahl der Arbeitslosengeldempfänger nicht homogen bezüglich des gesamten Arbeitslosenbestandes ist, und zwar steigt der Anteil der Leistungsempfänger tendenziell mit steigendem Arbeitslosenbestand.

Die Schätzung der Quote der Empfänger von Arbeitslosenhilfe ist gleichsam ein Spiegelbild derjenigen für Arbeitslosengeld. Nimmt die durchschnittliche bisherige Dauer der Arbeitslosigkeit zu, so steigt auch der Anteil der Bezieher von Arbeitslosenhilfe an der Gesamtzahl der Arbeitslosen. Im Vergleich mit der Schätzgleichung für die Arbeitslosengeldbezieher haben jetzt die Größen, die die Dauer der Arbeitslosigkeit approximativ erfassen, ein entgegengesetztes Vorzeichen. Dieses Ergebnis stimmt mit den theoretischen a-priori-Vorstellungen überein.

Übersicht 3. Fehleranalyse einer dynamischen-ex-post-Prognose über 10 Jahre (1975–1984) mit dem Gesamtmodell anhand ausgewählter Variablen[a]

Variable	MAPE	MEAN	MAE
1. Gesamtwirtschaftliche Größen			
Bruttosozialprodukt, real	0.54	5.09	7.80
Bruttosozialprodukt, nominal	0.59	2.78	8.67
Volkseinkommen	0.68	1.81	7.76
Bruttoeink. aus Unternehmertät. u. Verm.	1.83	2.45	4.94
Bruttolohn- und -gehaltsumme	1.15	−0.37	7.17
Privater Konsum	0.76	5.88	6.18
Private Anlageinvestitionen, real	1.57	2.61	4.07
Preisindex für den priv. Konsum, 1980 = 100	0.41	−0.26	0.39
Preisindex für die Anlageinv., 1980 = 100	0.65	0.05	0.60
Arbeitsvolumen, priv. + abh., Mrd. Std.	1.15	−0.08	0.36
Jahresarbeitszeit d. abh. Beschäft., Std.	0.25	−0.09	4.29
Erwerbstätige, Mio.	0.73	−0.06	0.19
Arbeitslose, Mio.	–	0.02	0.12
Exporte (insges.), real	1.13	−1.59	4.69
Importe (insges.), real	0.73	1.98	2.97
Bargeldumlauf, insgesamt	1.18	0.04	1.03
Geldmenge M1	1.59	−0.37	3.82
Geldmarktsatz, Dreimonatsgeld, %	7.79	0.04	0.47
Umlaufrendite festverzinsl. Wertpapiere, %	4.15	−0.05	0.32
2. Gebietskörperschaften			
Steuern (insges.)	1.00	1.85	3.45
Direkte Steuern (insges.)	1.82	1.23	3.03
Indirekte Steuern (insge.)	0.44	0.62	0.74
Soziale Leistungen an priv. Haushalte	0.88	0.45	0.61
Konsum, nominal	0.94	−0.45	1.68
3. Sozialversicherung			
Vermögenseinkommen	4.66	−0.08	0.25
	(15.26)	(0.69)	(0.70)
Arbeitgeberbeiträge	1.17	−0.16	1.19
	(0.45)	(−0.14)	(0.46)
Arbeitnehmerbeiträge	1.09	0.01	0.92
	(0.25)	(0.01)	(0.20)
Sonstige Beiträge	2.86	−0.68	1.09
	(2.34)	(−0.34)	(0.85)
Empf. sonst. lfd. Übertrag. von Gebietsk.	0.27	0.00	0.10
	(0.29)	(−0.05)	(0.11)
Laufende Einnahmen	0.63	−0.90	1.56
	(0.38)	(0.18)	(0.96)
Soziale Leistungen	1.53	1.93	2.79
	(0.98)	(−1.52)	(1.83)
Sachleistungskäufe	0.73	0.21	0.55
	(0.74)	(0.04)	(0.55)
Bruttowertschöpfung	0.55	0.01	0.05
	(0.55)	(0.01)	(0.05)
Laufende Ausgaben	1.05	−1.72	2.78
	(0.76)	(−1.47)	(2.01)
Finanzierungssaldo	–	0.81	3.21
	(–)	(1.66)	(1.79)

$$\text{MAPE} = \frac{1}{T} \sum_{t=1}^{T} \frac{|A_t - P_t|}{|A_t|} \cdot 100, \quad \text{MEAN} = \frac{1}{T} \sum_{t=1}^{T} (A_t - P_t), \quad \text{MAE} = \frac{1}{T} \sum_{t=1}^{T} |A_t - P_t|$$

A: beobachteter Wert,   T: Anzahl der Perioden,   P: berechneter Wert

[a] Angaben in Mrd. DM, soweit nichts anderes vermerkt.

Das ausgeführte Beispiel zeigt, in welcher Weise versucht wurde, die Verhältnisse des deutschen Sozialversicherungssystems in einem ökonometrischen Modell nachzubilden. Wie bereits erwähnt, kann das Sozialversicherungsmodell mit dem „Bonner Modell 11" verknüpft werden, das die letzte Version einer ganzen Reihe von ökonometrischen Prognosemodellen darstellt, die an der Universität Bonn ausgearbeitet wurden. Übersicht 2 gibt Anhaltspunkte für die Gliederung und Größenordnung dieses gesamtwirtschaftlichen Modells. Es kann hier nicht im einzelnen dargestellt werden. Dagegen sollen einige statistische Prüfmaße einer dynamischen ex-post-Prognose angegeben werden, die die Verläßlichkeit des Gesamtmodells (also des Sozialversicherungsmodells, gekoppelt mit dem gesamtwirtschaftlichen Bonner Modell 11) erkennen lassen. Übersicht 3 zeigt den mittleren absoluten prozentualen Fehler (MAPE), das arithmetische Mittel aller Fehler (MEAN) und den mittleren absoluten Fehler (MAE) an. Das beste Fehlermaß für Größen, die nicht nahe Null sind, ist der mittlere absolute prozentuale Fehler (MAPE). Wie man sieht, ist er durchweg sehr gering. Für einige aggregierte Größen aus dem Sozialversicherungsbereich sind in Klammern zusätzlich Prüfmaße angegeben, die aus einer isolierten ex-post-Prognose des Sozialversicherungsmodells bei exogener Vorgabe der gesamtwirtschaftlichen Entwicklung resultieren.

Das vorgestellte Modell wird im Bundesministerium für Arbeit und Sozialordnung laufend verwendet. Oberregierungsrat Scholz vom Bundesministerium für Arbeit und Sozialordnung hat hierüber im Rahmen der Arbeitstagung „Möglichkeiten und Grenzen steuer- und sozialpolitischer Simulationsmodelle" vom 13.–15. Oktober 1988 an der Universität Gießen berichtet.

3 Schätzung der gesamtwirtschaftlichen Auswirkungen alternativer Bemessungsgrundlagen für die Arbeitgeberbeiträge zur Sozialversicherung

Vor dem Hintergrund der langdauernden hohen Arbeitslosigkeit in der Bundesrepublik Deutschland und der zu erwartenden Finanzierungsprobleme, vor allem in der gesetzlichen Rentenversicherung, wird in der Bundesrepublik seit einiger Zeit der Vorschlag diskutiert, die ausschließliche Lohnbezogenheit der Bemessungsgrundlage für die Arbeitgeberbeiträge zur Sozialversicherung aufzuheben und bei der Beitragsbemessungsgrundlage auch die Wertschöpfung des Produktionsfaktors Kapital zu berücksichtigen. Die Arbeitnehmerbeiträge sollten weiterhin lohnbezogen bleiben, die Arbeitgeberbeiträge aber wertschöpfungsbezogen erhoben werden. Es wird behauptet, daß die Finanzierung der Sozialversicherung dann fiskalisch ergiebiger sei, so daß ein größerer finanzpolitischer Spielraum für zukünftig notwendig werdende Beitragserhöhungen zur Verfügung steht. Außerdem wird behauptet, daß die Einnahmen der Sozialversicherung, wenn sie von der Lohnquote unabhängiger werden, weniger Schwankungen unterworfen seien und daß sich positive Effekte für den Arbeitsmarkt ergeben würden. Diese Diskussion war der Anlaß für das Bundesministerium für Arbeit und Sozialordnung, einen Gutachtenauftrag über das in der Überschrift angegebene Thema zu vergeben, der von einer Arbeitsgruppe im Institut für Gesellschafts- und Wirtschaftswissenschaften der Universität Bonn unter Leitung des zuerst genannten Autors ausgeführt wurde. Das Gutachten wurde im Januar 1985 erstattet und ist unter dem Titel „Der Maschinenbeitrag. Gesamtwirtschaftliche Auswirkungen alternativer Bemessungsgrundlagen für die Arbeitgeberbeiträge zur Sozialversicherung" im Verlag J. C. B. Mohr (Paul Siebeck, Tübingen 1985) veröffentlicht worden. Da dieses Gutachten in veröffentlichter Form vorliegt, braucht hierüber nur kurz referiert zu werden.

In der Arbeit werden zunächst die Argumente *pro et contra* die vorgeschlagene Umstellung der Bemessungsgrundlage für die Arbeitgeberbeiträge referiert und analysiert, ebenso die in der Literatur vorzufindenden Abschätzungen und Modellrechnungen. Dann wird das Problem unter langfristigem Gesichtspunkt im Rahmen eines neoklassischen Wachstumsmodells analysiert, und zum Schluß wird ein ökonometrisches Prognosemodell für Simulationsrechnungen der kurz- und mittelfristigen Auswirkungen adaptiert.

Das neoklassische Wachstumsmodell wird für den vorgegebenen Untersuchungszweck dahingehend modifiziert, daß die Sozialversicherung und die Gebietskörperschaften in das Modell eingeführt werden, so daß Sozialversicherungsbeiträge und Steuersätze explizit in dem Modell erscheinen. Damit können dann auch lohnbezogene und wertschöpfungsbezogene Arbeitgeberbeiträge zur Sozialversicherung behandelt werden. Zur Erfassung der Wirkungen einer Umstellung der Arbeitgeberbeiträge auf die Investitionen werden Sparquoten aus Lohneinkommen und aus Gewinneinkommen unterschieden, wobei letztere größer sind als erstere. Daraus läßt sich dann auch eine gesamtwirtschaftliche Sparquote herleiten, die von dem Erhebungsmodus der Sozialversicherungsbeiträge abhängt. Diese gesamtwirtschaftliche Sparquote beeinflußt die Kapital-Arbeits-Relation in der Volkswirtschaft (Arbeit in Effizienzeinheiten gerechnet), und zwar so, daß die Kapital-Arbeits-Relation bei wertschöpfungsbezogenen Beiträgen der Arbeitgeber und aufkommensneutraler Umstellung des Abgabensystems (dies wird immer vorausgesetzt) sinkt. Damit sinkt das Produktionsniveau und das Reallohnniveau, der reale Zinssatz steigt, die Einkommensverteilung verschlechtert sich (bleibt gleich, verbessert sich) für den Faktor Arbeit, falls die Substitutionselastizität von Kapital zu Arbeit kleiner (gleich, größer) als Eins ist. Bei einer Cobb-Douglas-Produktionsfunktion ist die Substitutionselastizität Eins. Die Einkommensverteilung bleibt also unverändert. Man sieht also, daß man schon mit Hilfe theoretischer Überlegungen, ohne die Statistik zu bemühen, zu interessanten Schlußfolgerungen kommt.

Nun ist bei der neoklassischen Wachstumstheorie zwar der langfristige Effekt, wie ich meine, richtig erfaßt, nicht aber der kurz- und mittelfristige. Die neoklassische Wachstumstheorie nimmt ja die Beschäftigung als exogen an, und das kann man nur im langfristigen Trend für akzeptabel halten. So ist dann im letzten Teil der Arbeit auch ein ökonometrisches Modell, das Bonner Modell 11, benutzt worden, um die kurz- und mittelfristigen Auswirkungen der vorgeschlagenen Umstellung der Sozialversicherungsbeiträge abzuschätzen. Hierzu wurde das Bonner Modell 11 (das im letzten Abschnitt kurz vorgestellt wurde) für den speziellen Untersuchungszweck adaptiert derart, daß für die Arbeitnehmer- und Arbeitgeberbeiträge zur Sozialversicherung unterschiedliche Bemessungsgrund-

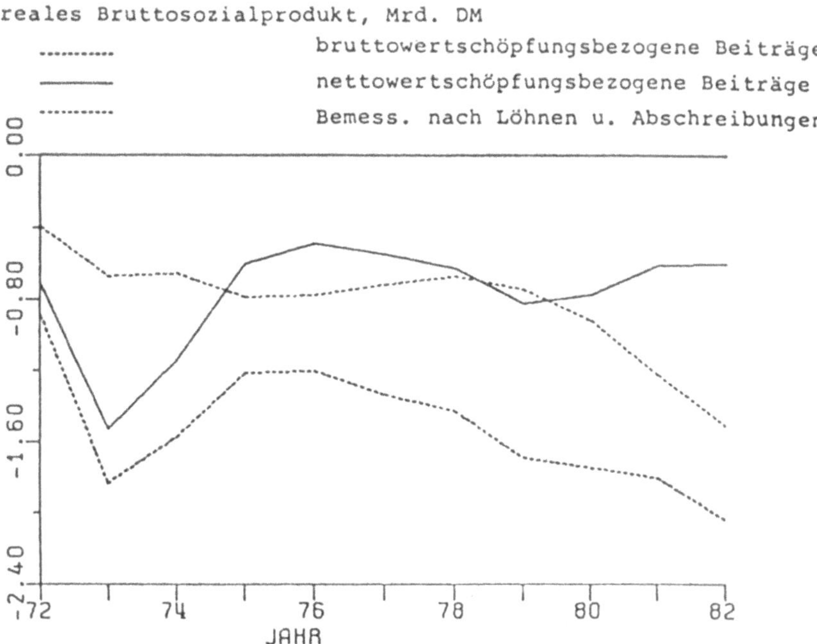

Abb. 1. Simulation einer einmaligen aufkommensneutralen Umstellung. Absolute Veränderung gegenüber der Kontrollösung mit lohnbezogenen Beiträgen

lagen möglich waren. Es wurde eine ex-post-Simulation durchgeführt, bei der angenommen wurde, daß die vorgeschlagene Umstellung im Jahre 1972 aufkommensneutral erfolgt ist. Die tatsächliche Entwicklung aller gesamtwirtschaftlichen Größen wurde mit der fiktiven Entwicklung bei einer Umstellung im Jahre 1972 verglichen. Im übrigen wurden alternative Wertschöpfungskonzepte als Erhebungsgrundlage untersucht, nämlich: die Bruttowertschöpfung, die Nettowertschöpfung und eine modifizierte Wertschöpfung, definiert als Summe von Löhnen und Abschreibungen. Das Ergebnis der Simulationsrechnungen entspricht, was die Entwicklung des Sozialprodukts, des Reallohnniveaus und anderer Größen angeht, im Trend demjenigen, das aus der neoklassischen Wachstumstheorie abgeleitet wurde: Das Niveau des realen Bruttosozialprodukts und das Reallohnniveau sind nach einer Umstellung der Bemessungsgrundlage geringer. Abbildung 1 zeigt dies für das reale Bruttosozialprodukt: Bei bruttowertschöpfungsbezogenen Beiträgen der Arbeitgeber zur Sozialversicherung würde das Niveau des Sozialprodukts etwa um 1,6 Mrd. DM niedriger liegen. Analoges gilt für das Reallohnniveau. Dagegen ergibt sich, wie man aus Abbildung 2 sieht, ein positiver Effekt für die Beschäftigung. Allerdings ist dieser Effekt ebenfalls sehr klein: bis zum Jahre 1982 würde die Zahl der im privaten Sektor beschäftigten Erwerbstätigen um 59000 Personen höher sein als ohne die untersuchte Umstellung. Die Einkommensverteilung würde sich nach der Modellrechnung für die Arbeitnehmer verbessern. Die Aufkommensstetigkeit und -ergiebigkeit sind ungefähr gleich bei beiden Systemen.

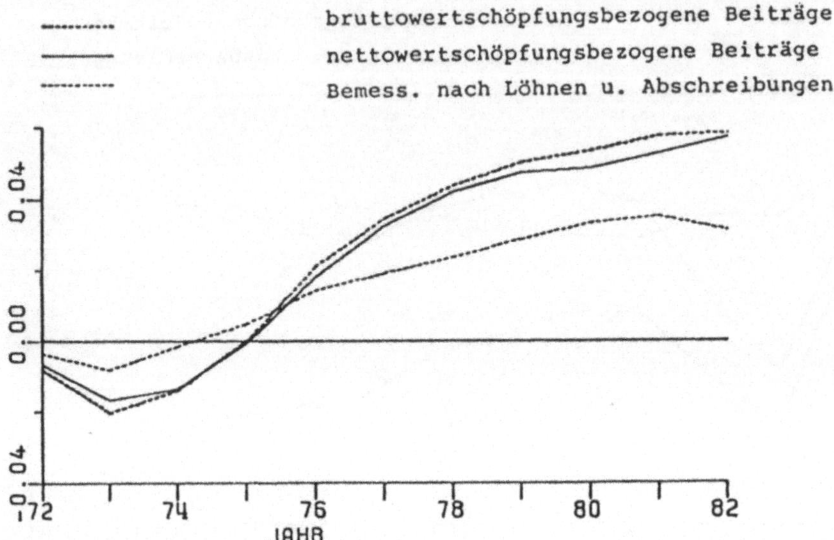

Abb. 2. Simulation einer einmaligen aufkommensneutralen Umstellung. Absolute Veränderung gegenüber der Kontrollösung mit lohnbezogenen Beiträgen

Die vorgeschlagene Umstellung bedeutet tatsächlich ja nichts anderes als eine relative Mehrbelastung des Faktors Kapital und damit eine relativ geringere Belastung des Faktors Arbeit. Damit ändert sich die Lohn-Zins-Relation (netto betrachtet), und damit auch die Kapital-Arbeits-Relation. Das alles kann man natürlich ebenfalls erreichen, wenn die Reallöhne etwas geringer steigen würden. Hierzu braucht man also nicht das Sozialversicherungssystem umzustellen.

Da positive und negative Wirkungen bei einer Umstellung der Bemessungsgrundlage für die Arbeitgeberbeiträge gleichzeitig eintreten (die Beschäftigungswirkung ist positiv, wenn auch sehr schwach, die Sozialprodukts- und Reallohnwirkung ist negativ, wenn auch ebenfalls gering), so bleibt es einem Werturteil überlassen, ob man eine solche Umstellung vornehmen soll oder nicht. Angesichts der Möglichkeit, einen solchen Effekt auch einfacher über die Lohnhöhe zu erreichen, und angesichts verfassungsrechtlicher und versicherungssystematischer Bedenken (die hier nicht zur Erörterung stehen) haben die Verfasser des Gutachtens sich dafür ausgesprochen, das System so zu belassen wie es ist, also auch die Arbeitgeberbeiträge wie bisher weiter lohnbezogen zu erheben.

4 Die Erfassung der Wechselbeziehungen zwischen den ökonomischen Aktivitäten der Deutschen Bundespost und der gesamtwirtschaftlichen Entwicklung

Die Deutsche Bundespost (DBP) ist eines der bedeutendsten Unternehmen in der Bundesrepublik Deutschland. Sie ist natürlich in hohem Maße von der gesamtwirtschaftlichen Entwicklung abhängig, ihre Aktivitäten bestimmen aber diese gesamtwirtschaftliche Entwicklung mit. Die Erfassung dieses Zusammenhanges ist angesichts der Großprojekte, die die Deutsche Bundespost durchführt bzw. plant (z. B. die Verkabelung), aber auch angesichts der geplanten Umstrukturierung der Post von besonderer Bedeutung. Daher wurde eine Forschungsgruppe im Institut für Gesellschafts- und Wirtschaftswissenschaften der Universität Bonn im Juni 1985 damit beauftragt, ein ökonometrisches Prognose- und Simulationsmodell zu entwerfen, das diese Wechselbeziehungen wiedergeben kann, so daß der Einfluß der gesamtwirtschaftlichen Entwicklung auf die Deutsche Bundespost und umgekehrt der Einfluß der Deutschen Bundespost auf die gesamtwirtschaftliche Entwicklung quantitativ abgeschätzt werden kann. Hauptaufgabe dieses Auftrages war es, gleichsam einen methodischen „Instrumentenkasten" zusammenzustellen, mit dem der Auftraggeber die oben genannten Fragestellungen zukünftig in eigener Regie bearbeiten kann. In diesem Instrumentenkasten ist zum einen ein umfangreiches ökonometrisches Prognose- und Simulationsmodell für die Deutsche Bundespost als Unternehmen enthalten. Daneben wurde im Rahmen der statischen Input-Output-Analyse untersucht, wie sich die ökonomischen Aktivitäten der Deutschen Bundespost im sektoralen Zusammenhang darstellen. Schließlich wurde ein ökonometrisches, nach Wirtschaftszweigen gegliedertes Simulationsmodell entwickelt, das die Deutsche Bundespost als einen Sektor der Volkswirtschaft der Bundesrepublik Deutschland abbildet. Bei dem zuletzt genannten Modell handelt es sich um eine disaggregierte Version des Bonner Modells 11. Alle aufgeführten Modelle sind im Bundesministerium für das Post- und Fernmeldewesen einschließlich der zu ihrem Betrieb notwendigen Software implementiert und stehen dort zur Benutzung bereit.

Für das Unternehmensmodell der Deutschen Bundespost wurde zunächst eine umfangreiche postspezifische Datenbasis von mehr als 1500 Zeitreihen erstellt. Die Gewinn- und Verlustrechnung der Deutschen Bundespost bildet den definitorischen Rahmen für dieses Modell. Die einzelnen Ertrags- und Aufwandspositionen wurden soweit wie möglich in Preis- und Mengenkomponenten zerlegt. Diese Zerlegung ist insbesondere auf der Ertragsseite in den meisten Fällen gelungen. Die Preisvariablen (insbesondere die Gebührensätze der DBP) werden exogen vorgegeben. Die Mengenkomponente besteht auf der Ertragsseite aus dem Verkehrsaufkommen der einzelnen Teildienstzweige. Im ökonometrischen Modell werden die verschiedenen Verkehrsaufkommensgleichungen nahezu vollständig durch Verhaltensgleichungen erklärt. In diesen Verhaltensgleichungen sind in vielen Fällen gesamtwirtschaftliche Einflußfaktoren enthalten. Um möglichen Sättigungserscheinungen bei einzelnen Dienstleistungen der Deutschen Bundespost Rechnung zu tragen, wurden in einigen Fällen Logit-Modelle verwendet.

Da die Menge der von der DBP im Zuge der Leistungserstellung eingesetzten
Produktionsfaktoren von der Verkehrsaufkommensentwicklung abhängt, sind die
dazugehörigen Aufwandspositionen von der gesamtwirtschaftlichen Entwicklung
indirekt betroffen. Natürlich gibt es auf der Aufwandsseite auch eine Reihe von
direkten Abhängigkeiten. Beispielsweise hängt die Verzinsung der Postspargutha-
ben und der von der DBP aufgenommenen Kredite vom gesamtwirtschaftlichen
Zinsniveau ab und die Personalkosten von der Lohnentwicklung. Das aus den
verschiedenen Ertrags- und Aufwandspositionen resultierende Betriebsergebnis
der Deutschen Bundespost spiegelt damit in vielfacher Weise Tendenzen der
Gesamtwirtschaft wider.

Der im Modell berechnete Jahresüberschuß der Deutschen Bundespost wird
dazu verwendet, das Eigenkapital des folgenden Jahres fortzuschreiben. Ein
möglicher Verlustvortrag wird im Modell automatisch berücksichtigt. Die Aufnahme von Fremdkapital dient insbesondere dazu, die Investitionen der Deutschen Bundespost zu finanzieren. Eine Erhöhung des Fremdkapitals ist dann
notwendig, wenn der Wert des neuen Sachanlagevermögens den laufenden
finanzwirtschaftlichen Überschuß (cash-flow) übersteigt. Zur Erfassung dieser
Zusammenhänge ist im ökonometrischen Firmenmodell für die Deutsche Bundespost in vereinfachter Form eine Kapitalrechnung enthalten, in der die verschiedenen Positionen der Aufbringung des Kapitals den Positionen seiner Verwendung
gegenübergestellt werden.

Übersicht 4 gibt Auskunft über die Anzahl der Definitions- und Verhaltens-
gleichungen in den einzelnen Bereichen des ökonometrischen Modells für die
Deutsche Bundespost als Unternehmen. Das Gesamtmodell besteht aus 316
Gleichungen, von denen 106 ökonometrisch geschätzte Zusammenhänge reprä-

Übersicht 4. Anzahl der Verhaltens- und Definitionsgleichungen im Firmenmodell der DBP

	Verhaltens- gleichungen	Definitions- gleichungen	Gleichungen insgesamt
A. Erträge	69	88	157
1. Umsatzerlöse	65	82	147
1.1. Postdienst	29	8	37
1.2. Postgiro- und Postsparkassendienst	12	4	16
1.3. Fernmeldedienst	24	69	93
2. sonstige Erträge	4	5	9
B. Aufwendungen	37	109	146
1. Personalaufwand	10	13	23
2. Sachaufwand	11	8	19
3. Abschreibungen	13	82	95
4. Fremdkapitalaufwand	2	2	4
5. Übrige Aufwendungen	1	3	4
C. Jahresüberschuß, Gewinn, Eigen- und Fremdkapitalentwicklung	–	13	13
Gesamtmodell	106	210	316

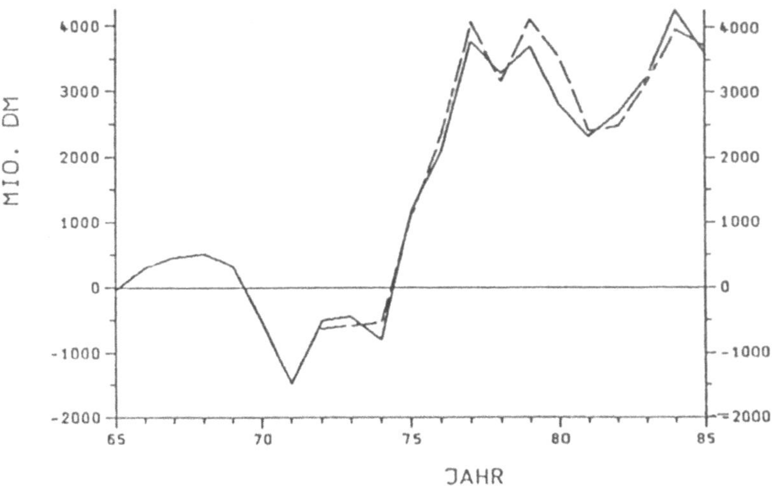

Time	Original	Computed	Difference
72	−509.643	−637.719	128.0708
73	−456.648	−593.656	137.0083
74	−810.595	−553.266	−257.3293
75	1179.321	1097.000	82.3210
76	2076.769	2329.754	−252.9849
77	3779.089	4073.867	−294.7781
78	3295.465	3163.273	132.1917
79	3700.928	4116.434	−415.5056
80	2790.438	3536.695	−746.2573
81	2312.592	2406.406	− 93.8142
82	2671.233	2469.895	201.3384
83	3233.559	3145.617	87.9419
84	4257.238	3963.781	293.4570
85	3598.761	3712.191	−113.4304
Means:			− 79.4120

Abb. 3. Die Entwicklung des Jahresüberschusses der DBP 1965 bis 1985, Beobachtungswerte und dynamische Modellprognose 1972 bis 1985

sentieren. Das aufgestellte Modell vermag die Entwicklung der Erträge und Aufwendungen der Deutschen Bundespost in der Vergangenheit sehr genau zu reproduzieren. Abbildung 3 zeigt anhand der Entwicklung des Jahresüberschusses die Ergebnisse einer dynamischen ex-post-Prognose mit dem Unternehmensmodell von 1972 bis 1985.

Übersicht 5. Die Produktions- und Beschäftigungswirkungen der Investitionen der Deutschen Bundespost nach eigenen Berechnungen im Überblick

	1980		1982		1983	
	Mio. DM	Beschäft.-wirkungen in Tsd.	Mio. DM	Beschäft.-wirkungen in Tsd.	Mio DM	Beschäft.-wirkungen in Tsd.
Investitionen, brutto	10460	–	12448	–	12602	–
Investitionen, Inlandsproduktion, netto	9434	106.8	11278	118.1	11321	112.1
dar. Selbsterstellte Anlagen	(1539)	(23.9)	(2282)	(31.7)	(1832)	(32.7)
Vorleistungsproduktion für Investitionen der DBP	5772	45.3	6472	46.4	6515	43.6
Ersatzinvestitionen einschl. Vorleistungsproduktion	1195	10.9	1481	12.6	1530	12.2
Gesamtproduktion	16401	163.0	19231	177.1	19366	167.9
Wirkungen pro Mrd. DM Investitionssumme	1568	15.6	1545	14.2	1537	13.3

In einem weiteren Teilbereich des Forschungsvorhabens wurde mit Hilfe der statischen Input-Output-Analyse untersucht, wie sich die ökonomischen Aktivitäten der Deutschen Bundespost im sektoralen Zusammenhang darstellen. Die aktuellsten Input-Output-Tabellen für die Jahre 1980, 1982 und 1983 sind ebenfalls mit der notwendigen Software auf der Rechenanlage des Ministeriums implementiert und können dort benutzt werden. Mit Hilfe der Input-Output-Analyse kann man beispielsweise die Auswirkungen der Investitionstätigkeit der Deutschen Bundespost auf die sektorale Produktion und Beschäftigung abschätzen. Das Ergebnis einer solchen Rechnung ist in Übersicht 5 wiedergegeben. Man erkennt daraus, daß die Investitionen der Deutschen Bundespost (etwa 10 Mrd. DM 1980, 12 Mrd. DM 1982, 13 Mrd. DM 1983) eine Multiplikatorwirkung mit Bezug auf die sektorale Produktion von etwa 1,5 haben und daß zwischen 160000 und 170000 Personen dadurch beschäftigt werden. Mit dem gleichen Instrumentarium wurden auch andere Wirkungen untersucht, z. B. der Einfluß der Gebührenpolitik der Deutschen Bundespost auf die sektorale und gesamtwirtschaftliche Preisentwicklung.

Die statische Input-Output-Analyse beruht auf ziemlich restriktiven Voraussetzungen (Linearität der Produktionsbeziehungen, feste Produktionskoeffizienten u. a.). Will man hier näher an die Wirklichkeit herangehen, inbesondere Prognosen für längere Zeiträume erstellen, muß man zu ökonometrischen

Übersicht 6. Simulationsrechnung: Erhöhung der Investitionen der Deutschen Bundespost im Jahr 1988 um einmalig 1,7 Mrd. DM. Absolute Differenzen zwischen Simulation und Kontrollösung in Mrd. DM, soweit nicht anders vermerkt.

	1988	1989	1990	1991	1992	1993
Erhöhung der Investitionen der DBP, nominal	1.70	0	0	0	0	0
Erhöhung der Investitionen der DBP, real	1.44	0	0	0	0	0
Verwendungskomponenten des Bruttosozialprodukts						
Privater Konsum, nominal	0.30	0.23	0.11	0.04	0	0
Privater Konsum, real	0.14	0.07	0.03	0	−0.01	−0.01
Anlageinvest., insg., nominal	2.54	0.07	−0.06	−0.02	−0.06	−0.05
Anlageinvest., insg., real	1.83	0.08	−0.01	0	−0.03	−0.03
Anlageinvest., Elektrotechn. Erzeugnisse, real	0.85	0.01	0	−0.01	−0.01	−0.01
Reale Bauinvestitionen	0.69	0.02	0.03	0.03	0.01	0.02
Exporte, nominal	0.03	0.04	0.03	0.02	0.01	0.01
Exporte, real	−0.01	−0.04	−0.03	−0.02	−0.01	0
Importe, nominal	0.87	0.12	0.07	0.02	−0.02	−0.05
Importe, real	0.73	0.10	0.05	0.01	−0.01	−0.03
Reale Importe, Elektrotechn. Erzeugnisse	0.27	0.02	−0.01	−0.02	−0.02	−0.03
Bruttosozialprodukt, nominal	2.02	0.32	0.10	0.07	−0.01	0.02
Bruttosozialprodukt, real	1.20	0.08	0	0.01	−0.03	−0.01
Preisindex des Bruttosozialprodukts, 1980 = 100	0.03	0.01	0.01	0	0	0
Entstehung der Produktion						
Sektorale Bruttoproduktion, insgesamt, nominal	4.17	0.98	0.50	0.27	0.05	−0.01
Sektorale Bruttoproduktion, insgesamt, real	2.89	0.41	0.19	0.07	−0.05	−0.07
Reale Bruttoproduktion der Elektrotechnik	0.58	0.04	0.02	0.02	0.01	0.01
Reale Bruttoproduktion der Bauwirtschaft	0.61	0.03	0.04	0.04	0	0
Nominale Bruttowertschöpfung, insgesamt	1.78	0.43	0.15	0.06	0.01	0.02
Reale Bruttowertschöpfung, insgesamt	1.25	0.10	0.01	−0.01	−0.03	−0.01
Reale Bruttowertschöpfung der Elektrotechnik	0.31	0.04	0.03	0.02	0.02	0.01
Reale Bruttowertschöpfung der Bauwirtschaft	0.27	0.01	0.02	0.02	0	0
Arbeitsmarkt						
Erwerbstätige, insgesamt, Tsd.	12.3	7.8	2.4	1.1	0.3	0.1
Erwerbstätige in der Elektrotechnik, Tsd	3.1	1.8	0.2	0.1	0.1	0
Erwerbstätige in der Bauwirtschaft, Tsd.	4.2	1.6	0.1	0.1	−0.0	−0.1
Arbeitslose, Tsd.	−9.8	−4.9	−0.4	0.1	0.4	0.3

Prognosesystemen übergehen. Diese sind nun allerdings in aller Regel nicht so weit disaggregiert, wie man das gerne hätte und wie es im Rahmen der statischen Input-Output-Analyse auch möglich ist. Das liegt einerseits vor allem am Datenmangel, andererseits aber auch an dem z. T. prohibitiven Arbeitsaufwand, der mit der Aufstellung voll disaggregierter Prognosesysteme verbunden ist. So wurde hier ein Mittelweg eingeschlagen. Das aggregierte Makromodell wurde nur so weit nach Sektoren untergliedert, wie das für den Untersuchungszweck nötig und praktisch durchführbar war. Dann wurden in einem ersten Schritt in der Referenzperiode Schätzungen mit fixen Produktionskoeffizienten durchgeführt, die Ergebnisse mit der Realität verglichen und die Abweichungen ökonometrisch erklärt. So konnte das Modell 11 nach gewissen Adaptionen weiter benutzt werden. Mit diesem Modell kann man nun auch Prognosen wagen. Übersicht 6 zeigt einige dieser Ergebnisse. Es wurde als Anwendungsbeispiel untersucht, wie sich eine einmalige Erhöhung der Investitionen der Deutschen Bundespost um nominal 1,7 Mrd. DM im Jahr 1988 auf die Wirtschaftszweige und auf die Gesamtwirtschaft auswirken würde. Hierbei sind der Einfluß auf Exporte und Importe und auf die Preise der verschiedenen Produkte immer mit berücksichtigt. Man erkennt an den Simulationsergebnissen, wie die Wirkung dieser einmaligen Investitionserhöhung ziemlich schnell abklingt.

Wie man sieht, finden allmählich exakte, theoretisch fundierte Methoden ihren Platz bei der Vorbereitung von gesamtwirtschaftlich bedeutsamen Entscheidungen. In den USA ist man hier schon weiter, aber jedenfalls ist nun auch in der Bundesrepublik der Anfang gemacht. Etwas Ähnliches schwebte ja auch Hans Paul Künzi vor, als er Operations-Research-Methoden in der Praxis anwandte. So wird ihm hoffentlich dieser Beitrag als kleines Geburtstagsgeschenk willkommen sein.

Die Stochastische Lebenszyklushypothese und Neutralität der Fiskalpolitik

R. Henn und G. Nakhaeizadeh

Zusammenfassung

Abgesehen von der Keynesschen Konsumtheorie, bei der die Erwartungen nicht explizit berücksichtigt werden, spielen die Erwartungen bei anderen Konsumtheorien eine große Rolle. Insbesondere die neueren Entwicklungen in der Konsumtheorie sind sehr stark von der Theorie der rationalen Erwartungen geprägt worden. Ausgehend von der Lebenszyklushypothese behauptet Hall (1978), daß unter rationalen Erwartungen die geld- und fiskalpolitischen Maßnahmen des Staates, solange sie nicht das permanente Einkommen beeinflussen, keine signifikante Wirkung auf den privaten Verbrauch haben. Die vorliegende Arbeit befaßt sich vor allem mit den empirischen Aspekten der Lebenszyklushypothese unter rationalen Erwartungen und überprüft diese Hypothese für die Bundesrepublik Deutschland im Zeitraum 1962–1986.

1 Einleitung

Die vorliegende Arbeit befaßt sich mit den neueren Entwicklungen im Bereich der Konsumtheorie unter rationalen Erwartungen (RE). Neben der Verwendung in anderen makroökonomischen Gebieten hat die Theorie der RE insbesondere in der neuesten Zeit in der Konsumtheorie Anwendung gefunden. Die neuen Beiträge, die sich mit der Konsumfunktion unter der Annahme RE beschäftigen, bauen grundsätzlich auf drei bekannten Arbeiten von Hall (1978), Sargent (1978) und Flavin (1981) auf. Insbesondere die Arbeit von Hall hat viele Anwendungen gefunden und war Ausgangspunkt für weitere Entwicklungen in der Konsumtheorie. Hall zeigt, daß unter bestimmten Annahmen der Konsum der letzten Periode die einzige Variable ist, die den Konsum der laufenden Periode beeinflussen kann. Wie später ausführlich beschrieben wird, ist die unmittelbare Implikation dieser Aussage die Neutralität der geld- und fiskalpolitischen Maßnahmen des Staats.

Das Modell von Hall wurde von anderen Autoren in verschiedener Hinsicht erweitert. In diesem Zusammenhang zeigen z. B. Wickens und Molana (1984), daß auch Variablen außer dem Konsum der Vorperiode Einfluß auf den Konsum der laufenden Periode haben können, wenn man die von Hall getroffene Annahme des konstanten Zinssatzes unterlassen würde. Erweiterungen findet man auch in den Beiträgen von Hayashi (1982) und Muellbauer (1983). Der vorliegende Beitrag befaßt sich jedoch mit dem Grundmodell von Hall (1978) und überprüft mit Hilfe der Zeitreihendaten für die BRD die Neutralität der Fiskalpolitik, die – wie bereits

P. Kall et al. (Hrsg.) Quantitative
Methoden in den Wirtschaftswissenschaften
© Springer-Verlag Berlin Heidelberg 1989

erwähnt – als eine Implikation des Hallschen Modells betrachtet werden kann. Da das Modell von Hall die Theorie der RE unterstellt, wird zunächst im zweiten Abschnitt der Arbeit diese Theorie zusammenfassend dargestellt. Der dritte Abschnitt befaßt sich mit der stochastischen Lebenszyklushypothese unter RE. Im vierten Kapitel wird dann die Hallsche Theorie unter Verwendung der Zeitreihendaten für die BRD überprüft und über die empirischen Ergebnisse berichtet. Der letzte Abschnitt stellt eine Zusammenfassung dar.

2 Konsumfunktion und rationale Erwartungen

Abgesehen von der Keynesschen Konsumtheorie, bei der die Erwartungen nicht explizit berücksichtigt werden, spielen die Erwartungen bei anderen Konsumtheorien eine große Rolle. Milton Friedman geht z. B. bei seiner permanenten Einkommenshypothese von einer adaptiven Erwartungsbildung aus. Wie aber bereits erwähnt, sind die neueren Entwicklungen in der Konsumtheorie entscheidend von der Theorie der RE geprägt, welche zuerst von Muth (1961) in die Diskussion gebracht worden ist. Bei der Hypothese rationaler Erwartungen wird davon ausgegangen, daß die Wirtschaftssubjekte alle vorhandenen Informationen zur Bildung ihrer Erwartungen bezüglich einer oder mehrerer Variablen benutzen. Diese Variablen stellen im Rahmen der Konsumfunktion die künftige Entwicklung des verfügbaren Einkommens, des Arbeitseinkommens, des Zinssatzes oder anderer Variablen dar, welche bei der Beschreibung des privaten Konsums einen signifikanten Einfluß ausüben können. Im Gegensatz zur Hypothese der adaptiven Erwartungen bestehen die Informationen hier nicht lediglich aus den Informationen, die bezüglich der vergangenen Werte der zu prognostizierenden Variablen vorhanden sind, sondern beinhalten außer diesen Werten noch andere relevante Elemente. Dazu zählen z. B. die Struktur des zugrundeliegenden Modells, welches die zu prognostizierende Variable erzeugt, und die Komponenten, welche die wirtschaftspolitische Linie des Staates darstellen. Daraus folgt, daß unter Berücksichtigung aller vorhandenen Informationen die subjektive Wahrscheinlichkeitsverteilung, die der zu schätzenden Variablen unterstellt wird, mit der durch das zugrundeliegende Modell gegebenen Wahrscheinlichkeitsverteilung übereinstimmt (Muth 1961). Es sei darauf hingewiesen, daß unter bestimmten Annahmen adaptive und rationale Erwartungen zu demselben Ergebnis führen (vgl. dazu Holden et al. 1985 und Nakhaeizadeh 1988).

Betrachten wir als Beispiel das laufende Einkommen Y_t in der Periode t. Die Wirtschaftssubjekte wollen am Ende der Periode t den Wert Y_{t+1}, d. h. den Wert von Y in der nächsten Periode prognostizieren. Dabei benutzen sie alle Informationen, die ihnen am Ende der Periode t zur Verfügung stehen. Um die allgemeinen Eigenschaften solcher rationalen Erwartungen formal darzustellen, kann man unter anderem davon ausgehen, daß Y_t gemäß einem stationären stochastischen Prozeß erzeugt worden ist (vgl. Holden et al. 1985, Kap. 2 für Einzelheiten). Da der Prozeß Y_t als stationär angenommen worden ist, gilt für alle t:

$$E(Y_t) = \mu$$

$$Var(Y_t) = \sigma^2$$

$$Cov(Y_t, Y_{t-s}) = \gamma_s.$$

Dabei ist γ_s lediglich vom Zeitabstand zwischen Y_{t-s} und Y_t abhängig, nicht aber vom Zeitpunkt t. Der Prozeß Y_t kann als ein Moving-average-Prozeß wie folgt umgeschrieben werden:

$$Y_t = \bar{Y} + \pi_0\varepsilon_t + \pi_1\varepsilon_{t-1} + \pi_2\varepsilon_{t-2} + \ldots \tag{1}$$

Dabei gilt für die Zufallsvariable ε:

$$E(\varepsilon_t) = 0$$

$$E(\varepsilon_t\varepsilon_{t'}) = \begin{cases} \sigma_\varepsilon^2 & \text{für } t = t' \\ 0 & \text{sonst} \end{cases} \tag{2}$$

Am Ende der Periode t besteht die Informationsmenge I_t, welche den Wirtschaftssubjekten zur Verfügung steht, aus $\varepsilon_t, \varepsilon_{t-1}, \varepsilon_{t-2}, \ldots$. Anders gesagt: die Werte dieser Variablen sind den Wirtschaftssubjekten am Ende der Periode t bekannt.

Unter Berücksichtigung dieser Informationsmenge kann dann aus (1) die rationale Erwartung für die nächste Periode gebildet werden:

$$E(Y_{t+1}|I_t) = \bar{Y} + \pi_1\varepsilon_t + \pi_2\varepsilon_{t-1} + \pi_3\varepsilon_{t-2} + \ldots \tag{3}$$

Aus (1) und (3) kann man den Prognosefehler berechnen als:

$$e_{t+1} = Y_{t+1} - E(Y_{t+1}|I_t) = \pi_0\varepsilon_{t+1} \tag{4}$$

Nach (4) ist der Prognosefehler eine Zufallsvariable mit dem Erwartungswert Null. Dies ist die erste allgemeine Eigenschaft der Prognosefehler unter RE. Darüberhinaus kann gezeigt werden, daß die Varianz des Prognosefehlers minimal und e_{t+1} nicht autokorreliert ist. Diese Eigenschaften ermöglichen eine direkte Überprüfung der Hypothese der rationalen Erwartungen. Zur Überprüfbarkeit der RE-Hypothese sollte erwähnt werden, daß sie in der Praxis nicht immer als abstrakter Test durchgeführt werden kann. In vielen Fällen muß die RE-Hypothese mit den anderen dem Modell unterstellten Annahmen gemeinsam überprüft werden. Führen solche Überprüfungen zur Ablehnung des gesamten Modells, so könnte immer noch argumentiert werden, daß nicht die RE-Hypothese, sondern andere Annahmen für diese Ablehnung verantwortlich sind (auf diesen Punkt werden wir später zurückkommen). Ein anderer Einwand zur Überprüfbarkeit der RE-Hypothese ist das Problem der beobachtungsmäßigen Äquivalenz, welches zuerst Sargent (1976) in die Diskussion gebracht hat.

Bezüglich der RE kann das Problem so formuliert werden, daß zwischen zwei alternativen Modellen, in denen die Erwartungen jeweils rational und nicht rational sind, auf empirischem Weg nicht unterschieden werden kann. Im folgenden wird das Problem anhand zweier einfacher Konsumfunktionen dargestellt.

Wir betrachten die folgende neuklassische Konsumfunktion

$$C_t = \alpha C_{t-1} + \sum_{i=0}^{N} \beta_i (Y_{t-i} - Y_{t-i}^e) + u_t \tag{5}$$

Im nächsten Abschnitt wird dargestellt, wie sich diese Konsumfunktion aus dem Modell von Hall (1978) ableiten läßt. Dabei bezeichnet C_t den laufenden Konsum, Y_t das laufende Lohneinkommen unnd Y_t^e die rationale Erwartung von Y_t in der Periode t. α und β_i mit $i = 1, 2, \ldots, N$ sind die Parameter des Modells, und u_t ist eine Störvariable. Die neuklassische Konsumfunktion (5) erhält eine keynesianische Form, indem sie wie folgt erweitert wird

$$Y_t = \alpha C_{t-1} + \sum_{i=0}^{N} \beta_i (Y_{t-i} - Y_{t-i}^e) + \sum_{i=0}^{N} \delta_i Y_{t-i}^e + v_t \tag{6}$$

Nach (6) beeinflussen auch die antizipierten Werte von Y den Konsum. Es wird nun angenommen, daß Y_t gemäß dem folgenden Prozeß erzeugt wird:

$$Y_t = \gamma(L)Y_t + w_t \tag{7}$$

mit $E(w_t) = 0$.

Dabei bezeichnet L einen Lag-Operator und es gelten

$$L^j Y_t = Y_{t-j}$$

und

$$\gamma(L) = \sum_{j=1}^{\infty} \gamma_j L^j$$

Die Relation (7) kann nun wie folgt umgeschrieben werden:

$$Y_t = \sum_{j=1}^{\infty} \gamma_j Y_{t-j} + w_t \tag{8}$$

Unter der Annahme RE ergibt sich nun aus (8), daß

$$Y_t^e = \sum_{j=1}^{\infty} \gamma_j Y_{t-j} \tag{9}$$

Wird Y_t^e aus (9) in (5) eingesetzt, so ergibt sich für $N = \infty$

$$C_t = \alpha C_{t-1} + \sum_{i=0}^{\infty} \beta_i \left(Y_{t-i} - \sum_{j=1}^{\infty} \gamma_j Y_{t-j-i} \right) + u_t \tag{10}$$

Die Relation (10) führt schließlich auf

$$C_t = \alpha C_{t-1} + \sum_{i=0}^{\infty} \psi_i Y_{t-i} + u_t \tag{11}$$

In (11) sind die ψ_i Funktionen von β_i und γ_i.

Außerdem erhält man aus (6) und (9) für $N = \infty$

$$C_t = \alpha C_{t-1} + \sum_{i=0}^{\infty} \beta_i \left(Y_{t-i} - \sum_{j=1}^{\infty} \gamma_j Y_{t-j-i} \right) + \sum_{i=0}^{\infty} \delta_i \sum_{j=1}^{\infty} \gamma_j Y_{t-j-i} + v_t$$

Diese Relation kann genauso wie (10) umgeschrieben werden als

$$C_t = \alpha C_{t-1} + \sum_{i=0}^{\infty} \xi_i Y_{t-i} + v_t \tag{12}$$

Dabei sind die ξ_i Funktionen von β_i, γ_i und δ_i.

Vergleicht man (11) mit (12), so ergibt sich, daß aufgrund der Beobachtungen zwischen ihnen nicht unterschieden werden kann, obwohl sie durch zwei verschiedene Theorien abgeleitet worden sind.

3 Das Modell von Hall

Zur Ableitung einer Konsumfunktion, welche auf das gemeinsame Konzept von Lebenszyklushypothese und rationalen Erwartungen aufbaut, geht Hall (1978) von der folgenden Zielfunktion aus:

$$U = \sum_{i=0}^{T} (1 + \delta)^{-(i+1)} E_{t-1} u(C_{t+i}) \tag{13}$$

Die Funktion (13) soll unter Berücksichtigung der Budgetrestriktion:

$$E_{t-1}[A_{t+i} + C_{t+i} - (1+r)A_{t+i-1} - Y_{t+i}] = 0 \tag{14}$$

für $i = 0, 1, \ldots, T$ maximiert werden.

In (13) und (14) bezeichnen C und Y jeweils den privaten Konsum und das reale Arbeitseinkommen. A ist das Vermögen und r steht für den realen Zinssatz. Die Parameter δ und T bezeichnen jeweils die Zeitpräferenzrate und den Lebenshorizont. Unter bestimmten Annahmen (zu diesen Annahmen zählen z. B.

die künftige Stabilität des Preisniveaus und des Zinssatzes; vgl. dazu auch Abschnitt 5) erhält man aus (13) und (14) die folgende Konsumfunktion:

$$C_{t+1} = C_t + \varepsilon_{t+1} \tag{15}$$

(vgl. Hall 1978 oder Molana und Nakhaeizadeh 1988 für nähere Einzelheiten).

Die Konsumfunktion (15) stellt die entscheidende Behauptung der Hallschen Theorie dar, daß der Konsum der Vorperiode die einzige Variable ist, welche zur Erklärung des Konsums der laufenden Periode beitragen kann. Die Zufallsvariable ε_{t+1} in (15) beinhaltet unter anderem die unantizipierbaren Anteile des Arbeitseinkommens in künftigen Perioden. Nach der Theorie von Hall werden also außer dem Konsum der Vorperiode allein solche unantizipierbaren Größen Einfluß auf den Konsum der laufenden Periode ausüben können. Die unantizipierbaren Größen sind auch als Innovation des Einkommensprozesses bekannt.

Die Anwendung einer expliziten intertemporalen Nutzenmaximierung ist eine von vielen Methoden, die zur Ableitung des Random-walk-Prozesses (15) führt. Dieser Prozeß kann jedoch auch durch die folgenden Überlegungen abgeleitet werden (vgl. Attfield et al. 1985 für eine ausführliche Darstellung): Man geht davon aus, daß der laufende Konsum proportional ist zu der Summe der Nichthumanvermögen des Haushalts A_t und dem gegenwärtigen Wert seiner künftigen Arbeiteinkommen H_t:

$$C_t = \beta(A_t + H_t) + C_{tr,t} \tag{16}$$

In (16) bezeichnet β den Proportionalitätsfaktor, und $C_{tr,t}$ stellt den transitorischen Konsum dar, welcher als eine Zufallsvariable betrachtet werden kann. Es wird angenommen, daß der transitorische Konsum von A_t und H_t unabhängig und nicht autokorreliert ist. Der gegenwärtige Wert des künftigen Arbeitseinkommens des Haushalts H_t, der auch als Humanvermögen betrachtet werden kann, wird definiert als:

$$H_t = \sum_{i=0}^{\infty} (1 + \alpha)^{-i} Y_{t+i}^e \tag{17}$$

Dabei bezeichnet α einen Diskontfaktor und Y_{t+i}^e ist die rationale Erwartung des Arbeitseinkommens, d. h.

$$Y_{t+i}^e = E_t Y_{t+i} = E(Y_{t+i} | I_t) \tag{18}$$

Die Relationen (17) und (18) führen zu

$$H_t = \sum_{i=0}^{\infty} (1 + \alpha)^{-i} E_t Y_{t+i} \tag{19}$$

Die Gleichung (19) kann nun umformuliert werden als

$$H_t = (1 + \alpha)(H_{t-1} - Y_{t-1}) + \sum_{i=0}^{\infty} (1 + \alpha)^{-i}(E_t Y_{t+i} - E_{t-1} Y_{t+i}) \qquad (20)$$

oder

$$H_t = (1 + \alpha)(H_{t-1} - Y_{t-1}) + (Y_t - E_{t-1} Y_t) + \xi_t \qquad (21)$$

mit

$$\xi_t = \sum_{i=1}^{\infty} (1 + \alpha)^{-i}(E_t Y_{t+i} - E_{t-1} Y_{t+i}) \qquad (22)$$

Wie bereits erwähnt, bezeichnet $E_t Y_{t+i} - E_{t-1} Y_{t+i}$ die Innovationen des Einkommensprozesses für $i = 1, 2, \ldots$. Aus (16) und (21) erhält man die Konsumfunktion

$$C_t = (1 + \alpha)C_{t-1} + \beta[A_t - (1 + \alpha)(A_{t-1} + Y_{t-1})]$$
$$+ \beta(Y_t - E_{t-1} Y_t) + v_t \qquad (23)$$

mit $v_t = C_{tr,t} - (1 + \alpha)C_{tr,t-1} + \beta\xi_t$.

Andererseits gilt:

$$A_t = (1 + r)[A_{t-1} + Y_{t-1} - C_{t-1}] \qquad (24)$$

Nach (24) setzt sich das Nichthumanvermögen A_t aus zwei Komponenten zusammen. Die erste besteht aus dem Vermögen und den Ersparnissen der Vorperiode. Die zweite stellt die Zinserträge der ersten dar. Es wird angenommen, daß die Rendite r im Laufe der Zeit konstant bleibt. Setzt man nun A_t aus (24) in (23) ein, so erhält man

$$C_t = [(1 + \alpha) - \beta(1 + r)]C_{t-1} + \beta\{[(1 + r) - (1 + \alpha)][A_{t-1} + Y_{t-1}]\}$$
$$+ \beta(Y_t - E_{t-1} Y_t) + v_t \qquad (25)$$

Nimmt man zusätzlich an, daß der Diskontfaktor α gleich der Rendite r ist, so ergibt sich aus (25)

$$C_t = (1 + r)(1 - \beta)C_{t-1} + \beta(Y_t - E_{t-1} Y_t) + v_t \qquad (26)$$

Für $\beta = \dfrac{r}{1 + r}$ und $\varepsilon_t = \beta(Y_t - E_{t-1} Y_t) + v_t$ erhält man aus (26) die Hallsche Konsumfunktion, die in (15) dargestellt worden ist.

4 Überprüfung der Hallschen Konsumtheorie

4.1 Allgemeine Bemerkungen

Wie in Abschnitt 3 erwähnt, ist die Konsumfunktion (15) unter sehr starken Annahmen abgeleitet worden. Die Gültigkeit dieser Annahmen ist in der Literatur umstritten, und viele empirische Untersuchungen unterstützen nicht ihre Relevanz (vgl. dazu Attfield et al. 1985, S. 183 f.). Trotz dieser theoretischen Unzulänglichkeiten ist die Theorie von Hall in ihrer ursprünglichen Form von zahlreichen Autoren überprüft worden. Hall selbst (1978) überprüfte diese Theorie für die USA. Seine Ergebnisse zeigen, daß außer dem Konsum der Vorperiode auch der Index der Aktienpreise in verzögerter Form signifikanten Einfluß auf den Konsum der laufenden Periode hat.

Bilson (1980) überprüft die Lebenszyklushypothese unter RE für die USA, Großbritannien und die Bundesrepublik Deutschland. Die Behauptung von Hall konnte lediglich für Großbritannien nicht abgelehnt werden. Es gibt eine Reihe von Beiträgen, welche die stochastische Lebenszyklushypothese unter RE zur Überprüfung der Neutralität der Fiskalpolitik verwenden (für eine ausführliche Bibliographie vgl. Molana und Nakhaeizadeh 1988). Dabei zerlegt man das Humanvermögen in Nettohumanvermögen und Steuer und das Nichthumanvermögen in Staatsanleihen und anderes Vermögen. Für die Bundesrepublik Deutschland zeigt Flaig (1987) unter Verwendung der Jahresdaten 1950–1984 unter anderem, daß die Staatsausgaben einen geringen Einfluß auf den privaten Verbrauch haben.

Unter Verwendung der Quartalsdaten 1960–1980 lehnen Karmann und Nakhaeizadeh (1988) die Theorie von Hall ab. Dabei verwenden sie den von Sargent (1978) vorgeschlagenen Ansatz. Dagegen zeigen die Ergebnisse von Wolters (1988), daß die Lebenszyklushypothese unter RE als ein geeignetes Modell zur Erklärung des Konsumverhaltens der privaten Haushalte in der Bundesrepublik Deutschland betrachtet werden kann. Henn und Nakhaeizadeh (1988) vergleichen die unter adaptiven und rationalen Erwartungen abgeleiteten Konsumfunktionen mit Hilfe der Bayes-Statistik. Ihre empirischen Ergebnisse zeigen, daß für den Zeitraum 1960–1980 die auf den adaptiven Erwartungen aufbauenden Konsumfunktionen zur Beschreibung des Konsumverhaltens der privaten Verbraucher in der Bundesrepublik besser geeignet sind. Zu den anderen empirischen Überprüfungen der Hallschen Theorie für die Bundesrepublik Deutschland zählen die Beiträge von Schnabel (1986) und Weissenberger (1986).

4.2 Anwendung der Granger-Kausalität zur Überprüfung der Lebenszyklushypothese unter RE

Eine einfache Methode, die zur Überprüfung der Hallschen Theorie verwendet werden kann, ist das Konzept der Granger-Kausalität, das von Granger (1969) vorgeschlagen worden ist. Bei der Anwendung dieses Konzepts zur Überprüfung der Hallschen Theorie bildet man die folgenden Regressionen

$$C_t = \sum_{i=1}^{m_1} \alpha_i C_{t-i} + \sum_{i=1}^{m_2} \beta_i y_{t-i} \tag{27}$$

$$Y_t = \sum_{i=1}^{n_1} \gamma_i Y_{t-i} + \sum_{i=1}^{n_2} \delta_i C_{t-i} \tag{28}$$

Wenn die Kausalitätsrichtung vom Einkommen zum Konsum verläuft, so soll die Hypothese $\beta_i = 0$ für $i = 1, 2, \ldots, m_2$ abgelehnt werden. Die Ablehnung dieser Hypothese ist gleichzeitig die Ablehnung der Theorie von Hall, daß Variablen außer dem Konsum der Vorperiode keinen Einfluß auf den Konsum der laufenden Periode haben können. Dadurch wird weiterhin die Neutralität der Fiskalpolitik abgelehnt, da der Staat durch fiskalpolitische Maßnahmen das Einkommen und dadurch den Konsum in der nächsten Periode beeinflussen kann. Wenn dagegen durch die Ablehnung der Nullhypothese $\delta_i = 0$ für $i = 1, 2, \ldots, n_2$ gezeigt wird, daß der Konsum bezüglich des Einkommens exogen ist, so können die staatlichen Maßnahmen den Konsum durch die Steuerung des Einkommens nicht beeinflussen.

Die Gültigkeit der empirischen Ergebnisse, die durch die Überprüfung der Granger-Kausalität zustandekommen, sollte mit Vorsicht interpretiert werden. Dies liegt vor allem an der verwendeten Lag-Länge und der funktionalen Form der Gleichungen (27) und (28). Nakhaeizadeh (1987) zeigt, daß die Ergebnisse der Granger-Kausalität sehr stark von der verwendeten Lag-Länge beeinflußt werden können. Die Sensitivität der Ergebnisse in Bezug auf die funktionale Form wurde von Roberts und Nord (1985) untersucht. Hsiao (1981) schlägt zur Durchführung des Granger-Kausalitätstests ein Verfahren vor, welches sehr oft in der Literatur Anwendung gefunden hat. Dabei wird die Anzahl der verwendeten Lags in Gleichungen wie (27) und (28) nicht willkürlich, sondern mit Hilfe des Datenmaterials gewählt. Man betrachtet zuerst die Regressionsgleichung

$$C_t = \sum_{i=1}^{m_1} \alpha_i C_{t-i} + u_t \tag{29}$$

und bestimmt den optimalen Wert für m_1. Die Bestimmung von m_1 kann unter Verwendung verschiedener Kriterien ausgeführt werden. Zu diesen Kriterien zählt z. B. das HQ-Kriterium, welches von Hannan und Quinn (1972) vorgeschlagen worden ist. Das HQ-Kriterium hat die folgende Form

$$HQ = \log\left[\frac{1}{T} \sum_{t=1}^{T} \hat{u}_t^2\right] + \frac{2m_1}{T} \log(\log T) \tag{30}$$

Dabei bezeichnet $\hat{u}_t$ den KQ-Schätzer für u_t, und es gilt $m_1 = 1, 2, \ldots$. Der optimale Wert für m_1 ist derjenige, der HQ minimiert. Bezeichnet man diesen Wert mit m_1^*, so wird im nächsten Schritt die Regressionsgleichung

$$C_t = \sum_{i=1}^{m_1^*} \alpha_i C_{t-i} + \sum_{i=1}^{m_2} \beta_i Y_{t-i} + v_t \tag{31}$$

behandelt. Unter Verwendung des HQ-Kriteriums bestimmt man bei gegebenem m_1^* den optimalen Wert für m_2. Ist der zweite berechnete Wert für HQ kleiner als der erste, so kann man davon ausgehen, daß die Kausalitätsrichtung von Y zu C verläuft, d. h. die Nullhypothese $\beta_i = 0$ für $i = 1, 2, \ldots, m_2^*$ wird abgelehnt. Dabei bezeichnet m_2^* den optimalen Wert für m_2. Dasselbe Verfahren wird auch auf die Regressionsgleichung (28) angewendet.

4.3 Empirische Ergebnisse für die Bundesrepublik Deutschland

Unter Verwendung der Quartalsdaten 1962–1986 für den privaten Konsum und das verfügbare Einkommen haben wir die folgende Regressionsgleichung für die Bundesrepublik Deutschland geschätzt.

$$\text{Reg-(1)} \quad C_t = a_0 + a_1 C_{t-1} + a_2 E_{t-1} Y_t + a_3 (Y_t - E_{t-1} Y_t) + u_t$$

$$\text{Reg-(2)} \quad C_t = a_0 + a_1 C_{t-1} + a_2 E_{t-1} Y_t + u_t$$

$$\text{Reg-(3)} \quad C_t = a_0 + a_1 C_{t-1} + a_2 (Y_t - E_{t-1} Y_t) + u_t$$

$$\text{Reg-(4)} \quad C_t = a_0 + a_1 C_{t-1} + u_t$$

$$\text{Reg-(5)} \quad C_t = a_0 + a_1 C_{t-1} + a_2 Y_t + u_t$$

$$\text{Reg-(6)} \quad C_t = a_0 + a_1 Y_t + u_t$$

Die verwendeten Daten sind saison- und preisbereinigt $(1980 = 100)$. Die Daten stammen von der Deutschen Bundesbank.

Die Regression (1) beinhaltet sowohl den antizipierten als auch den unantizipierten Teil des Einkommens als erklärende Variablen. Dagegen treten in (2) und (3) jeweils lediglich der antizipierte bzw. der unantizipierte Teil des Einkommens auf. In Regressionsgleichung (4) wird der Konsum gemäß einem AR(1)-Prozeß erzeugt, welcher der Hallschen Theorie entspricht. Zur Ableitung der Regressionsgleichung (5) ist man von einer monetaristischen Konsumfunktion ausgegangen, welche unter Verwendung der adaptiven Erwartungshypothese abgeleitet worden ist (vgl. dazu Henn und Nakhaeizadeh 1988). Die Konsumfunktion (6) schließlich stellt die absolute Einkommenshypothese von Keynes dar. Zur Berechnung von $E_{t-1} Y_t$ und $Y_t - E_{t-1} Y_t$, die in den Regressionsgleichungen (1)–(3) vorhanden und nicht beobachtbar sind, haben wir den AR(2)-Prozeß

$$Y_t = a_0 + a_1 Y_{t-1} + a_2 Y_{t-2} + u_t$$

verwendet. Die Anzahl der verzögerten Variablen in dieser Regression wurde durch die Verwendung des HQ-Kriteriums bestimmt.

Die folgenden Tabellen beinhalten die Schätzergebnisse sowie die statistischen Prüfmaße:

Tabelle 1. Schätzwerte für Reg-(1) bis Reg-(6)

	a_0	a_1	a_2	a_3
Reg-(1)	2,23 (3,3)	0,8421 (16,00)	0,1310 (2,91)	0,5784 (8,43)
Reg-(2)	2,18 (2,44)	0,8799 (12,7)	0,0987 (1,67)	–
Reg-(3)	2,14 (3,06)	0,9949 (245,50)	0,5614 (7,90)	–
Reg-(4)	2,15 (2,44)	0,9949 (195,39)	–	–
Reg-(5)	2,44 (3,18)	0,700 (13,36)	0,2519 (5,64)	–
Reg-(6)	4,28 (3,41)	0,8451 (134,69)	–	–

* in Klammern die t-Werte

Tabelle 2. Statistische Prüfmaße für Reg-(1) bis Reg-(6)

	Reg-(1)	Reg-(2)	Reg-(3)	Reg-(4)	Reg-(5)	Reg-(6)
DW	2,48	2,22	2,67	2,30	1,91	0,322
ρ	–0,241	–0,117	–0,343	–0,154	0,036	0,825
$\bar{R}^2$	0,9985	0,9974	0,9984	0,9975	0,9981	0,9946
RMSE	1,46	1,93	1,51	1,93	1,68	2,84

Betrachtet man die statistischen Ergebnisse in Tabelle 1 und 2, so scheint es, daß sie die Hallsche Theorie ziemlich stark unterstützen. Insbesondere sind die geschätzten Koeffizienten von C_{t-1} in Reg-(3) und Reg-(4) fast gleich 1, und sie sind statistisch hoch signifikant. Dieser Schluß darf jedoch aus folgenden Gründen nicht überschätzt werden: Zur Berechnung der Schätzwerte in Tabelle 1 haben wir die absoluten Werte von C_t und Y_t zugrundegelegt. Diese Zeitreihen zeigen aber einen sehr starken Trend, welcher als Ursache für die höheren Werte für $\bar{R}^2$ betrachtet werden kann. Um den Einfluß des Trends zu beseitigen, haben wir die Schätzungen mit ΔC_t und ΔY_t wiederholt. In diesem Fall erhält man im allgemeinen ein sehr kleines $\bar{R}^2$, und die Koeffizienten vieler erklärender Variablen sind nicht mehr statistisch signifikant. Die so gewonnenen Ergebnisse unterstützen die Hallsche Theorie nicht mehr. Diese Schlußfolgerung wird auch durch einen Granger-Kausalitätstest bestätigt. Die Kausalitätsrichtung unter Verwendung von ΔC_t und ΔY_t, die als stationäre Zeitreihen betrachtet werden können, verläuft vom Einkommen zum Konsum, was ein Zeichen für die Ungültigkeit der Hallschen Theorie ist.

5 Abschließende Bemerkungen

Die Theorie von Hall geht von sehr starken Annahmen aus, welche im allgemeinen nicht als realistisch betrachtet werden können. Auch einige empirische Untersuchungen bestätigen die Ungültigkeit dieser Annahmen. Ein anderer Einwand besteht darin, daß durch die Ablehnung (Akzeptanz) der Theorie von Hall das gemeinsame Konzept von Lebenszyklushypothese und RE abgelehnt (akzeptiert) wird. Die bisherigen empirischen Untersuchungen für die Bundesrepublik Deutschland führen zu unterschiedlichen Ergebnissen. Verwendet man die saisonbereinigten stationären Zeitreihen für Konsum und Einkommen, so sprechen die Ergebnisse im Zeitraum 1962–1986 gegen die Hallsche Theorie. Der Anpassungsgrad bei berechneten Regressionsgleichungen ist allerdings im allgemeinen schwach.

Zusammenfassend kann man sagen, daß allein aufgrund der Hallschen Theorie nicht auf die Neutralität der Fiskalpolitik geschlossen werden kann.

Literatur

Attfield CLF, Demery D, Duck NW (1985) Rational expectations in macroeconomics. Basil Blackwell
Bilson JFO (1980) The rational expectations approach to the consumption function: a multi-country study. European Economic Review 273–299
Flaig G (1987) Staatsausgaben, Staatsverschuldung und die makroökonomische Konsumfunktion. Zeitschrift für Wirtschafts- und Sozialwissenschaften 107:337–359
Flavin M (1981) The adjustment of consumption to changing expectations about future income. Journal of Political Economy 86:974–1009
Granger CWJ (1969) Investigating causal relations by econometric models and cross-spectral methods. Econometrica 37:424–438
Hall RE (1978) Stochastic implications of the life cycle-permanent income hypothesis: theory and evidence. Journal of Political Economy 86:971–988
Hannan EJ, Quinn BG (1979) The determinants of the order of an autoregression. Journal of the Royal Statistical Society Series B41:190–195
Hayashi F (1982) The permanent income hypothesis: estimation and testing by instrumental variables. Journal of Political Economy 90:895–916
Henn R, Nakhaeizadeh G (1988) Vergleich verschiedener Versionen der permanenten Einkommenshypothese unter der Annahme adaptiver und rationaler Erwartungen. In: Franz W, Gaab W, Wolters J (Hrsg) Theoretische und Angewandte Wirtschaftsforschung, S 155–165
Holden K, Peel DA, Thompson JL (1985) Expectations theory and evidence. Macmillan
Hsiao C (1981) Autoregressive modelling and money-income causality detection. Journal of Monetary Economics 7:85–106
Karmann A, Nakhaeizadeh G (1988) Erwartungsbildung und aggregierter Konsum-Einkommen-Prozeß. Eine klassische und Bayessche Analyse für die Bundesrepublik Deutschland. Jahrbücher für Nationalökonomie und Statistik 204/2:120–139
Molana H, Nakhaeizadeh G (1988) Fiscal policy, rational expectations and private consumption. Mimeo, University of Glasgow
Muellbauer J (1983) Surprises in the consumption function. Economic Journal 93 Supplement:34–50
Muth JF (1961) Rational expectations and the theory of price movements. Econometrica 29:315–335
Nakhaeizadeh G (1987) The causality direction in consumption – income process and sensitivity to lag structure. Applied Economics 19:829–838
Nakhaeizadeh G (1988) Neuklassische und Keynesianische Modelle. Theoretische Analyse und empirischer Vergleich. To appear
Roberts DL, Nord S (1985) Causality tests and functional form sensitivity. Applied Economics 17:135–141

Sargent T (1976) The observational equivalence of natural and unnatural rate theories of macroeconomics. Journal of Political Economy 84:631–640

Sargent T (1978) Rational expectations, econometric exogenity and consumption. Journal of Political Economy 86:673–700

Schnabel C (1986) Die permanente Einkommenshypothese unter rationalen Erwartungen – Diskussion und empirische Überprüfung für die Bundesrepublik Deutschland. Mimeo

Weissenberger E (1986) Consumption innovations and income innovations. The case of the United Kingdom and Germany. Review of Economic Statistics 68:1–8

Wickens MR, Molana H (1984) Stochastic life cycle theory-varying interest rates and prices. The Economic Journal 94:133–147

Wolters J (1988) Konsum und Einkommen: Theoretische Entwicklungen und empirische Ergebnisse für die Bundesrepublik Deutschland. In: Franz W, Gaab W, Wolters J (Hrsg) Theoretische und Angewandte Wirtschaftsforschung. Springer, S 167–182

Einsatz und Bewertung der quantitativen Methoden in der Agrarwirtschaft der Schweiz

D. Onigkeit

1 Einleitung

Diese Studie befaßt sich mit der Anwendung der quantitativen Methoden zur Analyse und Lösung *nationaler und betrieblicher Planungsprobleme* in der Agrarwirtschaft. Methodisch gesehen steht die lineare Programmierung (LP) im Zentrum.

Anhand einer ökonomischen *Bewertung* der Möglichkeiten und Grenzen der LP soll gezeigt werden, wie komplexere Problemstellungen zu Erweiterungen des LP-Ansatzes bzw. zum Methodenmix führen. Der Programmierungsansatz bleibt aber – wegen seiner hohen Effizienz – weiterhin im Zentrum der agrarwirtschaftlichen Anwendungen.

Von der Problemseite her gesehen wird die methodische Analyse und Bewertung an *Fallstudien* wie

- der Ernährungsplanung,
- der Agrarstrukturoptimierung,
- der Wirkungsanalyse agrarpolitischer Maßnahmen und
- der Betriebsberatungsplanung,

durchgeführt. Die Beispiele sind auf die Bedürfnisse der schweizerischen Agrarwirtschaft ausgerichtet.

2 Ernährungsplanung

2.1 Allgemeines und Problemstellung

Da die Ernährungsplanung (EP) zu den ersten und auch heute noch wichtigen Anwendungen des Operations Research in der schweizerischen Agrarwirtschaft gehört, soll ein kurzer Überblick über die *historische Entwicklung des Ernährungsplanes* gegeben werden.

Die Arbeiten zur Ernährungsplanung begannen Ende der fünfziger Jahre (Künzi, Onigkeit 1958 und 1961). Wenige Jahre später wurde an der Universität Zürich unter der Leitung von Künzi eine Arbeitsgruppe gebildet (Onigkeit, Egli, Hättenschwiler 1976), um im Auftrage der damaligen Delegierten für wirtschaftliche Kriegsvorsorge des Eidg. Volkswirtschaftsdepartementes mit „modernen technischen und mathematischen Hilfsmitteln einen landwirtschaftlichen Anbauplan für Notzeiten zu entwickeln". Die erste Phase dieser Arbeit wurde 1967

P. Kall et al. (Hrsg.) Quantitative
Methoden in den Wirtschaftswissenschaften
© Springer-Verlag Berlin Heidelberg 1989

abgeschlossen. (Künzi, Onigkeit, von Ah, Müller 1967). In den folgenden Jahren ist die Ernährungsplanung laufend überarbeitet worden. Ferner wurden periodisch Daten- und Modellanpassungen vorgenommen, letztmalig 1988 (Hättenschwiler, Moresino 1988).

Worum handelt es sich bei der EP, wie lautet die *Problemstellung*? Zur Neutralitätssicherung der Schweiz gehört als wichtiger Bestandteil auch die Sicherung der Unabhängigkeit in der Nahrungsgüterversorgung. Damit ergibt sich eine erste Fragestellung: Auf welchem Kalorienniveau kann die Schweiz, bei Ausfall aller Lebens- und Futtermittelimporte, aus landeseigener Produktion versorgt werden?

Da eine Umstellung der Landwirtschaft auf vollständige Selbstversorgung mehrere Jahre erfordert, ergibt sich unmittelbar eine zweite Fragestellung: Wie sind in den einzelnen Jahren

– die Produktion im Pflanzenbau und in der Tierhaltung,
– die Verarbeitung der Agrarprodukte zu Lebensmitteln und Futtermitteln,
– die Lagerhaltung und
– die Rationierung der Lebensmittel

zu gestalten, damit eine diätgerechte und kalorienmäßig optimale Versorgung gewährleistet werden kann?

2.2 Modellstruktur

Weil die EP die Basis für eine Reihe von erweiterten Anwendungen bildet, soll hier näher auf den *Aufbau des EP-Modelles* eingegangen werden. Die Struktur des Grundmodelles entspricht generell einem LP-Ansatz und ist in Abb. 1 schematisch dargestellt.

Das EP-Modell besteht aus 5 Teilmodellen, die durch diverse Modellvariablen verknüpft sind:

Im Teilmodell Pflanzenbau werden der verfügbare Boden, der Fruchtwechsel und die Erträge der diversen Kulturen in Form von Restriktionen berücksichtigt. Für die übrigen Produktionsmittel wird nur der Bedarf erfaßt, um die benötigten Mengen rechtzeitig bereitstellen zu können. Als Entscheidungsvariable treten in diesem Teilmodell die „Anbauflächen der einzelnen Kulturen" und die damit verbundenen „Mengen an pflanzlichen Produkten" auf.

Im Teilmodell Tierhaltung bilden die Fütterungsnormen, die Remontierung und das Produktionspotential der Tierhaltung die Modellrestriktionen. Diese determinieren die Mengenvariablen für die „Tierbestände", für die „Futtermittel" und für die diversen „tierische Produkte".

Die Variablen „pflanzliche Produkte" und „tierische Produkte" sind Inputgrößen für das Teilmodell Verarbeitung, in dem durch Kapazitäts- und Technologierestriktionen über die Verwertung der pflanzlichen und tierischen Produkte als „Lebensmittel" und/oder „Futtermittel" entschieden wird.

Durch die Restriktionen des Teilmodells Rationierung wird schließlich sichergestellt, daß die zur Ausgabe verfügbaren „Lebensmittel" diätgerecht in „Monatsrationen" für alle Verbrauchergruppen aufgeteilt werden.

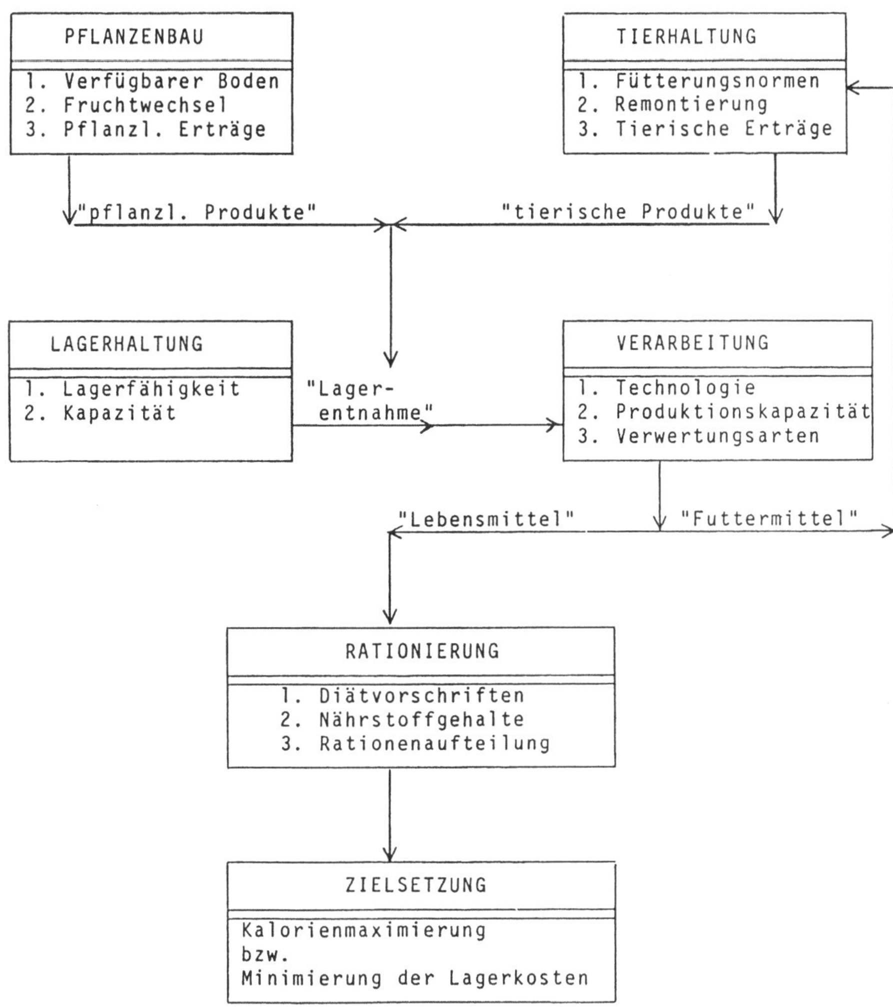

Abb. 1. Struktur des EP-Modelles

Die gesamte EP wird durch die Zielfunktion so bestimmt, daß ein Maximum an Kalorien produziert wird. Bei einer durch das Teilmodell Lagerhaltung erweiterten Version des EP-Grundmodelles werden die Kosten der Lagerhaltung minimiert. Die Lager sind zur Überbrückung bis zur vollständigen Selbstversorgung notwendig.

2.3 Resultatstruktur

Mit dem Grundmodell wurde die erste Fragestellung beantwortet, d. h. berechnet, wie viele *Kalorien* maximal *im Inland erzeugt* werden können und wie die zugehörige Produktions- und Verarbeitungsstruktur aussieht. Die Güte der Versorgung konnte durch die Angabe von Monatsrationen von 10 Verbrauchergruppen beschrieben werden.

Zur Beantwortung der zweiten Frage wurden die Methoden der *rekursiven linearen Programmierung* herangezogen. Das Grundmodell wurde um das Teilmodell Lagerhaltung erweitert (vgl. Abb. 1) und auf die Zielsetzung der Minimierung der Lagerhaltungskosten für ein vorgegebenes Kalorienniveau ausgerichtet.

Beginnend mit der Versorgungsstruktur in Normalzeiten wurde berechnet, wie groß die optimalen Lagermengen sein müßten, um im ersten Krisenjahr das gewünschte Versorgungsniveau realisieren zu können (Onigkeit, Egli, Hättenschwiler 1976). Mit der Versorgungsstruktur des ersten Krisenjahres als Ausgangsdatum wurde sukzessive für die folgenden Jahre eine Optimierung der Lagerhaltung durchgeführt. Dabei sind natürlich die jährlichen Erweiterungsmöglichkeiten im Ackerbau berücksichtigt worden. Da das Kalorienniveau bei ausschließlicher Versorgung aus der Inlandproduktion (erste Fragestellung) als erstrebenswertes Versorgungsniveau vorgegeben wurde, ließ sich nach n Optimierungsschritten (Jahren) schließlich der Endzustand erreichen, in dem die Lagerhaltungskosten gleich null wurden. Die Versorgung kann dann ausschließlich aus eigener Produktion, ohne Zuhilfenahme von Vorräten, erfolgen.

2.4 Anschlußarbeiten

Da die EP eine der Grundlagen zur Gestaltung der Agrarpolitik der Schweiz bildet, wurde das Modell im Abstand von ca. fünf Jahren immer wieder auf den neuesten Wissens- und Datenstand gebracht. So wurde im EP-Bericht 1980 für die EP eine *Netzdarstellung* entwickelt, die es erleichterte, vom rekursiven Ansatz zu einem *mehrperiodischen linearen LP-Modell* überzugehen (Egli 1980). Damit wurde es möglich, periodenüberschreitende Prozesse, die bisher durch geschickte Einführung von Hilfsvariablen oder durch rekursive Inputeingriffe angenähert wurden, direkt in den Optimierungsprozeß einzubeziehen. Dies betraf vor allem die Remontierung in der Rindviehhaltung, die Bereitstellung von Saatgut und die Gestaltung der Lagerhaltung.

Um das Arbeiten mit der EP flexibler und benutzerfreundlicher zu machen, wurde das Modell unter *Benutzung von LPL* mit den neunziger Jahren als Zielhorizont (Hättenschwiler, Moresino 1988) erweitert und neu formuliert. LPL ist eine Programmiersprache, die auf die computermäßige Programmierung von linearen Programmierungsmodellen ausgerichtet ist (Hürlimann, Kohlas 1986) und die Handhabbarkeit bei Änderungen der Modellstruktur und der Modelldaten erleichtert.

In Ergänzung zur EP wurden noch verschiedene Anschlußarbeiten durchgeführt. So hat Hättenschwiler (1976 und 1986) sich näher mit dem *Rationalisierungsproblem* beschäftigt. Die aus der Produktion, der Vorratshaltung, den unplanmäßigen Importen und aus der Überjahreslagerung verfügbaren Lebensmittel müssen unter Beachtung der ernährungsphysiologischen Vorschriften und der Lagerfähigkeit der Nahrungsmittel zur Verteilung gelangen. Hierbei ist auf verkaufsgerechte Mengen und auf die Struktur des Rationalisierungssystems zu achten. Dies führt zu *Mixed Integer Programming* (MIP) Modellen.

Basierend auf der Ernährungsplanung haben sich Hättenschwiler, Moresino, Sudan und Wirth (1986) näher mit der *Energieplanung für die Ernährungssicherung in Krisenzeiten* befaßt. Es wurden verschiedene Szenarien der Energieverknappung zugrunde gelegt und untersucht, welche Substitutionsmöglichkeiten bestehen und welche Auswirkungen auf die Kalorienversorgung und auf den Faktorbedarf zu erwarten sind.

Von methodischem Interesse ist auch die von Hättenschwiler (1984) durchgeführte *Risikoanalyse in der Ernährungsplanung*. Hier wird das Risiko (verfügbares Kalorienniveau) der Lebensmittelversorgung in Notzeiten infolge der wetterbedingten Ertragsschwankungen im Pflanzenbau untersucht.

Nach der Erfassung der empirischen Verteilung der wetterbedingten Ertragsschwankungen wurde ein Ertragssimulationsmodell aufgebaut. Mit Hilfe der so simulierten Ertragsvektoren lassen sich mittels des EP-Modells allgemeine Produktionsstrukturen für typische Jahreswettersituationen ableiten und bezüglich ihrer Dominanz bewerten.

Fixiert man im EP-Modell eine dominante Produktionsstrategie, simuliert mit den oben erwähnten Ertragsvektoren als Parameter die Modelloptimierung (Monte Carlo Simulation), so liefern die Zielfunktionswerte die Daten für eine Wahrscheinlichkeitsverteilung des Kalorienertrages. Anhand der zugehörigen kumulativen Verteilungsfunktion können nun Risikoaussagen gemacht werden. Es kann also z. B. die Wahrscheinlichkeit angegeben werden, daß bei Anwendung einer bestimmten Produktionsstrategie das Kalorienniveau einen vorgegeben Schwellenwert nicht unterschreitet.

3 Bewertung des LP-Konzeptes

Nach der Darstellung der Ernährungsplanung und der Anschlußarbeiten soll noch auf umfassendere Problemstellungen eingegangen werden. Zuvor soll aber eine allgemeinere methodische *Bewertung des LP-Ansatzes* erfolgen. Aus der Kenntnis der Möglichkeiten und Grenzen dieses Arbeitsinstrumentes wird ersichtlich, in welcher Hinsicht methodische Erweiterungen notwendig sind, um auch der LP verwandte Problemstellungen bearbeiten zu können.

Der LP-Ansatz zeichnet sich durch eine Reihe für die Planung und Analyse der Produktion *positive Charakteristika* aus.

1. Die technischen Produktionsmöglichkeiten *(Produktionsfunktion)* lassen sich in sehr detaillierter Form darstellen, da

    - die Anzahl der Produkte und Produktionsverfahren praktisch unbeschränkt ist,
    - die Verknüpfung beliebig vieler linearer Produktionsprozesse möglich wird,

- gute Differenzierungsmöglichkeiten der Produkte, Produktionsfaktoren und -prozesse (Aktivitäten)

    - artmäßig (Haupt- und Kuppelprodukte, Ausgangs-, Zwischen- und Endprodukte, ...),
    - räumlich (Betrieb, Region, Sektor) und
    - zeitlich (diskrete Perioden)

    bestehen.
2. Für beliebig vorgebbare lineare Bewertungskriterien ökonomischer, technischer oder sonstiger Art erfolgt bei linearer Pruduktionsstruktur eine *simultane Optimierung* von Produktion, Faktoreinsatz und Wahl der Produktionsprozesse.
3. Die optimale Lösung umfaßt eine *Sensitivitätsanalyse,* die es erlaubt, die Auswirkungen von Parameteränderungen (Kapazitäten, Preise, usw.) auf die Erfolgsgröße abzuschätzen.
4. Es existieren sehr *effiziente Standardprogramme,* um selbst umfangreichere LP-Modelle auf PC's auswerten zu können.

Diese positiven Charakteristiken des LP-Systems gestatten eine vielfältige, direkte oder genäherte Abbildung und Lösung realer Probleme durch LP-Modelle.

Was läßt sich über die *Grenzen der Linearen Programmierung* aussagen?

1. *Linearität des Modellansatzes.* Die Realität muß sich durch lineare Relationen abbilden lassen, d. h. zumindestens annähernd einer linearen Produktionsstruktur entsprechen. Das Grundmodell der neoklassischen Produktionstheorie zeichnet sich aber durch eine nichtlineare Produktionsfunktion und eine nichtlineare Zielfunktion aus. Linearisierungen sind nur korrekt, wenn es sich um „konvexe Probleme" handelt. (Ein lokales Optimum ist auch gleichzeitig das globale Optimum.)
2. *Statische Zusammenhänge.* Das LP-Modell ist seiner Struktur nach rein statisch aufgebaut. Dynamische Prozesse können bestenfalls komparativstatisch (ob in rekursiver oder mehrperiodischer Form) angenähert werden.
3. *Deterministische Modellparameter.* Die Parameter des LP-Ansatzes müssen deterministisch sein. Stochastische Werte werden im LP-Ansatz normalerweise durch ihren Mittelwert ersetzt. Rückgriffe auf die stochastische Programmierung sind wegen der fehlenden Mächtigkeit der Lösungsverfahren bei größeren Modellen kaum möglich. Als Ausweg werden häufig Monte Carlo Simulationen mit dem LP-Modell durchgeführt.
4. *Kontinuierliche Variable.* Die Lösungsverfahren der linearen Programmierung setzen kontinuierliche Variablen voraus. Auf- oder Abrundungen bei kontinuierlichen Lösungen verursachen vor allem bei Produktionsproblemen, in denen betriebswirtschaftliche Investitionsentscheidungen von Bedeutung sind, Fehler, die nicht mehr akzeptierbar sind. Die Anwendung von direkten Algorithmen zur Lösung ganzzahliger Probleme sind normalerweise zu ineffizient (Konvergenz, Zeitaufwand, ...), um größere Projekte zu bearbeiten. Müssen nur wenige Variablen ganzzahlig sein, dann ist ein Rückgriff auf Branch and Bound Verfahren üblich.

5. *Normative Analyse.* Die Lineare Programmierung selbst bietet ihrer Struktur nach nicht die Möglichkeit einer positiven Analyse, weil in einem LP-Produktionsmodell durch die Optimierung einer ökonomisch sinnvollen Zielfunktion automatisch ein normatives Verhalten (Prinzip der Gewinnmaximierung) vorausgesetzt wird. Der Weg „positives Verhalten" durch die Vorgabe von Anpassungsrelationen vorzutäuschen, ist vom Prinzip her unbefriedigend.

4 Sektorale Konkurrenzmodelle

Wie am Beispiel der Ernährungsplanung dargelegt wurde, ist die LP gut geeignet, um die technischen Produktionsprozesse in der Landwirtschaft simultan zu erfassen. Es war daher naheliegend, nicht nur die Produktionstechnik, sondern auch die *Produktionsökonomie des Sektors Landwirtschaft* modellmäßig darzustellen, um die optimale landwirtschaftliche Produktion bei marktwirtschaftlicher Konkurrenz analysieren zu können.

Dies führte in den frühen sechziger Jahren zu *interregionalen Agrarmodellen,* mit denen die Allokation der Produktion (Heady, Egbert 1964) und die nationale Agrarstruktur auf betrieblicher Basis (Onigkeit 1967) unter den Aspekten komparativer Standortvorteile (Birowo 1963) optimiert werden konnten. Mit diesen Modellen lassen sich Entscheidungsunterlagen zur Förderung der Strukturentwicklung in der Landwirtschaft bereitstellen. Ökonomisch gesehen ging es im Wesentlichen darum, das *normative Angebotsverhalten* der Landwirtschaft unter Konkurrenzbedingungen abzuschätzen. Da die Ausgangssituation relativ weit vom Marktgleichgewicht entfernt ist und die marktwirtschaftlichen Kräfte zu Veränderungen in Richtung Marktgleichgewicht tendieren, kann die mit LP-Modellen berechnete Lösung von nationalen Produktionsmodellen eher als *langfristiges* Angebotsverhalten interpretiert werden.

In diesem Sinne hat der schweizerische Bundesrat 1963 dem Wirtschaftswissenschaftlichen Institut der Universität Zürich den Auftrag erteilt, „die voraussichtliche langfristige Entwicklung der Einkommenslage und der *Struktur der schweizerischen Landwirtschaft* im Rahmen einer wachsenden Volkswirtschaft" zu analysieren (Onigkeit 1967). Auf der Basis befriedigender Einkommen und einer Berücksichtigung der minimalen Anbaubereitschaft für Notzeiten (Ernährungsplanung) sollten laut Auftrag die „Auswirkungen ... von Änderungen der Preise der landwirtschaftlichen Produkte ⟨und⟩ ... Produktionsmittel auf das landwirtschaftliche Angebot ⟨und⟩ ... die Struktur der Landwirtschaft (Zahl und Größe der Betriebe, Anzahl der Arbeitskräfte, ...)" untersucht werden. Als erstes sollte geprüft werden, ob die Voraussetzungen für eine Anwendung der mathematischen Programmierung gegeben sind.

Es soll zuerst kurz auf die Modellkonzeption des oben erwähnten allgemeinen Agrarstrukturmodells eingegangen werden (Onigkeit 1967). Da sich die landwirtschaftliche Produktion auf der Basis der Einzelbetriebe vollzieht, wurden zuerst ein allgemeines Produktionsmodell für einen „alles umfassenden" Landwirtschaftsbetrieb entwickelt. Durch Spezifikation der Betriebsdaten dieses Modelles bezüglich

- Betriebsgröße,
- Arbeitspotential,
- Fixfaktorkapazität,
- Mechanisierungsgrad und
- Produktauswahl

lassen sich kompatible *Produktionsmodelle für alle relevanten Betriebstypen* aufbauen. Die Betriebstypenmodelle stellen eine detaillierte Erfassung der verfügbaren Produktionstechniken dar.

Das Agrarstrukturmodell wird durch derartige Betriebstypenmodelle blockartig aufgebaut und durch zusätzliche regionale und nationale Restriktionen verbunden, die auf jeder Ebene die verfügbaren Kapazitäten erfassen, Bilanzierungen erlauben oder einen Faktor- und Zwischenprodukteaustausch unter den diversen Betriebstypen ermöglichen. Setzt man die Preise für Produkte und Faktoren als Parameter, so lassen sich mit Hilfe der Modellösungen treppenförmige normative Angebotsfunktionen für Produkte und Nachfragefunktionen für Faktoren konstruieren.

Rieder (1972) hat das oben erwähnte *Agrarstrukturmodell für die Schweiz* quantifiziert, um die normativen Entwicklungstendenzen zu untersuchen. Er hat auf der Datenbasis der späten sechziger Jahre speziell die Auswirkungen von

- Flächenbeiträgen,
- Direktzahlungen,
- Erhaltung des Umfanges an Arbeitskräften und von
- Änderungen der Preise wichtiger landwirtschaftlicher Produkte

auf die langfristige Entwicklung von

- Produktionsstruktur,
- Betriebsstruktur und
- Einkommensstruktur

im Berg- und Talgebiet analysiert.

Das Modell wird als Analyseinstrument zur Bearbeitung diverser agrarpolitischer Probleme eingesetzt. In den letzten Jahren wurde es darüber hinaus mit Hilfe von LPL erweitert (Bernegger 1988), um auch *Fragen der Umweltgefährdung* (Düngung, Pflanzenschutz, Produktionsintensität, ...) bearbeiten zu können.

Auf derselben methodischen Basis hat Pfefferli (1987) ein auf die Rindviehhaltung spezifiziertes Agrarstrukturmodell entwickelt. Er ist von der Problemstellung ausgegangen, daß in der Schweiz eine bestimmte (parametrisch fixierbare) Nachfrage nach Milch und diversen Fleischprodukten besteht und hat speziell nach jenem *Produktionssystem für die schweizerische Rindviehhaltung* gefragt, das diese Nachfrage innerhalb der Rahmenbedingungen der Agrarwirtschaft der Schweiz zu minimalen Kosten befriedigt. Im Vordergrund standen hierbei die Zusammensetzung des Rindviehbestandes nach Rindertypen, Rassen, Gebrauchskreuzungen usw. und die zugehörigen Produktionsstandorte (Betriebstyp, Region, ...). Es wurden diverse Variantenrechnungen durchgeführt, um die Auswirkungen von

- Nachfrageänderungen,
- verändertem Arbeitskräftebesatz,

- erhöhter Milchleistung und
- Subventionen für die Mutterkuhhaltung

auf das Haltungssystem zu analysieren. Aus seiner Untersuchung können Schlußfolgerungen für das Züchtungsprogramm der Schweiz gezogen werden. Die computermäßige Auswertung des recht umfangreichen Modelles (ca. 3200 Restriktionen und 5300 Variable) wurde mit dem Standardprogramm APEX-III am Rechenzentrum der ETH-Zürich durchgeführt.

Bei der Beurteilung der LP als Arbeitsinstrument wurde bereits darauf hingewiesen, daß es recht aufwendig ist, über die normative Angebotsanalyse hinaus Marktgleichgewichtslösungen zu berechnen (Onigkeit 1967). In diesem Zusammenhang sind amerikanische Arbeiten zu erwähnen (Hall, Heady, Plessmer 1965), in denen lineare Nachfragefunktionen für Agrarprodukte in Agrarsektormodelle eingeführt wurden, um direkt zu *Gleichgewichtslösungen* zu gelangen. Um nicht monopolistisches Verhalten vorauszusetzen, ist es bei diesen *quadratischen Programmierungsansätzen* notwendig, die Gleichgewichtsbedingungen für die vollständige Konkurrenz als zusätzliche Restriktionen in das Modell einzuführen.

Auf dieser methodischen Basis hat Jörin (1983) ein quadratisches Progammierungsmodell für den *Milchverarbeitungssektor* aufgestellt, um die Kosten der Verwertung der Milchüberschüsse zu minimieren. Die Angebotsseite war durch eine Milchkontingentierung und durch Festsetzungen des Rohmilchpreises charakterisiert, während die Nachfrage durch die Nachfragefunktionen der Milchprodukte erfaßt wurde. Jörin analysierte speziell, wie weit sich die so auftretenden Kosten für den Agrarschutz über die unterschiedlichen Rahmenbedingungen auf die Konsumenten oder auf die Steuerzahler überwälzen lassen.

5 Analysemodelle

Wesentlich neue Elemente für das Arbeiten mit sektoralen Agrarmodellen bringen die *„Dynamischen Analyse- und Prognosesysteme (DAPS)"* (Bauer 1979). Hier wird davon ausgegangen, daß die Landwirtschaft nur in bedingtem Maße einem marktwirtschaftlichen Gleichgewichtssystem entspricht. Einmal versucht der Staat die Entwicklung der Landwirtschaft durch zahlreiche, leider häufig nichtmarktkonforme agrarpolitische Maßnahmen (Rahmenbedingungen) zu steuern, zum anderen ist der Zustand der Landwirtschaft oft so weit vom marktwirtschaftlichen Gleichgewicht entfernt, daß die oben besprochenen Agrarmodelle zwar zu theoretisch optimalen Lösungen führen, denen aber für die kurzfristige Agrarpolitik keine praktische Relevanz beigemessen werden kann.

Die DAPS-Modelle versuchen nun, die dynamische Entwicklung der Landwirtschaft bei sich verändernden Rahmenbedingungen abzubilden (Analyse) und kurzfristig fortzuschreiben (Prognose). Dies wird durch eine geschickte *Kombination von normativer und positiver Analyse* erreicht. Die effiziente Erfassung der Agrarstruktur durch LP-Modelle wird zur (normativen) Bewertung jener Elemente der Agrarstruktur benutzt, die das (positive) Verhalten der Landwirte bei ihren Produktions- und Investitionsentscheidungen charakterisieren. Das Verhalten

wird aus den ökonometrisch ermittelten Verhaltensfunktionen abgeleitet, in die die
oben erwähnten Bewertungen als exogene Regressoren eingeflossen sind.

Ein Beispiel soll diese vielschichtige und komplexe Vorgehensweise veran-
schaulichen. Die Entscheidung über die Höhe des Milchkuhbestandes (Lehmann
1984, S. 212) wird anhand einer mit ökonometrischen Methoden geschätzten
Verhaltensgleichung (Regressionsfunktion) ermittelt, in der – vereinfacht dargestellt – der Milchkuhbestand von den exogenen Regressoren

– zeitlich verzögerter Milchkuhbestand,
– 2jähriger Durchschnitt des Grenzgewinnes der Kuh,
– Dualwert (Schattenpreis) für die Futterenergie (NEL),
– Preiserhöhung für Zukaufrinder gegenüber dem Vorjahr
– und einer Dummyvariablen

abhängt. (Grenzgewinn und Dualwert sind hierbei Größen, in deren Berechnung
die Werte der Dualvariablen eingehen.) Die Zeitreihen für den Milchkuhbestand
und für den Rinderpreis werden der Statistik entnommen, während die Daten für
den Grenzgewinn und den Dualwert mit Hilfe eines die *Agrarstruktur erfassenden
LP-Modelles* für jedes einzelne Jahr erzeugt werden müssen. Dazu wird ein
spezielles LP-Modell entwickelt, das die Agrarstruktur (Produktion und Faktoreinsatz) der einzelnen Jahre abbildet und darüber hinaus noch in der Lage ist, die
für die Verhaltensfunktion benötigten Informationen anhand der Sensitivitätsanalyse zu liefern. Für das obige Beispiel sind dies der Schattenpreis für die
Fütterungsenergie (NEL) und die Dualwerte für

– Fütterungsmilch bei der Kälbermast,
– ein Kalb,
– Arbeitserledigung,

mit deren Hilfe der Grenzgewinn für die Milchkuh berechnet wird.

Der Einbezug der Dualwerte in die Verhaltensgleichungen stellt eine wesentliche Erweiterung des Analysekonzeptes dar. Die Entscheidung (Höhe des Milchkuhbestandes) der Landwirte wird nicht mehr nur von den Preisen, sondern auch
von der momentanen *„Vorteilhaftigkeit" des betrachteten Gutes* abhängig gemacht,
denn die Dualvariablen geben die Änderung der Erfolgsgröße *in Abhängigkeit von
der zugrunde gelegten Struktur* an. Mit der Änderung der Agrarstruktur infolge
veränderter Rahmenbedingungen (z. B. Beiträge an die Kuhhaltung im Berggebiet)
ändern sich auch die Parameter der Verhaltensgleichungen, d. h. die Entscheidungen der Landwirte. Es ist hiermit also ein Instrument geschaffen, um die
Wirkungen von agrarpolitischen Maßnahmen auf die Agrarstruktur zu analysieren.

Nach diesen grundsätzlichen Vorbemerkungen soll das *Vorgehen bei DAPS*
zur Wirkungsanalyse agrarpolitischer Maßnahmen kurz skizziert werden.

1. Aufbau und Berechnung eines speziell auf die Dualwerte ausgerichteten LP-
   Modelles, um bei jeweils vorgegebener Agrarstruktur die Zeitreihen für die
   benötigten Dualwerte bestimmen zu können.
2. Ökonometrische Schätzung des Verhaltensmodelles mit den Dualwerten und
   den üblichen statistischen Daten als Regressoren.

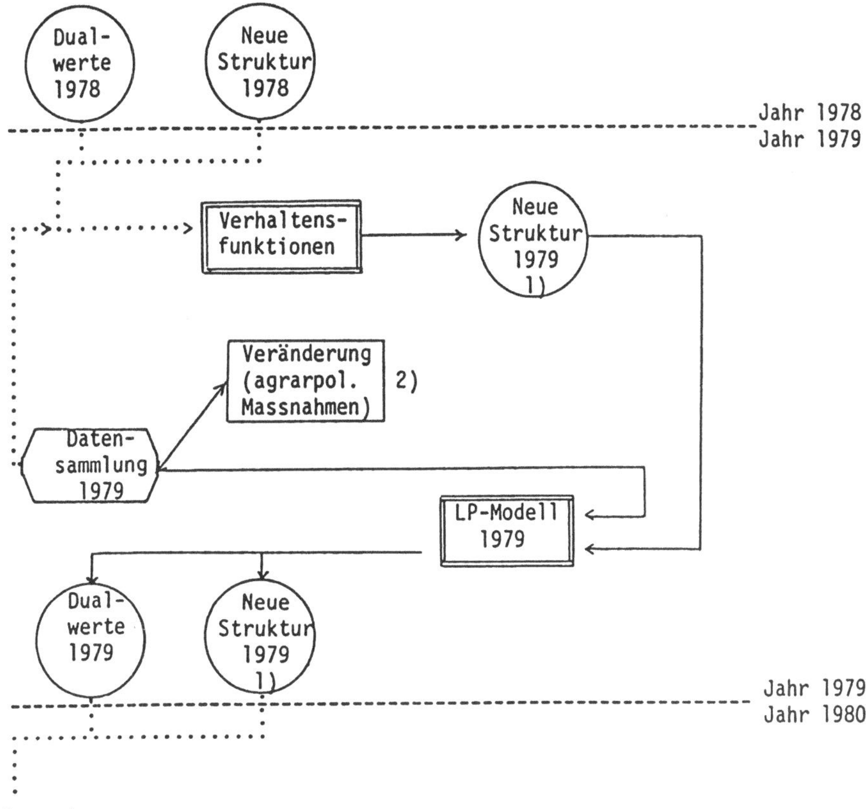

Abb. 2. Das dynamische Simulationsmodell

3. LP-Modell und Verhaltensmodell werden zu DAPS gekoppelt (vgl. Abb. 2).
4. Konsistenzprüfung und Berechnung einer Referenzlösung (Lösung ohne Änderung der Rahmenbedingungen).
5. Simulation der Agrarstruktur mit DAPS bei veränderten Rahmenbedingungen. Dies geschieht über die Zeit durch sukzessiv wechselnde Anwendung von LP-Modell und Verhaltensgleichungen bei veränderten Rahmenbedingungen. Dabei bilden die aus vorjährigen LP-Modellen erhaltene Agrarstruktur und deren Dualwerte die Inputgrößen in das Verhaltensmodell und analog die Entscheidungsvariablen aus dem Verhaltensmodell den Input in des LP-Modell (vgl. Abb. 2).

6.   Die Unterschiede zwischen den Lösungswerten für die Agrarstruktur (Resultat gemäß Punkt 5 und gemäß Referenzlösung) stellen die Wirkung der veränderten Rahmenbedingungen (agrarpolitischer Maßnahmen) dar.

Wirkungsanalysen der obigen Art wurden in der Schweiz für den Bergkanton Graubünden (Bernegger 1985) und den Talkanton Thurgau (Lehmann 1984) durchgeführt, um die Unterschiede der Wirkung agrarpolitischer Maßnahmen in Abhängigkeit von den natürlichen Standortbedingungen aufzuzeigen. Zusammenfassend dargestellt, können diese Studien die Auswirkungen von Markteingriffen wie

- Milchpreisänderungen,
- Kostenbeiträge für die Kuhhaltung im Berggebiet,
- Ausmerzaktionen und Beiträge für Betriebe ohne Verkehrsmilcheinlieferung,
- Preiszuschläge für Kraftfutter,
- Anbauprämien,
- Subventionen für Maschineninvestitionen etc.

auf die Bestimmungsgrößen der Agrarstuktur wie

- Art und Umfang der Tierhaltung (Rindvieh, Schweine, usw.),
- Anbauflächen (Marktkulturen, Futterbau, ...),
- Arbeitskräfte und Maschineninvestitionen

analysieren.

Die starke simultane Verknüpfung unter den landwirtschaftlichen Produkten und Produktionsfaktoren führt erwartungsgemäß zu recht *komplexen Anpassungsreaktionen der Agrarstruktur* auf die oben beschriebenen Markteingriffe. Da die Details weniger von methodischem Interesse sind, wird hier nicht näher auf die agrarwirtschaftlichen Einzelheiten eingegangen, sondern diesbezüglich auf die Orginalarbeiten verwiesen.

6 Betriebsplanungssystem

Zum Abschluß soll noch kurz auf die Entwicklung von *Planungsmodellen für Einzelbetriebe* mit Hilfe quantitativer Methoden eingegangen werden.

Neben zahlreichen Einzeluntersuchungen (Pfefferli 1987, S. 5f.) für spezielle Problemstellungen und Betriebstypen hat Buess (1976) versucht, ein allgemeines, das gesamte betriebliche Geschehen umfassendes *Standardbetriebsmodell* aufzustellen. Das Ziel war, mit Hilfe eines *gemischtganzzahligen Programmierungsansatzes* simultan Produktions-, Investitions- und Finanzierungsprobleme zu bearbeiten. Er entwickelte eine – alle Bereiche eines Betriebes umfassende – detaillierte Standardmatrix, die sich durch Spezifizierung an einen beliebigen Landwirtschaftsbetrieb anpassen läßt. Dies kann durch Eliminierung von Aktivitäten (Variablen) und/oder Restriktionen und durch gezielte Eingabe der betriebsspezifischen Daten erfolgen. Dieses Modell wurde zwar für eine Reihe von Untersuchungen angewendet, war aber als Ganzes zu schwerfällig und zu zeitaufwendig, um routinemäßsig in der Betriebsberatung eingesetzt zu werden.

Die Verfügbarkeit immer leistungsfähigerer und auch portabler Personalcomputer haben Strasser (1988) veranlaßt, ein benutzerfreundliches, bildschirmorientiertes *Betriebsplanungssystem (BEPLASY)* zu entwickeln, das auf einen direkten Einsatz in der Betriebsberatung an Ort und Stelle ausgerichtet ist.

Bei BEPLASY handelt es sich um eine *Kombination von Optimierung und Simulation.* Spreadsheets erlauben es, Modellaufbau, Aufnahme und Aufbereitung von Daten und auch den Output der Resultate sehr benutzerfreundlich darzustellen. Die Möglichkeiten der *Tabellenkalkulation* (1-2-3 von LOTUS) werden sowohl für die Modellspezifikation als auch für die Simulation des Betriebsmodells herangezogen. Dies ist recht vorteilhaft, da das Optimierungsprogramm VINO der LINDO Corp. ein in Spreadsheetform dargestelltes Betriebsplanungmodell als LP-Ansatz interpretieren und optimieren kann.

Das entwickelte System arbeitet im Dialogmodus. Vom Betriebsleiter werden per Bildschirm die nötigen Informationen über die von ihm bevorzugten Betriebszweige, die verfügbare Faktorkapazitäten, die benutzte Agrartechnologie, usw. erfragt und über einen Datengenerator zu einem LP-Produktionsmodell zusammengestellt. Die mit BEPLASY berechnete *optimale Lösung* wird dem Betriebsleiter in der vertrauten Form eines Betriebsvoranschlages *als erster Planungsentwurf* vorgelegt. Diese theoretisch zwar optimale Lösung ist leider aus praktischen Gründen (fehlende Ganzzahligkeit bei den Tierbeständen, mangelnde Übereinstimmung von optimalen Anbauflächen und Parzellengröße, ...) nicht ohne Korrektur realisierbar. Daher ist es notwendig, daß der Betriebsleiter die Gelegenheit erhält, die „optimale" Lösung anhand seiner Erfahrung sukzessiv der Realität und gegebenenfalls auch seinen individuellen Intentionen *anzupassen.* (Theoretisch wäre es zwar möglich, das Modell so weit zu verändern, daß die optimale Lösung auch realisierbar wird. Aus Effizienzgründen wird aber von diesem Vorgehen abgesehen.)

Die einzelnen Schritte der *Anpassung* (Abweichungen von der optimalen Lösung!) werden fortlaufend simuliert und ihre Folgen bezüglich des Betriebserfolges, der Kapazitätsauslastung, usw. auf dem Bildschirm dem Betriebsleiter *zur Bewertung vorgelegt.* Dieser kann nun entscheiden, ob er diese Resultate akzeptieren will, bzw. welche weiteren Korrekturen er vornehmen möchte.

BEPLASY ist für IBM-kompatible Geräte mit mindestens 640 KB RAM entwickelt worden und wird zur Zeit auf einem portablen Olivetti M21 mit mathematischem Coprozessor getestet. Vor allem bei den Optimierungsrechnungen mit VINO stößt man zeitlich gesehen an die Grenzen der erwähnten PC-Konfiguration. Es ist zu erwarten, daß durch den Einsatz der neuen PC's der 386er Serie die geschilderten *Engpässe bei der Anwendung* von BEPLASY in der Betriebsberatung weitgehend behoben werden können.

7 Zusammenfassung

Die quantitativen Methoden werden in der schweizerischen Agrarwirtschaft vor allem im Bereich der nationalen und betrieblichen Planung intensiv angewandt. Die Methoden der Programmierung, besonders die lineare Programmierung, spielen dabei eine zentrale Rolle. Dies liegt darin begründet, daß der LP-Ansatz sehr gut geeignet ist, die Produktionszusammenhänge und die landwirtschaftlichen Produktionsprozesse in praktisch beliebiger Detailliertheit zu erfassen.

In vielen Fällen, in denen die methodischen Voraussetzungen für die Anwendung der linearen Programmierung (lineare Produktionsstruktur, kontinuierliche Variablen, deterministische Parameter) nicht direkt erfüllt sind, lassen sich durch Näherung (Linearisierung) oder Methodenmix (Koppelung mit ökonometrischen Verfahren, Simulation) verwertbare Aussagen erzielen.

Die Akzeptanz der quantitativen Methoden im Anwendungsbereich ist von unterschiedlicher Intensität. Während die Ernährungsplanung mit ihren Anschlußarbeiten voll als Planungsinstrument in den agrarpolitischen Entscheidungsprozeß integriert ist, werden die Konkurrenz- und Analysemodelle eher konsultativ zur Beurteilung von Entscheidungsunterlagen herangezogen. In diesen Bereichen müßte sowohl die Transparenz der Modellansätze als auch die Benutzerfreundlichkeit beim Dateninput und bei der Resultatdarstellung verbessert werden. Bei den verschiedensten Projekten wird zur Zeit intensiv in dieser Hinsicht weitergearbeitet.

Literatur

Bauer S (1979) Quantitative Sektoranalyse als Entscheidungshilfe für die Agrarpolitik. Volkswirtschaftliche Schriften, Heft 280, Hrsg. J. Broermann. Duncker & Humblot, Berlin

Bernegger U (1985) Die Strukturentwicklung der Berglandwirtschaft am Beispiel des Kantons Graubünden, ein Modell zur quantitativen Wirkungsanalyse agrarwirtschaftlicher Maßnahmen. ADAG Administration & Druck AG, Zürich (Diss. ETH Nr. 7740)

Bernegger U (1988) ASM – Referenz manual. Institut für Agrarwirtschaft, ETH-Zürich

Birowo AT (1963) Programming models for regional planing: an approach to the problem of regional specification in Swedish agriculture. Department of Agricultural Economics, Agricultural College of Sweden, Uppsala

Buess A (1976) Gemischt-ganzzahliges Standard-Optimierungsmodell für simultane Produktions-, Investitions- und Finanzierungsplanung in der Landwirtschaft. Eidgenössische Technische Hochschule, Zürich (Diss. ETH Nr. 6043)

Egli G (1980) Ein Multiperiodenmodell der linearen Optimierung für die schweizerische Ernährungsplanung in Krisenzeiten. Universität Fribourg (Dissertation)

Hall HH, Heady EO, Plessmer Y (1965) Quadratic programming solution of competitive equilibrium for U.S. agriculture. Journal paper J-5875 of the Iowa Agriculture and Homeeconomic Experimentation Station, Project 1405

Hättenschwiler P (1976) Möglichkeiten der Anwendung von Operations Research Methoden im Rationierungswesen. Wirtschaftslehre des Landbaus, Eidgenössische Technische Hochschule, Zürich (Diplomarbeit)

Hättenschwiler P (1984) Risikoanalyse zur Ernährungsplanung. Eidgenössische Technische Hochschule, Zürich (Diss. ETH Nr. 7638)

Hättenschwiler P (1986) Rationenplanung mit dem Decision Support System DSS-RAP. Institut für Operations Research and Automation, Universität Fribourg

Hättenschwiler P, Moresino M (1988) Schweizerischer Ernährungsplan für Zeiten gestörter Zufuhr (EP-90, Hauptbericht). Institut für Automation und Operations Research, Universität Fribourg

Hättenschwiler P, Moresino M, Sudan B, Wirth A (1986) Energieplanung für die Ernährungssicherung in Krisenzeiten (Landwirtschaft). NFP44, Projekt Nr. 4.674.0.83.44, Vierteiliger Bericht, Fribourg

Heady EO, Egbert AC (1964) Regional planing of efficient agriculture productions patterns. Econometrica 32/3:374–386

Hürlimann T, Kohlas J (1986) LPL: a structured language for linear programming modelling. Institute for Automation and Operations Research, University of Fribourg

Jörin R (1983) Ökonomische Analyse der Entscheidungen über die Steuerung des Milchmarktes, Auswirkungen auf Produzenten, Konsumenten und Bundeshaushalt. Eidgenössische Technische Hochschule, Zürich (Diss. ETH Nr. 7274)

Künzi HP, Onigkeit D (1958) Programmierungsprobleme in der Ernährungsplanung. Bericht aus dem Handelswissenschaftlichen Seminar der Universität Zürich

Künzi HP, Onigkeit D (1961) Allgemeines Modell eines schweizerischen Anbauplanes für Notzeiten. Wirtschaftswissenschaftliches Institut der Universität Zürich

Künzi HP, Onigkeit D, von Ah J, Müller L (1967) Landwirtschaftliche Anbauplanung mittels linearer Programmierung. Zürich und Bern

Lehmann B (1984) Ein dynamisches Simulationsmodell als Instrument zur Wirkungsnanalyse agrarwirtschaftlicher Maßnahmen in Talgebiet. ADAG Administration & Druck AG, Zürich (Diss. ETH Nr. 7554)

Onigkeit D (1967) Zur Anwendung der mathematischen Programmierung bei der Lösung interregionaler Strukturprobleme der Landwirtschaft. Juris Druck und Verlag, Zürich

Onigkeit D, Egli G, Hättenschwiler P (1976) Schweizerische Ernährungsplanung für Notzeiten. Wirtschaftslehre des Landbaus, Eidgenössische Technische Hochschule, Zürich

Pfefferli S (1986) Produktionssysteme für die schweizerische Rindviehhaltung. Eidgenössische Technische Hochschule, Zürich (Diss. ETH Nr. 8303)

Rieder P (1972) Interregionales Strukturmodell für die schweizerische Landwirtschaft. Wirtschaftslehre des Landbaus, Eidgenössische Technische Hochschule, Zürich

Strasser M (1988) Betriebsplanungssystem für einen Landwirtschaftsbetrieb (BEPLASY). Quantitative Methoden in der Agrarökonomie, Eidgenössische Technische Hochschule, Zürich (in Vorbereitung)

V Mathematische Modelle in der Betriebswirtschaftslehre

Operations Research in der Unternehmenskrise

H. Albach

1 Widmung

Hans Künzi wird fünfundsechzig Jahre alt. Für alle, die ihn kennen, ist er unverändert in seinem Elan, in seinem ansteckenden Frohsinn. Glückwünsche in diesem Band überbringen und seine freundschaftliche Verbundenheit mit Hans Künzi zum Ausdruck bringen zu dürfen, ist eine ganz besondere Freude.

Aus dem Professor für Operations Research ist im Laufe der Jahre ein Nationalrat geworden, ein Wirtschaftsminister – ein Mann der Tat, mögen manche meinen. Aber ein guter Wirtschaftsminister ist ein strategischer Denker, der vor allem weiß, wann er nicht handeln darf. Und wenn eine Wirtschaft so gut läuft wie die Schweizer, die Zürcher allzumal, dann handelt ein Wirtschaftsminister nicht, er läßt handeln: die Privatwirtschaft nämlich.

Auch ein Aufsichtsratsvorsitzender ist ein Mann, der strategisch zu denken pflegt und der weiß, daß er in der überwiegenden Zahl der Fälle nicht selbst handeln darf, sondern die Geschäftsführung zu motivieren, durch konstruktive Fragen zu bestärken und durch sein Dasein Konflikte innerhalb des Vorstandes zu lösen hat, noch bevor sie ausbrechen. Der aber auch weiß, wann er zu handeln hat.

Das Amt des Wirtschaftsministers bringt es mit sich, daß er in manchem Unternehmen mit staatlicher Beteiligung Aufsichtsratsvorsitzender ist. Und so hoffe ich, daß der folgende Beitrag Hans Künzi Freude macht. Freude macht in mehrfachem Sinne. Einmal spielt die Simplexmethode darin eine Rolle[1] (natürlich hätte das praktische Problem, das hier beschrieben wird, nicht geschreckt, wenn es eine nichtlineare Struktur aufgewiesen hätte[2], aber es war nun einmal linear). Zum anderen spielt die Kraft der unternehmenspolitischen Entscheidung darin eine Rolle, die Kraft, die es wagt, das Modell mit all seinen ceteris paribus-Ungeheuerlichkeiten in der Wirklichkeit seine Bewährung finden zu lassen. Und zum dritten spielt darin das Glück eine Rolle, das Unternehmer brauchen, das Politiker brauchen, wenn sie Erfolg haben wollen – und das ich Dir, lieber Hans, von ganzem Herzen auch in den kommenden Jahren wünsche.

---

[1] Wilhelm Krelle und Hans Paul Künzi: Lineare Programmierung, Zürich 1958.
[2] Hans Paul Künzi und Wilhelm Krelle: Nichtlineare Programmierung, Berlin – Göttingen – Heidelberg 1962.

P. Kall et al. (Hrsg.) Quantitative
Methoden in den Wirtschaftswissenschaften
© Springer-Verlag Berlin Heidelberg 1989

2 Problemstellung

Die Justen GmbH betreibt ein Werk zur Herstellung von Kabelmuffen und Endverschlüssen in Albach bei Lich/Oberhessen.

Die Gesellschaft, eine Familien-GmbH, wird in der dritten Generation von den beiden Geschäftsführern Karl und Gabriel Justen geleitet. Ihnen sind von der zweiten Generation bisher nur geringe Kapitalanteile übertragen worden. Die zweite Generation (zwei Brüder und eine Schwester), halten jeweils 30% des Gesellschaftskapitals. Der Rest ist auf zehn Angehörige der dritten Generation verteilt.

Die Gesellschaft hat einen Aufsichtsrat, bestehend aus einem Bankdirektor, der den Vorsitz führt, einem befreundeten Unternehmer und dem Vorsitzenden des Betriebsrats.

Die Gesellschaft ist in anderen Bereichen der Elektrotechnischen Industrie mit Werken in Nord- und Süddeutschland tätig.

Das Werk in Albach arbeitet seit Jahren mit Verlust. Die Gesellschafter, die das Werk nach dem Kriege aus dem Nichts wiederaufgebaut haben, können sich nicht entschließen, das Werk stillzulegen. Der Aufsichtsratvorsitzende hat seit geraumer Zeit immer wieder auf die krisenhafte Situation hingewiesen, in der sich die Industrie in Deutschland befindet: die rückläufige Baukonjunktur, den Import aus Billiglohnländern und den Import von Spezialprodukten aus Frankreich. Dadurch ist die Produktion der deutschen Unternehmen dramatisch geschrumpft. Überkapazitäten und Verluste sind allenthalben die Folge gewesen. Die Justen GmbH ist mit ihrem Anteil von 10% an der deutschen Produktion ein kleiner Anbieter. Der Aufsichtsratsvorsitzende ist der Ansicht, daß das Unternehmen das Werk auf Dauer nicht halten könne.

Angesichts der hohen aufgelaufenen Verluste und der völlig ungenügenden Eigenkapitalausstattung der Gesellschaft sehen sich die Banken nicht mehr in der Lage, weitere Kredite zur Finanzierung der Verluste zu gewähren. Zwei Banken haben bereits ihre Linien gekürzt und wollen neue nur noch in erheblich niedrigerer Höhe gewähren. Die kurzfristigen unbesicherten Kredite sollen durch Forderungszessionen unterlegt werden.

Die Gesellschafter haben seit Jahren keine Gewinnausschüttung erhalten und sehen sich außerstande, das Kapital zu erhöhen. Die stillen Reserven in Reservegrundstücken und anderen betriebsnotwendigen Gütern sind durch Veräußerung bereits weitgehend aufgelöst.

Der Aufsichtsratsvorsitzende hält schließlich den Interessenkonflikt zwischen seinen Pflichten als Aufsichtsratsvorsitzender einerseits und als Direktor der Hausbank andererseits für nicht mehr lösbar und erklärt seinen Rücktritt. Als Nachfolger wird ein Unternehmensberater gewählt in der Erwartung, daß er die noch zögernden Gesellschafter von der Notwendigkeit überzeugen kann, das Werk Albach zu schließen.

Die Geschäftsführung ist der Überzeugung, daß nur durch die Schließung des Werkes in Albach die gesunde Restsubstanz des Unternehmens gerettet werden kann. Andernfalls werde, so meinen sie, auch diese in die Krise hineingerissen. Allerdings wird auch die Schließung des Werkes Albach mit erheblichen Kosten verbunden sein. Es muß damit gerechnet werden, daß der Sozialplan für die 300 Mitarbeiter des Werkes zwischen 2,5 und 3 Millionen DM kosten wird.

3 Die Analyse

In der ersten Gesellschafterversammlung unter dem Vorsitz des neuen Aufsichts-
ratsvorsitzenden wird beschlossen, eine Analyse der Ist-Situation des Werkes
vorzunehmen und Möglichkeiten zur Schließung des Werkes, aber auch zu seiner
Rettung zu prüfen. Dabei steht die Rationalisierung der Endmontage durch eine
roboterbestückte Flexible Fertigungsinsel (RFF) im Mittelpunkt der Überlegungen zur Rettung des Werkes. Die Analyse wird einer Arbeitsgruppe aus Mitarbeitern des Unternehmens und der Unternehmensberatungsgesellschaft des Auf-
sichtsratsvorsitzenden übertragen. Sie führt die Untersuchung unter drei Gesichts-
punkten durch:

1.   Überlegungen zur Optimierung der Produktionsprogrammplanung
2.   Überlegungen zur Verbesserung der Kostenstruktur
3.   Überlegungen zur optimalen Gestaltung der Preispolitik

Zur Analyse der Produktions- und Absatzmöglichkeiten des Werkes wird ein
lineares Modell der Produktionsprogrammplanung eingesetzt. Das Programm ist
so konzipiert, daß sämtliche Größen, insbesondere Preise je Produktart/-gruppe,
Kosten je Fertigungsstufe, Kapazitäten, Absatzmengen u. a., vor der Eingabe mit
den jeweilig verantwortlichen Funktionsleitern des Werkes in Albach abgestimmt
werden. Besonderes Augenmerk wird auf das Rechnen realistischer Alternativen
gelegt. Die Ergebnisse der verschiedenen gerechneten Varianten werden anschließend nochmals mit den an der Sitzung Beteiligten diskutiert. Die relevanten
Alternativen werden im Anschluß an die Sitzung dem Betriebsleiter, dem
Vertriebsleiter und dem Leiter der Kostenrechnung zur nochmaligen Prüfung
vorgelegt.

Der Produktionsfluß im Werk Albach weist die in Abb. 1 wiedergegebene
Struktur auf. Die Fertigungsstruktur ist linear. Die Absatzstruktur (Nachfrage-
funktion) ist natürlich nichtlinear. Alternative Preis/Mengen-Kombinationen
werden im Dialog mit den Verantwortlichen getestet und zu einem nichtlinearen
Modell verbunden.

In der Besprechung mit den Verantwortlichen des Werkes wird aus dem
Flußdiagramm ein lineares Planungsmodell des Werkes entwickelt. Im Dialog mit
den Beteiligten werden die Ergebnisse der Berechnung diskutiert, auf Konsistenz
und Plausibilität geprüft, bis die Modellbeschreibung im linearen Modell „steht“,
d. h., von allen Beteiligten als eine die Realität zutreffend beschreibende Modell-
formulierung akzeptiert wird.

Eine besondere Rolle spielen in den Besprechungen die Schaltschrankpro-
gramme „E.T.“ und „D.T.“. Hierbei handelt es sich um technisch sehr hochwertige
Schaltschränke, die sich an eine bestimmte Marktnische richten und den High-
Tech-Angeboten französischer Hersteller Konkurrenz machen sollen. Das Pro-
gramm soll an den Erfolg anknüpfen, den das Unternehmen mit den Programmen
„E.R.“ und „A.T.“ in der Vergangenheit, wenn auch nur für begrenzte Zeit, hatte.

Die Auswertung des linearen Programms liefert das in Abb. 2 wiedergegebene
Bild. Abbildung 2 zeigt die Kosten- und Erlössituation in Abhängigkeit von der
produzierten Menge vor und nach der Durchführung einer Investition in die
Flexible Fertigungsinsel.

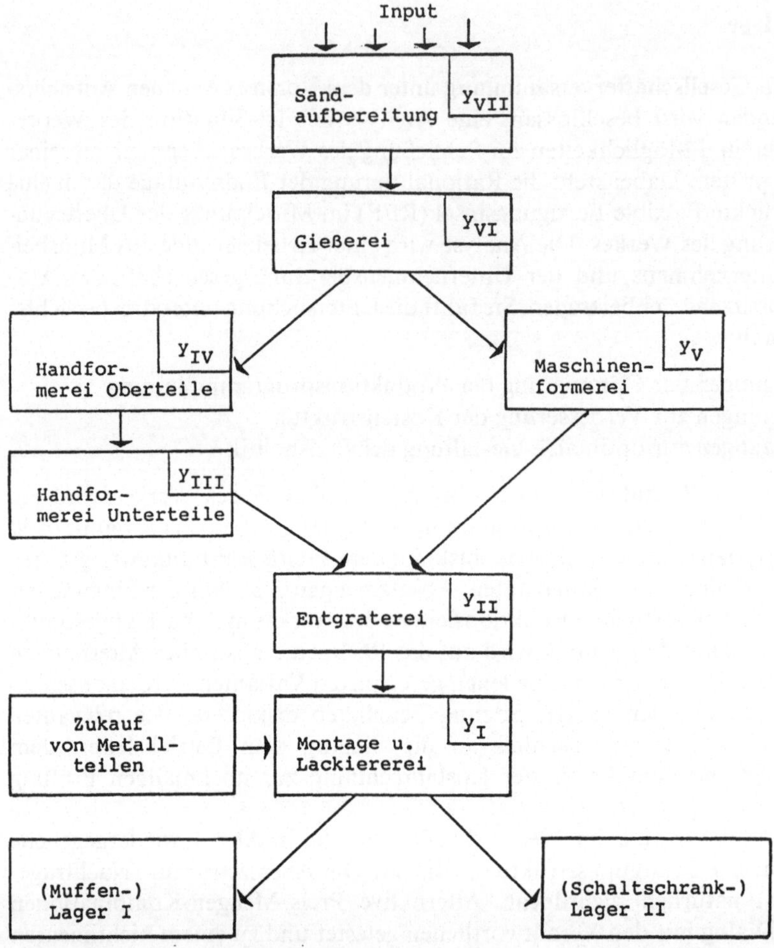

Abb. 1. Der Produktionsfluß im Werk Albach

Aus den Ergebnissen der linearen Programme werden die Cash Flows der Alternativen berechnet. Die Cash Flows der Produktionsprogramme mit dem neuen Montagesystem werden in eine Kapitalwertrechnung zur Berechnung der Vorteilhaftigkeit der Investition eingesetzt.

Den Gesellschaftern werden die Ergebnisse der Analyse in der folgenden Form zugängig gemacht:

1. Kein mit den gegenwärtigen Anlagen im Werk Albach gefahrenes Produktionsprogramm erbringt ein positives Jahresergebnis. Unter den gegebenen Umständen wird auch weiterhin zusätzliche Liquidität von außen zugeführt.
2. Wenn nicht mindestens x t monatlich abgesetzt werden können, ist auch bei Vornahme kostensenkender Investitionen keine Besserung zu erwarten. Die Herstellung von x − 10 % t/Monat läßt selbst bei deutlichen Kosteneinsparun-

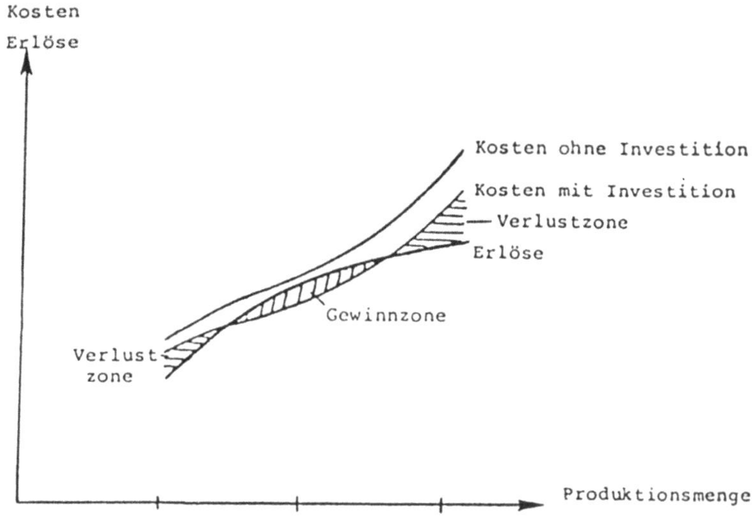

Abb. 2. Kosten und Erlöse, Werk Albach

gen keine Gewinne zu; dazu wäre erforderlich, die Durchschnittserlöse um mehr als 15% zu erhöhen. Das erscheint am Markt nicht durchsetzbar.

3. Eine Erhöhung des Absatzes von „E.T." und „D.T." um 40% monatlich ist ohne Preissenkung möglich. Eine Absatzsteigerung bei den Billigprodukt-Muffen von 20% monatlich ist bei einer Preissenkung um nur 1,5% möglich. Das reicht jedoch nicht aus, um das Werk in die Gewinnzone zu bringen, wenn nicht auch Kosten gesenkt werden können. Die Verluste werden jedoch um zwei Drittel gesenkt.

4. Die einzige Alternative, die sowohl die Liquidität wahrt als auch Gewinne liefert, besteht darin, den Absatz zu verbessern (gemäß Ziffer 3) *und* die Kosten durch Investition in die Roboterfertigung (Investitionssumme ca. 4,3 Mio DM) zu senken.

5. Auch dieser Alternative liegen eine Reihe von Bedingungen und Annahmen zugrunde:

   - der Zukauf von Metallteilen ist einzustellen und durch Eigenfertigung zu ersetzen.
   - Die handgeformten Teile (derzeitiger Anteil technisch bedingt bei fast 20%) werden auf 15% der Produktion gesenkt, was nur über eine Reduktion der Sortenwechselhäufigkeit möglich ist.
   - Reduktion der Montagekosten auf Fertigungsstufe I um 16% pro Tonne und Einsparung bei den Personalkosten um 7,5%.
   - Zulieferung der Armaturen für „E.T." und „D.T." aus Werk Steinfeld erfolgt zu Grenzkosten und nicht – wie bisher – zu Vollkosten.

6. Die Investition in die Roboter von 4,3 Mio DM erbringt einen Nettokapitalwert von 12,7 Mio DM bei einer Lebensdauer von acht Jahren. Sollten wegen Verschärfung des Wettbewerbsdrucks die Preise ab dem dritten Jahr unter

Druck geraten, läßt erst eine Erlösminderung von mehr als 10% die Investition unvorteilhaft werden. Die Amortisationsdauer der Investition beträgt zwei Jahre.

4 Entscheidung und Zielformulierung

Die Gesellschafterversammlung entscheidet auf der Grundlage dieses Berichts, daß die Investition vorgenommen werden soll, wenn sie finanzierbar ist. Den Geschäftsführern wird aufgegeben

- alle Beteiligten im Werk auf das Absatzprogramm, die Preise und Kosten zu verpflichten, die in der Investitions-Alternative zugrundegelegt sind,
- mit den Banken Verhandlungen über die Finanzierung der Investition aufzunehmen.

Es wird erwartet, daß die Banken angesichts der günstigen Amortisationsdauer zu einer 100%igen Kreditfinanzierung der Investition bereit sein werden.

5 Die Finanzierung

Diese Annahme erweist sich als falsch. Keine der Banken, keine der Sparkassen, mit denen das Unternehmen seit Jahren in Geschäftsverbindungen steht, ist bereit, die Finanzierung der Investition zu übernehmen. Angesichts der Tatsache, daß die Banken bereits alle verfügbaren Sicherheiten auch im Privatvermögen der Gesellschaft in Anspruch genommen haben, sieht sich die Geschäftsleitung außerstande, eine Kreditfinanzierung durchzuführen.

Daraufhin werden Verhandlungen mit den ausländischen Lieferanten der Roboter aufgenommen mit dem Ziel, daß der Lieferant die Finanzierung „mitbringen" möge. Dieser erklärt sich vorbehaltlich der Zusage seiner staatlichen Ausfuhrkreditanstalt auf eine Zahlungsgarantie von 80% bereit, 85% der Investitionssumme über fünf Jahre zu kreditieren und zwar dergestalt, daß über zehn gleiche Teilbeträge Wechsel ausgestellt werden, die halbjährig fällig gestellt sind. Die Ausfuhrkreditanstalt, die ihre grundsätzliche Bereitschaft erklärt, macht die endgültige Zusage aber von einer Prüfung nach Eingang des Antrages auf Kreditgarantie abhängig. Diesem Antrag muß die Verpflichtung des Abnehmers beigefügt sein, den Rollenofen abzunehmen.

Der Antrag des ausländischen Lieferanten auf Garantie für den Kredit führt letztendlich doch nicht zum gewünschten Erfolg. Daraufhin wird von der Geschäftsführung gemeinsam mit dem ausländischen Lieferanten geprüft, ob ein Cross-Border-Leasing möglich ist. Eine Leasinggesellschaft in einem Drittland findet sich schließlich bereit, die Flexible Fertigungsinsel zu kaufen und an die Justen GmbH zu leasen. Sie verlangt jedoch für den Fall, daß die deutsche Gesellschaft während der Laufzeit des Leasingvertrages in Konkurs geht, eine Versicherung des Restforderungsbetrages (abzüglich Erlös für die Roboter). Keine deutsche Versicherungsgesellschaft ist bereit, eine solche Versicherung abzuschließen. Der ausländische Lieferant tut schließlich eine Versicherungsgesellschaft in seinem Heimatland auf, die zum Abschluß der Versicherung bereit ist.

Aufsichtsrat und Gesellschafterversammlung stimmen diesem Finanzierungsvorschlag der Geschäftsführung zu, wenngleich auch die Vorteilhaftigkeit der Investition in die Roboter für die Gesellschaft durch diese Finanzierungsweise deutlich geschmälert wird.

6 Das Glück des Tüchtigen

Die Geschäftsführer unterrichten nun pflichtgemäß ihre deutschen Kreditgeber von dem bevorstehenden Abschluß des Leasingvertrages. Dieses hat eine Sinnesänderung der Banken und Sparkassen zur Folge, die nunmehr alle selbst das Geschäft machen wollen. Die Geschäftsführer brechen daraufhin die Verhandlungen mit der Leasinggesellschaft ab und nehmen einen Kredit zu Konditionen auf, von denen sie bis dahin nur geträumt haben.

Die Investition wird getätigt. Dreihundert Arbeitsplätze werden erhalten. Das Werk Albach erzielt den erwarteten Gewinn – zuzüglich eines windfall profit, weil zwischenzeitlich die Energiepreise ganz erheblich gesenkt worden sind.

Inzwischen ist die Investition amortisiert. Und da „E.T." und „D.T." bei der Zielgruppe im Absatzmarkt wirklich eingeschlagen haben, darf die Unternehmenskrise als bewältigt gelten.

Das vorstehende Fallbeispiel ist kein Märchen. Es ist Realität. Paul Künzi ist das Glück des Tüchtigen hold gewesen. Möge es so auch in Zukunft sein. Ad multos annos!

Strom und Bestandskontrolle in Organisationen

M. J. Beckmann

Einleitung

Mitgliedschaft in Organisationen ist nicht permanent. Daher müssen Organisationen ihren Bestand erneuern, es kommt zu Aus- und Einströmen. Dabei treten Probleme auf: wie groß soll die Rate der Erneuerung sein, wie schützt man sich vor Aussterben, wie kann die Größe effektiv kontrolliert werden? Offenbar sind die Situationen eines Sportvereins, einer Akademie, einer Universität, einer Behörde oder einer Produktionsfirma ganz unterschiedlich. Entsprechend verschiedene Regelungen des Ein- und Austritts sind bei ihnen zu erwarten. In der folgenden Betrachtung werden wir gelegentlich auf Modelle der Bedienungstheorie zurückgreifen. Es geht nicht darum, diese naiv der Organisationstheorie aufzupropfen. Vielmehr sollen die Erneuerungsprobleme von Organisationen grundsätzlich und auch im Hinblick auf Phänomene, die schon aus der Bedienungstheorie bekannt sind, behandelt werden.

Erneuerungsprobleme sind besonders kritisch für den Bereich der Führungskräfte in einer Organisation. Wenn diese nicht von außen rekrutiert werden, dann muß innerhalb der Organisation für das Erkennen, Ausbilden und Auslesen des Führungsnachwuchses gesorgt werden. Das gewählte Verfahren wird die Chance eines Aufstiegs in einer Organisation beeinflussen. Der dabei praktizierte Grad der Selektivität beeinflußt einmal die Qualität der Führungskräfte, aber auch die Attraktivität einer Karriere in der Organisation. Zu geringe Beförderungschancen wirken sich ungünstig auf den Bewerberpool aus und können so ihr beabsichtigtes Ziel verfehlen. Wo liegt das Optimum?

Aus dem Fragenkatalog, den eine Theorie der Karrieren in Organisationen zu betrachten hätte, können wir hier nur einige herausgreifen. Wir behandeln im wesentlichen zwei Fragen:

- Kontrolle der Größe einer Organisation, ihres Mitgliederbestandes
- Warten auf Beförderung bzw.
- Chancen einer Beförderung.

Die Frage nach den Chancen von Beförderungen ist stets aktuell für diejenigen, die vor einer Wahl zwischen mehreren Organisationen stehen oder vor der Wahl, ob sie überhaupt in das Organisationsleben eintreten sollen, anstatt es mit einem „alternativen Lebensstil" zu versuchen. Aber auch für Organisationen sind die strukturellen Implikationen von Beförderungschancen wichtig.

P. Kall et al. (Hrsg.) Quantitative
Methoden in den Wirtschaftswissenschaften
© Springer-Verlag Berlin Heidelberg 1989

Man hat diesen Komplex, Positionen in Organisationen und Beförderungschancen für die Organisationsmitglieder auf drei verschiedenen Wegen zu
analysieren versucht.

(1) Die Methode der Übergangswahrscheinlichkeiten. Hier ist eine Karriere
    dargestellt als Markovkette mit gegebenen Übergangswahrscheinlichkeiten.
    Dieser Weg ist vor allem von Bartholemew beschritten worden [1].
(2) Die Methode der Lotterien. Durch reguläres Ausscheiden werden freie Stellen
    auf verschiedenen Rängen geöffnet, deren Besetzung durch Zufallsauswahl
    erfolgt – so gesehen vom Standpunkt der Betroffenen. Dieses Modell ist in
    Operations Research Untersuchungen über die Nachwuchspolitik des Militärs
    zuerst konzipiert worden [2].
(3) Die Methode der Warteschlangen oder der mittleren Verweilzeiten, die in
    diesem Aufsatz vorgestellt werden soll.

Wir beschränken uns auf einfache Systeme mit einem Chef (später einem
mehrköpfigen Vorstand) und n Untergebenen. Die Bedienungstheorie ist geeignet,
die unterschiedlichen Ergebnisse verschiedener Einstellungssysteme klar hervor-
treten zu lassen.

Für unsere Betrachtungen sind es vor allem die folgenden Bestands- und
Stromgrößen, durch die eine Organisation charakterisiert ist

λ die Rate des Eintritts in die Organisation
μ die Ausscheidungsrate pro Organisationsmitglied
μ_r die Ausscheidungsrate für ein Organisationsmitglied im Range r
T die Verweilzeit in der Organisation
T_r die Verweilzeit im Range r und höheren Rängen
w die Wartezeit auf Beförderung im Rang Null
n die Zahl der Organisationsmitglieder
$\tilde{n}$ ihr Erwartungswert
N_{max} die zulässige Maximalgröße der Organisation
N eine fixe Zahl von Organisationsmitgliedern.

Es ist nun ganz wesentlich, welche dieser Größen von der Organisation direkt
kontrolliert, also jederzeit festgesetzt werden, und welche nur durch allgemeine
Regeln bestimmt sind. Die ersten Variablen sind dann deterministisch, während
die durch allgemeine Regeln bestimmte Größen als stochastisch angesehen werden
müssen. Was in einer bestimmten Organisation deterministisch und was stochastisch ist, erweist sich als bestimmend für die tatsächliche Größe, die tatsächliche
Verweilzeit, die Eingangs- und Ausscheidungsraten sowie die Chancen der
Beförderung in höhere Ränge. Aus der Fülle der sich anbietenden Möglichkeiten
greifen wir einige typische heraus, um sie einer näheren Betrachtung zu unterziehen. Es sind folgende Fälle

1. keine deterministischen Kontrollgrößen: unabhängige Ein- und Austritte
2. keine deterministische Kontrolle: Ausscheiden erst nach Beförderung
3. fester Maximalbestand
4. Fixierung der tatsächlichen Verweilzeit

5.   Fixierung des tatsächlichen Bestandes
6.   Fixierung von Bestand und Verweilzeit

1 Unkontrollierte Zu- und Abgänge mit konstanter Rate

Dieser Fall, in dem die wenigsten Beschränkungen auftreten, ist für freiwillige Organisationen wie Vereine charakteristisch. Der Zugang wird dann durch einen Poisson Prozeß mit konstanter Rate λ beschrieben, die Verweilzeiten der einzelnen Mitglieder sind unabhängig und identisch exponential verteilt mit konstanter Rate μ.

In der Bedienungstheorie ist diese Situation schon früh als das Modell $M/M/\infty$ der unendlich vielen Bedienungskanäle behandelt worden. Wir stellen die folgenden Ergebnisse fest:

Die mittlere Verweilzeit in der Organisation ist $\dfrac{1}{\mu}$. Die Größe der Organisation ist eine Zufallsgröße, die Poisson verteilt ist, nach dem Gesetz

$$p(n) = \left(\frac{\lambda}{\mu}\right)^n \bigg/_{n!} e^{-\frac{\lambda}{\mu}} \tag{1}$$

Insbesondere ist die Wahrscheinlichkeit, daß die Organisation ausstirbt, gegeben durch

$$p(0) = e^{-\frac{\lambda}{\mu}} \tag{2}$$

Sie ist um so größer, je größer μ und je kleiner λ sind. Die durchschnittliche Verweilzeit eines Mitglieds in der Organisation ist $\dfrac{1}{\lambda}$. Wenn diese etwa 30 Jahre beträgt $\mu = \dfrac{1}{30}$ und pro Jahr ein Bewerber akzeptiert wird $\lambda = 1$, dann ist die durchschnittliche Mitgliederzahl $= 30$. Die Wahrscheinlichkeit, daß die Organisation zu einem zufällig herausgegriffenen Moment nicht existiert, ist dann gleich

$$e^{-30} = 9 \cdot 10^{-14}$$

also sehr klein.

Es gibt dann eine Gleichgewichtsgröße $\bar{n}$ für die Organisation, bei der die Rate des Zugangs gleich ist der Gesamtrate des Abgangs

$$\lambda = \bar{n}\mu \tag{3}$$

d.h. $\bar{n} = \dfrac{\lambda}{\mu}$

und ein solcher konstanter Gleichgewichtsbestand $\bar{n}$ existiert, gleichgültig wie groß λ und μ sind.

Angenommen, unter den n Mitgliedern nimmt eines die Position eines Chefs ein. Die Chefstelle wird erst vakant, wenn ihr jetziger Inhaber aus der Organisation ausscheidet. Die Nachfolge sei nun streng nach der Ancienuität geregelt. Wie groß ist die Wahrscheinlichkeit für ein gerade eingetretenes Mitglied in einer Organisation vom Bestand n (einschließlich des Chefs) schließlich zum Chef zu avancieren?

Das ist offenbar die Wahrscheinlichkeit, daß der zuletzt Ausscheidende von den n Mitgliedern gerade das hier betrachtete Mitglied ist, und diese Wahrscheinlichkeit ist, weil alle die gleiche erwartete verbleibende Überlebensdauer haben,

gleich $\dfrac{1}{n}$.

Die unbedingte Wahrscheinlichkeit, befördert zu werden, wenn man dieser Organisation in einem beliebig herausgegriffenen Zeitpunkt beitritt, ist dann folgendermaßen bestimmt. Mit Wahrscheinlichkeit p_n hat die Organisation bereits n Mitglieder, so daß die erwartete Beförderungschance dann wird

$$p = \sum_{n=0}^{\infty} \frac{p_n}{n+1} = \sum_{n=0}^{\infty} \frac{1}{n+1} \frac{\rho^n}{n!} e^{-\rho} n =$$

$$= \frac{1}{\rho} \sum_{n=0}^{\infty} \frac{\rho^{n+1}}{(n+1)!} e^{-\rho}$$

$$p = \frac{1 - e^{-\rho}}{\rho}$$

und für große ρ

$$p \approx \frac{\mu}{\lambda} = \frac{1}{\bar{n}}$$

Die Beförderungschance ist dann angenähert das Reziproke der mittleren Organisationsgröße.

Angenommen, die Beförderung erfolgt nicht nach der Ancienuität, sondern nach Fähigkeiten. Für die Betroffenen, soweit sie ihre Qualität nicht objektiv beurteilen können, stellt dies eine reine Zufallsauswahl dar. Wir zeigen, daß die Chancen sich dadurch noch verschlechtern. Sei p_n die Beförderungswahrscheinlichkeit bei Zufallsauswahl, wenn die Organisation n Mitglieder hat. Sicher gilt

$$p_{n+1} < p_n \quad \text{für alle n.} \tag{6}$$

Für diese Beförderungwahrscheinlichkeit ergibt sich aus dem hier auftretenden „Geburten- und Sterbeprozeß" die folgende Differenzgleichung

$$p_n = \frac{\lambda}{\lambda + n\mu} p_{n+1} + \frac{\mu}{\lambda + n\mu} \left(\frac{1}{n-1} + \frac{n-2}{n-1} p_{n-1} \right) \frac{(n-2)\mu}{\lambda + n\mu} p_{n-1}$$

Der erste Term rechts stellt den Zugang eines weiteren Mitglieds dar, der zweite den Abgang des Chefs und der dritte den Abgang eines anderen Untergebenen, aber nicht der betrachteten Person. Für $n = 2$ gilt

$$p_2 < \frac{\lambda}{\lambda + 2\mu} \, p_3 + \frac{\mu}{\lambda + 2\mu} \cdot 1$$

$$< \frac{\lambda}{\lambda + 2\mu} \, p_2 + \frac{\mu}{\lambda + 2\mu}$$

$$p_2 < \frac{1}{2}$$

Ob durch Zufallsauswahl die Beförderungschancen allgemein verschlechtert werden, hängt von der Bedienungsrate $\rho = \dfrac{\lambda}{\mu}$ ab. Betrachten wir als Grenzfall $\lambda = 0$, d. h. keine weitere Mitgliedsaufnahme. Die Differenzengleichung (7) nimmt die Form an

$$p_n = \frac{1}{n(n-1)} + \frac{n-2}{n-1} \, p_{n-1} \tag{7}$$

mit der Anfangsbedingung $p_1 = 1$.

Durch sukzessives Einsetzen erhalten wir

$$p_n = \frac{1}{n-1} \left(\frac{1}{n} + \frac{1}{n-1} + \ldots \frac{1}{n} \right)$$

Man zeigt leicht, daß dann für alle $n > 2$

$$p_n > \frac{1}{n}$$

Die Zufallsauswahl verkürzt das Warten des zuletzt Eingetretenen. Bei großem ρ sinkt dagegen die Beförderungschance unter die bei Anciennität, d. h. $p_n < \dfrac{1}{n}$.

Diese Schlußfolgerungen sind wohl zu pessimistisch. Die exponentielle Verteilung der Mitgliedszeit ist eine extreme Annahme. Sobald der Erwartungswert der verbleibenden Mitgliedszeit abnimmt mit der schon abgeleisteten Zeit, müssen die Chancen eines Neueingetretenen über $\dfrac{1}{n}$ steigen, um so mehr je weniger das Ausscheidungsdienstalter von einer Konstanten T abweicht (vgl. 4 unten).

Man kann überhaupt die Annahme in Frage stellen, daß das Ausscheiden unbeeinflußt sein soll davon, wie nahe man vor einer Beförderung steht. Nehmen wir im Gegenteil an, daß niemand austritt, ehe er in den Genuß des Chefpostens gelangt ist, auf den man ihm bei Eintritt aufgrund des Prinzips der Anciennität Hoffnungen gemacht hat.

2 Ausscheiden als Chef

Als nächste Variante einer Organisation mit unkontrolliertem Zu- und Abgang betrachten wir den Fall, daß niemand ausscheidet, ehe er nicht die Chefposition erreicht hat. Dies mag auf kleine Organisationen zutreffen, die von Mitgliedern mit Beamtenstatus verwaltet werden.

Die Beförderung erfolge nach der Anciennität. Die mittlere Verweilzeit in der Chefposition ist $\frac{1}{\mu}$ und das Ausscheiden erfolgt rein zufällig gemäß einem Poisson-Prozeß. Einstellungen erfolgen rein zufällig mit einer mittleren Rate λ. Dann liegt das Standardmodell der Bedienungstheorie vor [3, p. 135].

Es ist wohlbekannt, daß die Größe der Organisation dann geometrisch verteilt ist.

$$p(n) = (1 - \rho)\rho^n \tag{8}$$

Der Erwartungswert ist

$$\bar{n} = \frac{\rho}{1 - \rho} \tag{9}$$

wobei

$$\rho = \frac{\lambda}{\mu} \tag{10}$$

die sogenannte Bedienungsrate ist.

Damit ein Gleichgewicht existiert, muß diese Bedienungsrate zwischen null und eins liegen, d. h. das Intervall zwischen den Einstellungen größer sein als die mittlere Dienstzeit des Chefs.

$$\frac{1}{\lambda} > \frac{1}{\mu} \quad \text{oder} \quad \rho < 1 \tag{11}$$

Für uns ist die zentrale Frage nicht die nach der Beförderungswahrscheinlichkeit; denn jeder wird früher oder später befördert. Die Frage von Interesse ist vielmehr die Wartezeit. Diese ist bekanntlich ebenfalls eine Zufallsgröße, die Gamma verteilt ist. Der Erwartungswert T der gesamten Verweilzeit in der Organisation,

 201

also der Summe aus Warten auf Beförderung und Dienstzeit als Chef hängt mit der mittleren Größe $\bar{n}$ der Organisation zusammen nach dem Prinzip von Little [4]

$$\lambda T = \bar{n} \tag{12}$$

Das Prinzip von Little sagt bekanntlich, daß im Verlauf einer mittleren Verweilzeit die Organisation sich im Durchschnitt erneuern muß.

Also

$$T = \frac{1}{\lambda} \frac{\rho}{1-\rho} = \frac{1}{\mu - \lambda} \tag{13}$$

und daraus

$$w = \frac{1}{\mu - \lambda} - \frac{1}{\lambda} = \frac{\lambda}{\mu(\mu - \lambda)} \tag{14}$$

$$w = \frac{\rho}{\mu - \lambda} = \rho T$$

Die Bedienungsrate ρ ist also zugleich der Anteil der Wartezeit an der gesamten Dienstzeit in der Organisation.

Ein Beispiel soll die Größenordnungen verdeutlichen, die dabei auftreten. Die Organisation habe im Durchschnitt 11 Mitarbeiter, also 10 Untergebene und einen Chef; die durchschnittliche Verweilzeit in der Organisation sei 20 Jahre. Dann folgt aus

$$11 = \frac{\rho}{1-\rho},$$

daß

$$\rho = \frac{11}{12}$$

und aus

$$20 = T = \frac{1}{\mu - \lambda}$$

$$= \frac{1}{\mu(1-\rho)} = \frac{12}{\mu}$$

daß

$$\mu = \frac{12}{20} = 0{,}6 \quad \lambda = \rho\mu = \frac{11}{22}$$

Von den durchschnittlich 20 Dienstjahren werden dann $\frac{11}{12}$ oder 18,3 Jahre mit Warten auf Beförderung zugebracht, während man für $\frac{20}{12} = 1\,{}^2/_3$ Jahre im Durchschnitt in den Genuß der Chefposition kommt.

An diesem Modell werden die Freiheitsgrade erkennbar, die eine Organisation besitzt, bei der Eintritt und Ausscheiden im Prinzip unabhängig voneinander geregelt sind.

Bisher waren Eintrittsrate λ und Ausscheidungsrate μ für die gesamte Organisation fixiert worden, wobei $\lambda < \mu$ erforderlich war. Ist $\lambda = \mu$, so wächst die durchschnittliche Mitgliederzahl mit p_0, der Wahrscheinlichkeit eines Nullbestands, die bei jedem endlichen Mitgliederstand noch endlich ist; also wächst die Organisation unaufhörlich.

Durch λ und μ sind auch die Intervalle $\frac{1}{\lambda}$ zwischen den Einstellungen und die mittlere Verweilzeit nach einer Beförderung $\frac{1}{\mu}$, die wir auch mit $T-w$ bezeichnen wollen, zugleich bestimmt.

Stattdessen kann die Organisation die folgenden Kennzahlen festlegen.

(i) Die durchschnittliche Mitgliederzahl $\bar{n}$ und die mittlere gesamte Verweilzeit T.

Aus diesen lassen sich λ und μ nach bekannten Formeln bestimmen wie folgt

aus

$$T = \frac{1}{\mu - \lambda} \tag{13}$$

$$\bar{n} = \lambda T = \frac{\rho}{1 - \rho} = \frac{\lambda}{\mu - \lambda} \tag{9}$$

folgt

$$\lambda = \frac{\bar{n}}{T} \tag{12}$$

Einstellungen müssen erfolgen mit der Ausscheidungsrate für den mittleren Bestand. Weiter

$$\mu = \lambda + \frac{1}{T}$$

Die Ausscheidungsrate muß die Einstellungsrate um das Reziproke der mittleren Verweilzeit in der Organisation übertreffen.

(ii) Die mittlere Zahl $\bar{n}$ der Organisationsmitglieder und die mittlere Wartezeit w auf Beförderung.

Nach bekannten Formeln der Bedienungstheorie ist dann

$$w = \frac{1}{\mu - \lambda} - \frac{1}{\mu} = \frac{\lambda}{\mu(\mu - \lambda)} \tag{14}$$

$$\bar{n} = \frac{\rho}{1 - \rho} \tag{9}$$

$$= \frac{\lambda}{\mu - \lambda}$$

Es ist nun

$$\mu = \frac{\bar{n}}{w}$$

wegen Gleichung (14) und (9) und

$$\lambda = \mu \cdot \frac{N}{N + 1} = \frac{N^2}{(N + 1)w}$$

(iii) Die Organisation kann auch zwei andere Parameter im Mittel festlegen, in der Tat je zwei aus dem Vorrat

$$\lambda,\ \mu,\ T,\ w,\ n_0,\ N$$

wobei n_0 die Zahl der Untergebenen, d. h. der Anwärter auf die Chefposition ist.

In diesem Modell ist nicht auszuschließen, daß die Organisation ausstirbt, weil nicht genügend Nachwuchs gefunden werden kann. Denn der Einstellungsvorgang ist ja ein reiner Poisson-Prozeß. Die mittlere Lebensdauer bis zum Verschwinden der Warteschlange, d. h. der Organisation ist tatsächlich

$$\frac{n}{\mu - \lambda}$$

wenn n die Anfangsgröße der Organisation war. Allerdings würde eine Organisation versuchen, ihre Anstellungspolitik bei Gefahr des Aussterbens zu verändern, also die Rekrutierungsanstrengungen erhöhen, wenn ihre Größe auf so kleine Werte fällt, die ein derartiges Wegschrumpfen befürchten lassen.

Was ändert sich an diesem Modell, wenn die Beförderung nicht mehr nach der Anciennität erfolgt, sondern durch eine gezielte Auswahl aus den Wartenden. Aus der Sicht der Betroffenen erscheint dies dann als eine rein zufällige Auswahl. Bekanntlich sagt die Bedienungstheorie, daß sich dadurch an den Mittelwerten nichts ändert. Auch die Verteilung der Stellenzahl bleibt unverändert. Wohl aber steigt jetzt die Varianz der Wartezeiten. Dennoch wird schließlich jeder befördert. Erst nach Absolvierung der Chefzeit scheidet man aus der Organisation aus.

Als weitere Variante betrachten wir die Möglichkeit, daß der Chef auf eine feste Zeit, etwa 5 Jahre, bestellt wird, wie das bei den Berufungen in den Vorstand üblich ist. Die Wartezeit auf Beförderung wird dann tatsächlich kürzer. Denn die hier anzuwendende Formel von Pollacek und Khintchin [5, p. 876] sagt

$$\hat{w} = \frac{1}{\lambda} \frac{\lambda^2 V + \rho^2}{2(1 - \rho)} \tag{15}$$

worin V die Varianz der Bedienungszeit, also hier der Chefzeit ist. Wegen $V = 0$ ist dann

$$\hat{w} = \frac{1}{2} \frac{\lambda}{\mu(\mu - \lambda)} = \frac{1}{2} w \tag{16}$$

wie der Vergleich mit (14) zeigt. Eine Fixierung der Dienstzeit für höhere Ränge wird üblicherweise aus anderen Gründen vorgesehen, hat aber jedenfalls den Effekt, die Wartezeit auf Beförderung zu verkürzen.

3 Feste Mitgliedschaftszeit

Wenn Mitgliedschaft in einer Organisation auf T Jahre fest begrenzt ist, dann kann jede Eintrittsrate λ akkommodiert werden. Der Erwartungswert der Mitgliederzahl ist dann nämlich stets festgelegt durch

$$\bar{n} = \lambda T \tag{12}$$

Hier gilt das Prinzip von Little über die Beziehung zwischen Ankunftsrate, Verweilzeit und mittleren Bestand.

Von diesen $\bar{n}$ Individuen mögen N als normale Mitglieder auf Planstellen sitzen und $\bar{n} - N$ im Wartestadium sein. Die auf den Planstellen verbrachte Zeit ist dann im Durchschnitt

$$\frac{N}{\bar{n}} \cdot T$$

Anders ausgedrückt, die Ausscheidungsrate aus jeder der N Planstellen ist das dazu Reziproke

$$\frac{1}{T} \cdot \frac{\bar{n}}{N}$$

und die Ausscheidungsrate insgesamt ist

$$\frac{\bar{n}}{T} = \lambda$$

in Übereinstimmung mit (12).

Eine interessante Eigenschaft des Systems der festen Verweilzeit T ist, daß Beförderung nach der Anciennität jetzt eine Beförderung mit Gewißheit bedeutet. Die Länge der Zeit auf dem Chefstuhl ist, wie die Intervalle zwischen den Ankünften, exponentiell verteilt.

Im Modell 1 und 4 sind die Ankunftsströme nach Annahme identische Poissonströme. Es ist bemerkenswert, daß in beiden Fällen auch die Abgangsströme Poissonströme mit derselben Intensität λ sind. Aus den Strömen läßt sich nicht erkennen, ob die Anciennität zu einer Beförderung mit Wahrscheinlichkeit $\frac{1}{n}$ oder mit Wahrscheinlichkeit eins führt. Das ist eine Frage der Regelung der Verweilzeit.

4 Maximale Mitgliederzahl

In diesem Fall ist die Rate λ, mit der Bewerber ankommen dürfen, unbeschränkt. Die tatsächlichen Aufnahmen dürfen den Bestand nie über das erlaubte Maß N anheben. Die tatsächliche Mitgliederzahl der Organisation entwickelt sich gemäß dem Verhalten einer Warteschlange für den Fall eines „begrenzten Warteraums". Wir gehen auf diese Verhältnisse im einzelnen nicht näher ein. Es gilt jedenfalls stets

$$\bar{n} < N$$

Wenn $\lambda \gg \mu$ darf allerdings $\bar{n}$ durch N ersetzt werden, so daß die folgenden einfachen Beziehungen gelten

$$T = \frac{N}{\mu} \tag{17}$$

$$w = \frac{N-1}{\mu} \tag{18}$$

Das heißt, die Ankunftsrate λ spielt keine Rolle mehr.

5 Feste Mitgliederzahl

Die Regelung der Mitgliederzahl auf eine feste Größe N kann nur so erfolgen, daß die Zugänge unmittelbar auf die jeweiligen Abgänge folgen, also keine Unabhängigkeit mehr besteht. Denkbar ist allerdings auch, daß umgekehrt die Abgänge

unmittelbar auf die Zugänge folgen müssen. Doch ist ein solches System wegen der
daraus entspringenden Unsicherheit im Beschäftigungsverhältnis bei Arbeitsorga-
nisationen wenig üblich.

Es kann dann ein jeder Anfangsbestand N der Organisation aufrechterhalten
werden, wenn die Verweilzeiten entsprechend gewählt sind.

In einem solchen System hat die „Warteschlange" eine konstante Länge $N - 1$.
Die Verweilzeit in der Chefposition möge jetzt eine beliebige Verteilung besitzen

$$m(t)dt$$

mit Erwartungswert $\dfrac{1}{\mu}$ wie zuvor.

Bei Anciennität ist dann die Wartezeit bis zur Beförderung die $N - 1$fache
Faltung der Verteilung der Chefzeit $m(t)$

$$m^{(N-1)}(t)$$

Ihr Mittelwert ist

$$\frac{(N - 1)}{\mu}$$

Zum Beispiel ist bei exponentieller Chefzeit die Wartezeit selbst gammaverteilt

$$w(t)dt = \mu^{N-1}t^{N-2}e^{-\mu t}dt$$

In diesem System ist $\lambda = \mu$, die Einstellungsrate die gleiche wie die Ausscheidungsrate. Bei gleicher mittlerer Größe $\bar{n} = N$ wäre die Wartezeit in einem System mit
zufälliger Einstellung nach (14)

$$\frac{1}{\lambda}\frac{\rho}{1 - \rho} - \frac{1}{\mu} = \frac{N}{\lambda} - \frac{1}{\mu} > \frac{N - 1}{\mu} \tag{19}$$

wegen $\lambda < \mu$.

Einstellung nach Bedarf verkürzt also die mittlere Wartezeit gegenüber einem
rein zufälligen Einstellungsprozeß.

Bei fester Mitgliederzahl ist die Wahrscheinlichkeit einer Beförderung eine
Funktion der Stellenzahlen und der mittleren Austrittsraten aus diesen Stellen.
Seien n_r die Positionen und μ_r die Ausscheidungsraten, $r = 0,1$. Die Eintrittsrate λ
muß dann gleich der Rate des gesamten Austritts sein

$$\lambda = n_0\mu_0 + n_1\mu_1 \tag{20}$$

Die Wahrscheinlichkeit einer Beförderung ist gleich dem Anteil des Stroms in den Rang 1 aus dem Gesamtstrom λ

$$p = \frac{n_1\mu_1}{\lambda} = \frac{n_1\mu_1}{n_0\mu_0 + n_1\mu_1} \tag{21}$$

Die Wahrscheinlichkeit ist 1 dann und nur dann, wenn kein Austritt aus dem Rang Null erfolgt

$$\mu_0 = 0$$

Eine Umformung soll den Zusammenhang zwischen (21) und einer bekannten Formel für Beförderungen bei festem Bestand und festen Zeiten herstellen.

Wir schreiben

$$N = n_0 + n_1 \quad \text{Gesamtbestand}$$

$$T_1 = \frac{1}{\mu_1} \qquad \text{mittlere Verweilzeit im Rang 1} \tag{22}$$

Die mittlere Ausscheidungsrate pro Person in der Organisation ist dann

$$\frac{n_0}{N}\mu_0 + \frac{n_1}{N}\mu_1 = \mu \tag{23}$$

und die mittlere Verweilzeit in der Organisation ist

$$T = \frac{1}{\mu} \tag{24}$$

Einsetzen von (24), (22) und (23) in (21) ergibt

$$p = \frac{n_1}{N} \cdot \frac{T}{T_1} \tag{25}$$

Die Beförderungswahrscheinlichkeit ist proportional zum Verhältnis der Stellenzahlen und umgekehrt proportional zu den Verweilzeiten.

Insbesondere, wenn $\mu_0 = \mu_1$ (Exponentialverteilung der Verweilzeiten), dann ist

$$p = \frac{n_1}{N}$$

wie im Fall der unkontrollierten Zu- und Abgänge.

6 Feste Zeiten und Bestände

Wenn sowohl Dienstzeit T wie Größe N der Organisation deterministisch fixiert sind, dann ist der Einstellungs- und Austrittsprozeß ebenfalls deterministisch. Er ist periodisch mit Periode T. Fluktuationen in den Intervallen zwischen den Zugängen oder der Anzahl der in einer Periode (Jahr) Neueintretenden wiederholen sich mit Periode T, ohne zu einem stationären Zustand zu konvergieren.

Der stationäre Fall ist derjenige, der dem „Lotterie" Ansatz in der Stromanalyse von Organisationen zugrunde liegt. Es ist wohl bekannt, daß dann die Beförderungswahrscheinlichkeiten gegeben sind durch die Gleichung (25), die hier für den Fall der festen Bestände aber des stochastischen Verweilens hergeleitet wurde. Er soll hier nicht weiter verfolgt werden. (Vgl. Beckmann 1978.)

Schluß

Wir schließen mit zwei Bemerkungen. Die hier betrachteten Wartezeit- und Flußmodelle lassen sich auf eine hierarchische Organisation mit mehreren Rängen entsprechend übertragen. Sie lassen sich weiter auf ein System von vergleichbaren Organisationen, zwischen denen Mobilität besteht, ebenso anwenden wie auf eine einzige Organisation. Das gilt besonders für den Bereich der Universitäten und Forschungsinstitute, nicht nur in einem Land, sondern oft in einem ganzen Sprachbereich, wie die deutschsprachigen Länder Europas oder die englischsprechende Welt Nordamerikas und Großbritanniens oder auch die skandinavischen Länder. In manchen Fällen gibt es sogar etwas wie einen internationalen Markt.

Zweitens das Warten auf Beförderung wird oft als Härte empfunden. Die Zahl der jeweils Beförderten ist stets klein, verglichen mit der der Wartenden. Die Glücklichen, die eine hohe Position erreichen, stellen stets eine kleine Minderheit dar, und die Kriterien, nach denen sie gewählt wurden, sind oft fragwürdig. Max Weber hat den jungen Wissenschaftlern das folgende gesagt: „Für einen jungen Gelehrten, der keinerlei Vermögen hat, ist es außerordentlich gewagt, überhaupt den Bedingungen der akademischen Laufbahn sich auszusetzen. Das akademische Leben ist ... ein wilder Hazard. Wenn junge Gelehrte um Rat fragen wegen Habilitation, so ist die Verantwortung fast nicht zu tragen ... Man muß auf das Gewissen fragen: Glauben Sie, daß Sie es aushalten, daß Jahr um Jahr Mittelmäßigkeit nach Mittelmäßigkeit über Sie hinaussteigt?" [6, p. 567, 572].

Wer diesem „Rad" der Wanderung durch Positionen in Karrieren entgehen will, hat im Grunde nur zwei Möglichkeiten. Er kann versuchen, selbständig zu bleiben, findet sich aber dann doch oft in der Rolle eines Gründers und Leiters von Organisationen wieder; oder er kann eine Organisation von außen erobern, indem er sich im öffentlichen Bereich dem Wettbewerb der politischen Arena aussetzt. Der gewählte Chef einer Organisation steht ganz anders da, als jemand, der sich intern hochgedient hat. Deswegen können auch Wissenschaftler ihre Bewunderung einem Kollegen nicht verweigern, der den Pfad einer wissenschaftlichen Karriere auf dem Höhepunkt verlassen hat und sich in der härteren Welt der Politik nach oben gekämpft hat. Wir vermissen zwar Hans Künzi als Kollegen im

Universitätskreis, bewundern aber um so mehr seine Fähigkeit als führender Politiker die Operations Research auf die harte Wirklichkeit anzuwenden. Viele sprechen vom Wissenstransfer, Hans P. Künzi macht ihn.

Literatur

1. Batholomew DJ (1987) Stochastic models for social processes. London
2. Beckmann MJ (1978) Rank in organizations. Springer
3. Henn R, Künzi HP (1968) Einführung in die Unternehmensforschung I, II. Springer
4. Little JDC (1961) A proof for the queuing formula $L = \lambda^{-1}w$. Operations Research 9:383–387
5. Wagner HM (1969) Principles of Operations Research, second edition. Prentice Halle
6. Weber Max (1951) Wissenschaft als Beruf. In: Gesammelte Aufsätze zur Wissenschaftslehre. Mohr, Tübingen

F&E-Management unter Berücksichtigung des Risikos

W. Popp

1 Einführung

F&E-Management

Der Begriff F&E-Management umfaßt die Festlegung von Zielen für zukünftige
Handlungen einer Unternehmung und die Steuerung des Einsatzes verfügbarer
Mittel zur Zielerreichung. Vgl. dazu Fuchs-Wenger.

Die Abb. 1 zeigt, daß im Managementprozeß die Festlegung der F&E-Ziele
sowohl durch unternehmungsexterne Bedingungen, wie z. B. Marktentwicklungen
und Technologietrends, als auch durch unternehmungsspezifische Komponenten,
wie z. B. Ressourcen und die Strategiewahl geprägt wird. Zur Zielerreichung sind
Projekte zu formulieren, vielfach über ein Ideenscreening oder ähnliche Prozesse,
wie sie Kern/Schröder (1977), S. 166ff. ausführlich beschreiben. Unter Berücksichtigung verschiedener Struktur- und Kapazitätsaspekte folgen dann Evaluationen
und Auslese der Projekte mit dem Ziel der Erarbeitung strategischer Pläne. Diese
bilden die Grundlage für die operative Planung, die ebenso wie die Strategiepläne
einem Kontrollprozeß zu unterziehen sind. Für Rückkoppelungen der Kontrollen
zu vorangehenden Stufen des Managementprozesses vgl. Abb. 1.

In der vorliegenden Arbeit sollen Evaluation und Auslese im Rahmen des
F&E-Managementprozesses näher beleuchtet werden. Dabei sei noch auf einige
Besonderheiten des F&E-Bereiches verwiesen.

Risiko

Unter dem Risiko einer Unternehmung ist die Möglichkeit des Abweichens
quantitativer und qualitativer Beurteilungskriterien von den Erwartungen in einer
für die Unternehmung ungünstigen Art zu verstehen. So unterliegen z. B. Gewinne
bzw. Kosten der Gefahr, gegebene Erwartungen zu unter- bzw. überschreiten.

Der Verfasser dankt der Progress Foundation, Carona (Tessin/Schweiz) und speziell ihrem Präsiden-
ten, Herrn Dr. Marcel Studer, für die Förderung vorbereitender Studien zu diesem Aufsatz. Dank
gebührt auch Frau Anna Gabriela Schmidt und Herrn Roland Waibel, Institut für Operations Research
und Planung an der Univeristät Bern, für die Aufarbeitung einiger Literatur bzw. die Mitarbeit beim
Aufbau eines Zahlenbeispiels zu dem in diesem Aufsatz darzulegenden Modell. Vgl. Popp/Waibel
(1988).

P. Kall et al. (Hrsg.) Quantitative
Methoden in den Wirtschaftswissenschaften
© Springer-Verlag Berlin Heidelberg 1989

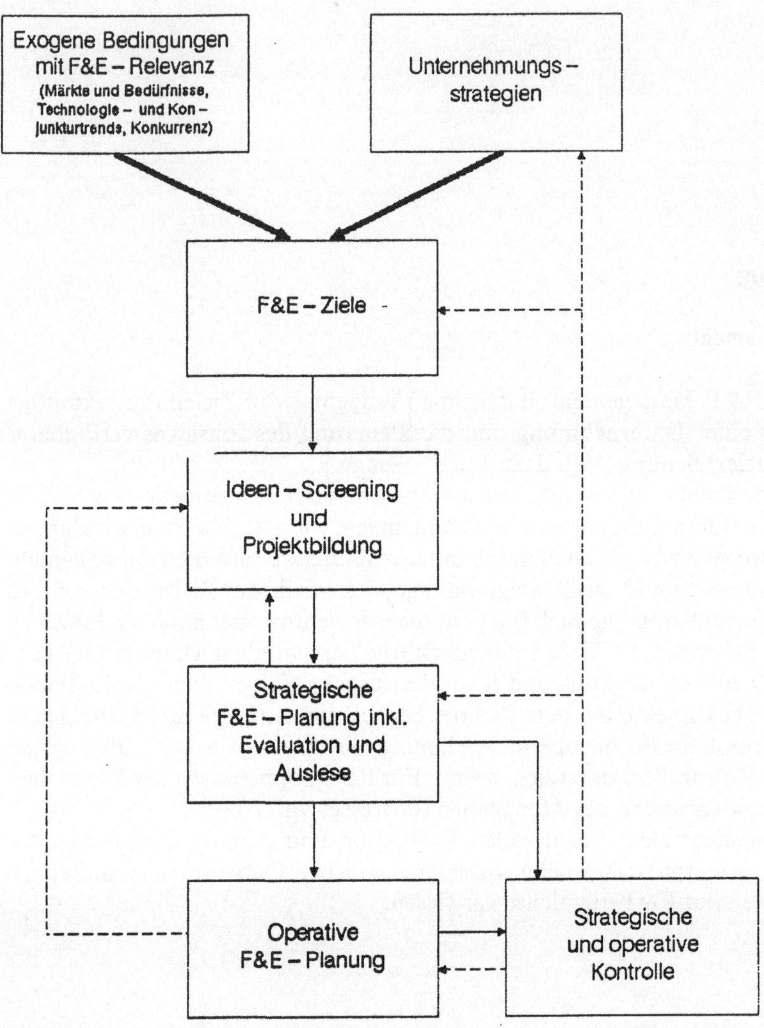

Abb. 1

Vielfach wird bei stochastischen Unternehmungsvariablen das Risiko als deren Varianz definiert. Dieses Konzept ist besonders dann für die Risikoanalyse unzweckmäßig, wenn asymmetrische Verteilungen vorliegen und die Streuungsmasse für Abweichungen unter bzw. über dem Erwartungswert verschieden ausfallen. Diesem Einwand gegenüber den Varianzen ist über die Berechnung von Semivarianzen zu begegnen, zusammen mit der Trennung von Negativ-Risiken und Chancen, wobei letztere im Sinne von Abweichungen gegenüber Vorgaben bzw. Erwartungen in einem für die Unternehmung positiven Sinne zu verstehen sind. Vgl. z. B. Zeleny (1982), S. 388ff.

Wohl kaum ein anderer Funktionsbereich in einer Unternehmung ist so stark mit Risiko beladen wie der Forschungs- und Entwicklungsbereich. Die Ursachen liegen z. T. in der Langfristigkeit der Projekte, aber auch in der Unsicherheit der Forschungs- und Entwicklungsprozesse an sich. So ist z. B. aus der pharmazeutischen Industrie bekannt, daß von 100 Projekten im Durchschnitt weniger als 10 auf den Markt und zu einem Erfolg gelangen. Aus diesem Umstand erklärt sich u. a. das starke Interesse der Unternehmungen, die verschiedenartigen Risiken im Zusammenhang mit der Auslese von Projekten besser zu erfassen und zu dämpfen.

Kapazitäten

Bei der Projektauslese sind Kapazitäten immer dann zu berücksichtigen, wenn sie durch Entscheidungen nicht beeinflußbare Engpässe darstellen bzw. wenn Erweiterungen bzw. Verminderungen vorzunehmen sind. Diese Fälle können z. B. bei Maschinen-, Labor- oder Personalkapazitäten auftreten, aber auch im Finanzbereich mit der Vorgabe von Schranken und deren Veränderungsmöglichkeiten bei F&E-Budgets.

Besondere Aufmerksamkeit widmet man im F&E-Bereich dem Personal. Hier hat es das Management mit einer sehr qualifizierten und ebenso empfindlichen wie auch schwer ersetz- bzw. vermehrbaren Personengruppe zu tun. So sind mittel- und langfristige Perspektiven in diesem Zusammenhang für eine reibungslose Abwicklung der Aufgaben vorteilhaft.

Organisation

Eine wesentliche Voraussetzung des erfolgreichen F&E-Managements liegt in der Wahl einer auf die jeweiligen Gegebenheiten ausgerichteten Organisationsform. Für einschlägige Überlegungen vgl. z. B. Cetron (1969), Winkofsky (1981), Mandakovic/Souder (1985). Speziell zu verrichtungs-, produkt- bzw. projektorientierten Organisationsstrukturen unter Berücksichtigung regionaler Differenzierungsaspekte vgl. Hahn/Popp (1989). Weitere Hinweise zur Organisation befinden sich im Abschnitt 3.

2 Projektauslese und Risiko

Projekte

Projekte sind generell – und damit auch für den F&E-Bereich – als Mengen von Aktivitäten und Entscheiden zu definieren, die über Ereignisse unter Berücksichtigung logischer Bedingungen miteinander verknüpft sind. Es sind Aktivitäten und Entscheidungen ebenso wie auch den Ereignissen Parameter zuzuordnen, z. B. für Kapazitätsbelastungen, Durchführungszeiten, Erfolgs- und Mißerfolgswahrscheinlichkeiten, Ein- und Auszahlungen usf.

Projekte können mit dieser Definition in verschiedenen Varianten formuliert werden, die von den klassischen Netzwerkansätzen über Entscheidbäume – wie sie in der flexiblen Investitionsplanung bzw. der dynamischen Programmierung gebräuchlich sind – bis hin zu verallgemeinerten Entscheidnetzen und ganzzahligen mathematischen Programmen reichen. Vgl. Howard (1965 und 1980), Künzi/ Krelle (1969), Künzi/Müller/Nievergelt (1968). Whitehouse (1973), Dean/ Chandhuri (1980), Eisner (1982), Blohm/Lüder (1987) und Popp (1988).

Projekt- und Risikomischungen

Für die Abschätzung und Eingrenzung des Risikos ist es vorteilhaft, wenn mehrere Projekte zu planen sind. Betrachten wir der Einfachheit halber ein Projekt, das infolge eines technischen Risikos nur eine einzige stochastische Verzweigung aufweist und zwar mit der Erfolgswahrscheinlichkeit von 0,6 und einer Mißerfolgswahrscheinlichkeit von 0,4. Im Falle des Erfolgs soll ein positiver Kapitalwert von 1 Mio SFr. erzielt werden, während der Mißerfolg einen negativen Kapitalwert mit –0,8 Mio SFr. bedingt. Vgl. Abb. 2.

Der Erwartungswert ist in Mio SFr. 0,6–0,32 = 0,28. Für die Beurteilung des Projektes bietet der Erwartungswert keine sinnvolle Information, denn entweder kann man im Erfolgsfall mit 1 Mio rechnen oder man muß im Mißerfolgsfall –0,8 Mio in Kauf nehmen. Der Wert von 0,28 wird mit Sicherheit nicht und auch nur näherungsweise nicht eintreten.

Sind Schätzungen der Kapitalwerte und der Kapazitätsbelastungen für mehrere Projekte vorzunehmen, werden mit zunehmender Zahl der Projekte die Erwartungswerte und die Varianzen wieder sinnvoll. Denn nun können die Erwartungswerte zumindest näherungsweise wieder als Realisationen auftreten. Analoges gilt für Abweichungen von den Erwartungswerten unter Berücksichtigung der entsprechenden Wahrscheinlichkeitsaspekte. Weitere Hinweise zu diesem Punkt geben die Ausführungen zum zentralen Grenzwertsatz an späterer Stelle dieses Abschnittes.

Unsicherheiten bei der Entstehung von Risiken können sowohl durch technische Erfolgs- bzw. Mißerfolgswahrscheinlichkeiten als auch durch wirtschaftliche Unsicherheiten, z. B. bezüglich der Erträge, bedingt sein. Sind neben den technischen Unsicherheiten der Abb. 2 auch Zahlungen bzw. Kapazitätsbelastungen durch Wahrscheinlichkeitsverteilungen bestimmt, so können diese Zusammenhänge über mehrdimensionale Verteilungen erfaßt werden, wobei sowohl bedingte als auch unbedingte stochastische Zusammenhänge denkbar sind. Vgl. dazu z. B. Aaker/Tyebjee (1978).

Sind mehrere Zufallsvariablen in einem Teilzeitintervall zu addieren, wie dies bei der Addition stochastischer Nettozahlungen verschiedener Projekte erforder-

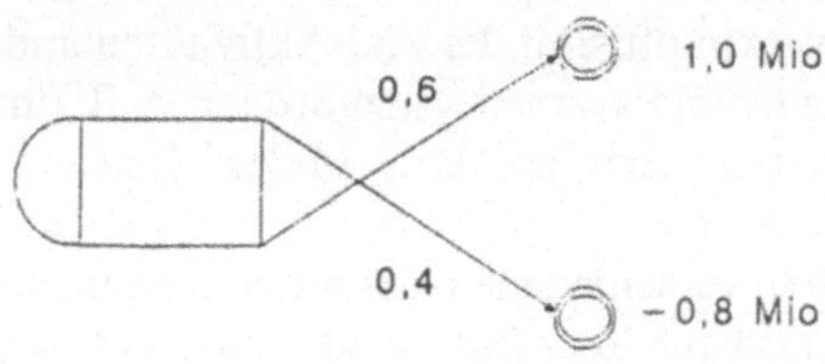

Abb. 2

lich wird, so erhalten wir die Verteilung der möglichen Ausprägungen der Zahlungssumme über eine Faltung.

Zentraler Grenzwertsatz

Der zentrale Grenzwertsatz, in seiner klassischen, auf Lindberg und Levy zurückgehenden Form, erlaubt bei einer Übertragung auf die Praxis zur Erfassung des Risikos mehrerer stochastischer Variablen die folgende Aussage: Sind Zufallsvariablen stochastisch unabhängig und haben sie annähernd dieselbe Verteilung mit endlichen Erwartungswerten und Varianzen, so gehorcht die Summe dieser Zufallsvariablen annähernd einer Normalverteilung. Vgl. dazu z. B. Parzen E. (1967). Die Voraussetzung annähernd gleicher Verteilungen ist für praktische Fälle allerdings als streng zu betrachten, so daß der zentrale Grenzwertsatz in seiner klassischen Form für Risikoüberlegungen im F&E-Bereich in der Regel nicht brauchbar ist.

Wesentlich anwendungsfreundlicher sind die Bedingungen beim Beweis zum zentralen Grenzwertsatz nach Ljapunoff, der auch verschieden verteilte unabhängige Zufallsvariablen zuläßt. Ljapunoff verlangt für diese Zufallsvariablen die Existenz der Momente bis zu einer bestimmten Ordnung, wobei der Grad der Ordnung mit einer milden Konvergenzbedingung verknüpft ist. Vgl. z. B. Renyi A. (1986). Mit diesem Satz werden die theoretischen Voraussetzungen für die Eingrenzung von Risiken wesentlich erweitert. Die Bedingung der stochastischen Unabhängigkeit der Zufallsvariablen stört in den meisten Anwendungen nicht, weil stochastische Abhängigkeiten wegen der anspruchsvollen Schätzproblematik nur dann in den Modellen aufgenommen werden, wenn sie größere Auswirkungen auf die Ergebnisse erwarten lassen. Liegen solche Abhängigkeiten der Zufallsvariablen vor, so besteht immer die Möglichkeit einer Analyse über die Simulationstechnik. Vgl. dazu z. B. Bauknecht, Kohlas, Zehnder (1976).

Beschränkte Definitionsbereiche

Im Falle beschränkter Definitionsbereiche der Variablen kann die Risikoanalyse auf der Beschränkung von Erwartungswerten bzw. maximal möglichen Ausprägungen der Risikovariablen aufgebaut werden. Dieses Vorgehen, das in der Handhabung einfacher ist als die allgemeineren Überlegungen auf der Basis von Grenzwertsätzen, liegt dem Modell der Abschnittes 4 zugrunde.

3 Methoden und Modelle

Abgrenzung in den Methoden

Der Einsatz von Methoden des Operations Research bei der Projektauslese ist in der Literatur über F&E-Management vielfältig. Es finden sich neben den klassischen Methoden der Netzplantechnik die Verfahren der mathematischen

Programmierung, der Simulation, der Scoring- und der Portfoliotechniken. Vgl. Jackson (1983), Liberatore/Titus (1983) und Watts/Higgins (1987).

Eine neuere Arbeit von Fahrni und Spätig (1988) gibt einen Überblick über die Einsatzmöglichkeiten von Methoden mit einer Schwerpunktbildung bei den Verfahren der mathematischen Programmierung. Im folgenden soll der Einsatz dieser Verfahren für die Projektauslese durch ein Beispiel verdeutlicht werden, das als ganzzahliges mathematisches Programm zu lösen ist. Es sind dabei die Prinzipien zur Bewältigung einer komplexen Entscheidsituation unter besonderer Berücksichtigung des Risikos aufzuzeigen.

Partial- und Globalmodelle

Im F&E-Management ist es vorteilhaft, über Partial- und Globalmodelle zu verfügen. Die Globalrechnungen werden mindestens einmal pro Jahr für alle Projekte bzw. die entscheidabhängigen Projekte durchgeführt und dienen der Berücksichtigung von Synergieeffekten und der Dimensionierung von Kapazitäten und Budgets.

Da Globalrechnungen bezüglich der Datenerhebungen aufwendig sind, interessieren für außerhalb des regelmäßigen Planungszyklus anfallende Vorhaben solche Analyseverfahren, die eine Beurteilung der Projekte einzeln und mit einer groben Abschätzung der Interdependenzen zu anderen Projekte erlauben. Die entsprechenden Modellansätze werden als Partialmodelle bezeichnet und sind bei Popp (1988) näher beschrieben. Im folgenden sollen lediglich die Globalmodelle der Gegenstand einer weiteren Betrachtung sein.

Zielvorstellungen von Globalmodellen können in Form von Ein- und Mehrzielsystemen formuliert werden und beziehen sich in der Literatur primär auf quantifizierbare Aspekte. Vgl. z. B. Locket/Gear (1973), Aaker/Tyebjee (1978), Markland/Vickery (1986), Zanakis/Gupta (1985). Daneben spielen aber qualitative Kriterien für das Projektmanagement häufig eine wesentliche Rolle. Für ihren Einbezug in die Analysen vgl. Dreyer (1974), Liberatore/Titus (1987), Watts/Higgins (1987).

In den neben den Zielsystemen zu definierenden Strukturbedingungen bestehen bezüglich der Untergliederung der Entscheidvariablen und der Berücksichtigung technischer und wirtschaftlicher Aspekte wesentliche Unterschiede. Zur Veranschaulichung dieses Aspektes und auch als Hinweise auf die Veränderung der Modellphilosophie im Laufe der Jahre, sollen die Ansätze von Brockhoff (1969), Aaker/Tyebjee (1978), Costello (1983) und Mandakovic/Souder (1985) dienen.

Brockhoff (1969)

Brockhoff verweist frühzeitig in der Entwicklung der F&E-Managements auf die Bedeutung der Projektinterdependenzen, mit einer Unterscheidung von technischen Interdependenzen und Synergien beim Faktoreinsatz. Er zitiert einen nichtlinearen Ansatz der mathematischen Programmierung von Weingartner

(1967) und schlägt zur Erhaltung einer linearen ganzzahligen Form die Bildung hypothetischer Superprojekte vor, die Kombinationen interdependenter Projekte darstellen. Das unbeschränkte Ziel in diesem Ansatz von Brockhoff besteht in der Maximierung erwarteter Kapitalwerte.

Aaker und Tyebjee (1978)

Auch Aaker und Tyebjee haben als unbeschränktes Ziel ihres ganzzahlig und linear formulierten mathematischen Programmes die Maximierung des erwarteten Kapitalwertes. Sie berücksichtigen 3 Arten von Interdependenzen:

1) Überlappungen der Projekte in Verbindung mit Effizienzverbesserungen bei der Nutzung von Ressourcen.
2) Technische Interdependenzen in Form von „Wenn-dann"-Bedingungen bei deterministischen Zusammenhängen der Projekte bzw. in Form von bedingten Wahrscheinlichkeiten für den stochastischen Fall.
3) Effektinterdependenzen, die sich z. B. bei gemeinsamer Inangriffnahme von Projekten in Form von Verbesserungen der Nettozahlungsdifferenzen ergeben.

Costello (1983)

Mit dem Beginn der 80er Jahre finden organisatorische Aspekte in vermehrtem Maße Eingang in die Überlegungen zur Projektauslese. Costello stellt einen Nullsummen-Scoring-Ansatz vor, der von einem vorgegebenen Punktetotal ausgeht, das in variierenden Größen zunächst auf verschiedene Beurteilungskriterien und dann für jedes Kriterien auf die einzelnen Projekte unter Berücksichtigung einer maximalen Punktzahl je Projekt verteilt wird. Da der Nullsummen-Scoring-Ansatz sich im Hinblick auf die praktische Durchführung als schwerfällig erweist, ist unter diesem Aspekt ein Nichtnullsummenansatz mit der Vorgabe variierender maximaler Punktezahlen für die verschiedenen Kriterien je Projekt als alternatives Vorgehen vorzuziehen.

Von besonderer Bedeutung ist bei Costello die Einbettung der Auslese in den F&E-Managementprozeß. Er beschreibt dabei die wesentlichen Schritte von der Ideengenerierung und der Festlegung von Prioritätsbereichen für die Projekte bis hin zur Genehmigung in den Entscheidungsgremien. Wesentlich ist in diesem Schema die Zuordnung des Ausleseprozesses auf die verschiedenen Managementebenen.

Prozesse mit Rückkoppelungen

In den Methoden vergleichsweise fortgeschritten sind die Arbeiten von Winkhofsky/Baker/Sweeney (1981) und Mandakovic/Souder (1985). In beiden Fällen läuft der Ausleseprozeß über mehrere hierarchische Ebenen.

Winkhofsky, Baker und Sweeney (1981) arbeiten mit binärem Goalprogramming auf drei hierarchischen Ebenen. Während die übergeordneten Ebenen Ziele und Budgetvorgaben auf untere Ebenen weiterleiten, fließen Informationen über die Auswahl von F&E-Projekten und Portfoliocharakteristiken im Gegenstrom zu den übergeordneten Ebenen.

Das Modell von Mandakovic und Souder ist für zwei hierarchische Ebenen beschrieben und als mathematisches Programm mit (0,1)-Variablen und linearen Funktionen angesetzt. Über das Modell werden die organisatorischen Einheiten auf den hierarchischen Ebenen so abgebildet, daß der Optimierungsprozeß über ein Dekompositionsverfahren laufen kann. Das hierarchisch übergeordnete Planungszentrum leitet an die untergeordneten organisatorischen Einheiten Ziele und verfügbare Ressourcen weiter. Diese informieren im Gegenstrom jeweils über einen Portfoliovorschlag, wobei die Projektauswahl auf einem Gradientverfahren beruht.

Beide Verfahren leiden darunter, daß Informationen in mehreren Schleifen zwischen den verschiedenen hierarchischen Ebenen fließen müssen – eine Eigenschaft, die die Akzeptanz für den Einsatz in der Praxis zu einem schwierigen Problem macht.

4 Ein Modell der ganzzahligen Programmierung

Problemstellung

Ein Ansatz von Seiler (1985) befaßt sich mit der Auslese von Produkten bzw. Produktgruppen unter Einbezug von Technologie und Marktwahl. Sein System erlaubt die Analyse einiger wesentlicher Interdependenzen von „Market-Pull" und „Technology-Push" und hat für die Formulierung des folgenden Modelles eine wesentliche Hilfe geboten.

Hinter der Wahl von Produkten, Technologien und Märkten sind F&E-Projekte zu sehen, die in den folgenden Überlegungen explizit in den Entscheidungsprozeß eingehen sollen. Die Projekte und ihre Auswirkungen sind in einem dynamischen Planungszeitraum zu betrachten, wobei in eine Beurteilung primär finanzielle Aspekte und Risikoüberlegungen eingehen, nebst den meist nicht zu vernachlässigenden Engpaßkapazitäten und Logikbedingungen.

Zur Modellbildung

Für die Projektauslese dient ein ganzzahliges mathematisches Programm, das grundsätzlich die folgenden Modellteile unterscheidet:

- Zielfunktion zur Maximierung des Kapitalwertes
- Finanzrestriktionen
- Restriktionen für andere konstante bzw. variierbare Ressourcen
- Bedingungen der Modellogik

Da die Planung im F&E-Bereich z. T. von unbeeinflußbaren Umständen außer- und innerhalb der Unternehmung abhängt, wird die Möglichkeit gegeben, diese durch Szenarien zu berücksichtigen. Sie können in den klassischen Formen „Worst", „Expected" und „Best" gewählt werden, aber auch in verschiedenen Varianten von Mischformen.

Die im folgenden darzustellende Modellversion beachtet Szenarien in der folgenden Mischung:

– in der Zielfunktion ist der Kapitalwert für die Ausprägungen „Expected" zu maximieren
– der Finanzbereich und die Personalkapazität werden sowohl für die Fälle „Worst" als auch „Expected" formuliert
– die Modellogik ist szenariounabhängig

Modellelemente

Indizes

t   Zeit
j   Projekt
k   Markt
u   Technologie
E   Expected Case
W   Worst Case

Koeffizienten

q^{-t} Diskontfaktoren
a_{jt} Koeffizienten der investitionsrelevanten Zahlungen
c_{kt} Auszahlungen für Markt
f_{ut} Auszahlungen für Technologie
d_{jt} Deckungsbeitragskoeffizienten
a_t Oberschranken für F&E-Budgets
θ, θ_t Unterschranken für die Kapitalwertkoeffizienten des gesamten Planungszeit-raumes bzw. je Teilzeitintervall
m_{jt} Personalkapazitätskoeffizienten
m_t Oberschranken für Personalkapazität

Binäre Entscheidvariablen

x_{jt} Projektwahl (Projekte mit verschiedenen Anfangszeitpunkten werden als verschiedene Projekte geführt)
r_{kt} Marktwahl
v_{ut} Technologiewahl
y_t Kontingenzen und Exklusivitäten

Modell

Für die Zielfunktion gilt:

$$\sum_t q^{-t}\left[\sum_j (d_{jt}^E - a_{jt}^E)x_{jt} - \sum_k c_{kt}r_{kt} - \sum_u f_{ut}v_{ut}\right] \Rightarrow \max$$

Die Finanzrestriktionen werden zunächst für den „Worst Case" formuliert mit Rentabilitätsunterschranken über den gesamten Planungszeitraum und unter Berücksichtigung einer Profitcenterabgrenzung für die einzelnen Teilzeitintervalle. Ferner ist das F&E-Budget je Teilzeitintervall durch Oberschranken limitiert.

$$\frac{\sum_t q^{-t}\left[\sum_j (d_{jt}^W - a_{jt}^W)x_{jt} - \sum_k c_{kt}r_{kt} - \sum_u f_{ut}v_{ut}\right]}{\sum_t q^{-t}\left[a_{jt}^W x_{jt} + \sum_k c_{kt}r_{kt} + \sum_u f_{ut}v_{ut}\right]} \geqslant \theta^W$$

$$\frac{\sum_j (d_{jt}^W - a_{jt}^W)x_{jt}}{\sum_j a_{jt}^W x_{jt}} \geqslant \theta_t^W \quad \forall\, t$$

$$\sum_j a_{jt}^W x_{jt} + \sum_k c_{kt}r_{kt} + \sum_u f_{ut}v_{ut} \leqslant a_t^W \quad \forall\, t$$

Als Kapazitätsrestriktionen gelten für das Personal im „Worst Case":

$$\sum_j m_{jt}^W x_{jt} \leqslant m_t^W \quad \forall\, t$$

Analog zu den „Worst Case"-Restriktionen ist sowohl für den Finanzbereich als auch für die Kapazitäten die Formulierung für den „Expected Case" vorzunehmen.

Bei den Kontingenzen der Entscheidvariablen ist zu beachten, daß mit der Wahl eines Projektes in einem Teilzeitintervall auch Variablen zur Steuerung der Zahlungen für die folgenden Teilzeitintervalle zu definieren und festzulegen sind. Speziell zu erfassen sind auch die Variablen zur Steuerung von Wahl und Pflege der Märkte und der Technologien. Es wird davon ausgegangen, daß bestimmte Projekte verschiedene Märkte und Technologien mit Variationsmöglichkeiten tangieren. Zur Formulierung der entsprechenden Kontingenz- und Exklusivitätsrestriktionen gehen Hilfsvariablen y_t in das Modell ein. Vgl. dazu Hillier/ Liebermann (1988), S. 377 ff.

Es hat sich als hilfreich erwiesen, die obige Modellversion anhand eines Zahlenbeispiels zu erproben. Für mögliche Besonderheiten vgl. Popp/Waibel (1988).

5 Auswertungen

Sensitivitäten

In ganzzahligen linearen Programmen sind Sensitivitäten üblicherweise durch schrittweise Veränderungen von Parametern zu erarbeiten. Bezüglich der Veränderung von Schrankenwerten der Restriktionen ist darauf zu achten, daß dann, wenn die Schranken grundsätzlich als kontinuierlich zu betrachten sind, jeweils bindende Schranken den Analysen zugrunde gelegt werden. Gilt z. B. für eine Kapitalwertoptimierung ein Mindestkapitalwertkoeffizient für alle Projekte und über den gesamten Planungszeitraum mit 1,20, so kann in einer optimalen Lösung der Kapitalwertkoeffizient mit 1,26 auftreten, der dann auch als bindende Schranke in die Sensitivitätsrechnung aufzunehmen ist.

Effiziente Funktionen

Bei ganzzahligen linearen Programmen ergeben sich bei der Optimierung mit schrittweise veränderten Parametern nicht zwangsläufig effiziente Funktionen. Für diejenige Fälle, die die Paretoeigenschaft nicht erfüllen, sind Zusatzbedingungen zur Sicherstellung der Effizienz einzuführen. Vgl. dazu z. B. Steuer (1985).

In der Modellversion des vorangehenden Abschnittes ist der effiziente Zusammenhang zwischen Kapitalwert (KW), Risiko und F & E-Budget im Hinblick auf strategische Überlegungen im F & E-Bereich von besonderem Interesse. Wird nun der Kapitalwert für schrittweise Veränderungen des Risikos und des F & E-Budgets optimiert, so ist zunächst darauf zu achten, daß analog zum Vorgehen bei der Sensitivitätsanalyse mit bindenden Schranken gearbeitet wird. Danach ist eine Bereinigung bezüglich eventuell auftretender nichtdominanter Lösungen vorzunehmen. Zum Verlauf der zu berechnenden effizienten Funktionen vgl. Popp/Waibel (1988).

Die Abb. 3 zeigt ein Beispiel einer effizienten Funktion. Unter Einbezug von Nutzenabwägungen ist ein Punkt der Funktion auszuwählen, der dann Leitlinien zur Planung gibt, u. a. für die Wahl von Projekten, das einzugehende Risiko und das F & E-Budget.

6 Portfolio- und Fehlerüberlegungen

Jede optimale Lösung des aufgezeigten Modelles bestimmt ein Projektportfolio, das nach verschiedenen Kriterien, wie z. B. auch Kapitalwertkoeffizient (KWK) und Risiko eine Positionierung der Projekte erlaubt. Ein wesentlicher Punkt leistungsfähiger Portfolioanalysen liegt in der Möglichkeit, eine Relativierung der Projekte im Hinblick auf Annahme- bzw. Ablehnungsentscheide vorzunehmen. Die Abb. 4 zeigt für die Projekte P_1 und P_2 eine klare Relativierung: P_1 wird bei niedrigem Risiko und hohem Kapitalwertkoeffizienten angenommen, während P_2 wegen des hohen Risikos bei niedrigem Kapitalwertkoeffizienten zu verwerfen ist.

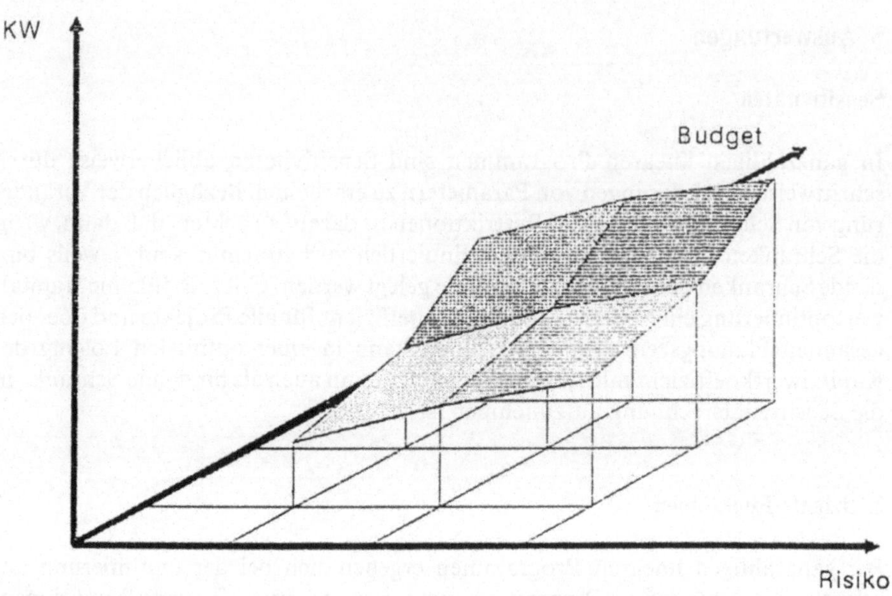

Abb. 3

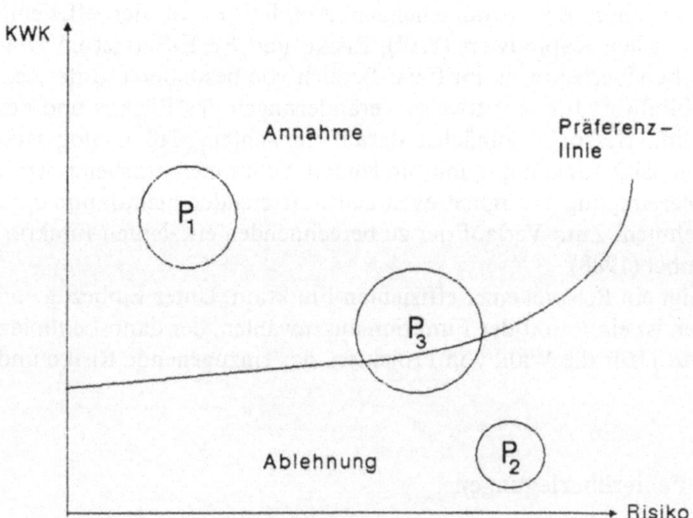

Abb. 4

Beim Projekt P_3 liegt dagegen eine nicht eindeutige Entscheidsituation mit relativ hohem Risiko und einem mittleren Kapitalwertkoeffizienten vor. P_3 ist nur knapp über der Präferenzlinie positioniert und es empfiehlt sich in derartigen Situationen, ein vorsichtiges Vorgehen. So kann z. B. das Projekt im Hinblick auf Verbesserungsmöglichkeiten und Datenpräzisierungen überarbeitet werden.

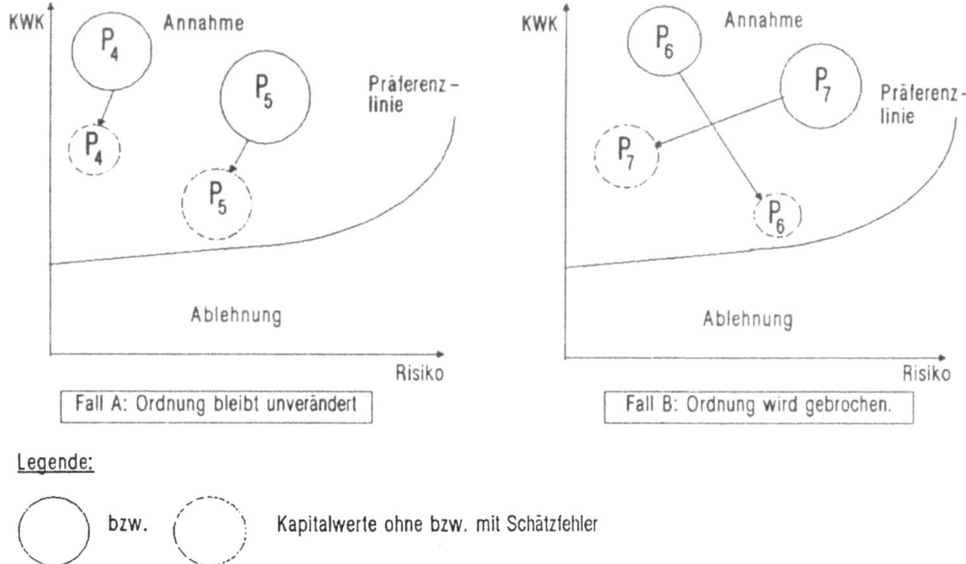

Abb. 5

Das Forschungs- und Entwicklungsmanagement unterliegt von der Datenbeschaffung her bekanntlich großen Unsicherheiten, so daß Fehleinschätzungen nicht zu vermeiden sind. Fehlerhafte Daten sind relativ ungefährlich, wenn sie die Entscheide nicht beeinträchtigen. In der Abb. 5 befinden sich Gegenüberstellung von Projektpositionierungen mit exakten und fehlerhaften Daten. Für den Fall A liegen die Positionsverschiebungen durch die Fehler im Annahmebereich und zudem verändert sich die Rangordnung der Projekte nicht. Im Fall B wird dagegen durch die Verschiebung die Rangordnung gebrochen, allerdings wiederum ohne Konsequenzen für die Annahme beider Projekte. Ein analoges Beispiel kann auch für einen Vergleich der Positionen von Projekten mit exakten und fehlerhaften Daten im Ablehnungsbereich gebildet werden.

Problematisch werden Datenfehler, wenn sie gemäß Abb. 6 zu Überschreitungen der Präferenzlinien führen. Es sind in diesem Zusammenhang 2 Arten von Fehlern zu unterscheiden.

Ein Fehler 1. Art liegt vor, wenn ein Projekt angenommen wird, obwohl es bei Kenntnis der exakten Daten hätte abgelehnt werden müssen. Diese Fehler können durch Überschätzungen der Rentabilität und Unterschätzung des Risikos bedingt sein. Vgl. Projekt P_8 der Abb. 6.

Ein Fehler 2. Art tritt dagegen dann auf, wenn ein Projekt abgelehnt wird, obwohl es für exakte Daten hätte angenommen werden müssen. Diese Fehler beruhen auf Unterschätzungen des Kapitalwertkoeffizienten und Überschätzungen des Risikos. Vgl. Projekt P_9 der Abb. 6.

Erfahrungsgemäß fürchtet man die Fehler 2. Art weniger und dies besonders dann, wenn in einer Unternehmung mit viel Phantasie weitere Projekte für eine

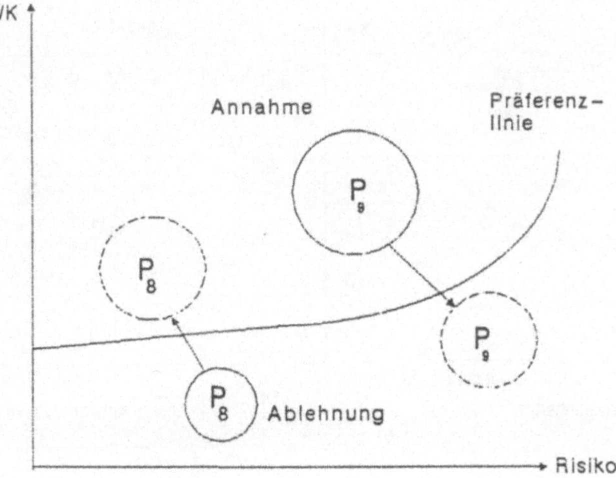

Abb. 6

Genehmigung aufbereitet werden können. Dagegen können sich die Fehler 1. Art bei langwierigen Projekten stark auf die Aufwandsrechnung und die Effizienz von Forschung und Entwicklung auswirken. Zur Vermeidung derartiger Fehlentscheide wählt man die Präferenzlinien auf einem hohen Anforderungniveau für KWK und Risiko, auch auf die Gefahr hin, daß sich die Wahrscheinlichkeit für Fehler 2. Art dadurch vergrößert.

Literatur

Aaker DA, Tyebjee T (1978) A model for the selection of interdependent R&D projects. IEEE Transactions on Engineering Management EM-25:30–36

Bauknecht K, Kohlas J, Zehnder CA (1976) Simulationstechnik, Springer, Berlin Heidelberg New York

Blohm H, Lüder K (1988) Investition. Verlag Franz Vahlen, München

Brockhoff K (1969) Forschungsplanung im Unternehmen. Gabler-Verlag, Wiesbaden

Cetron MJ, Martiono J, Roepcke L (1967) The selection of R&D program content – survey of quantitative methods. IEEE Transactions on Engineering Management EM-14:4–13

Costello D (1983) A practical approach to R&D project selection, Technological Forecasting and Social Change 23:353–368

Dean B, Chandhuri A (1980) Project scheduling: a critical review. In: Dean BV, Goldhar JD (Hrsg.) Management of research and innovation. TIMS Studies in the Management Science 15:215–233

Dreyer A (1974) Scoring – Modelle bei Mehrfachzielsetzungen. Zeitschrift für Betriebswirtschaft 44:257–274

Eisner H (1962) A generalized network approach to the planning and scheduling of a research project. Operations Research 10:115–125

Fuchs-Wegner G (1975) Management-Prinzipien und -Techniken. In: Handwörterbuch der Betriebswirtschaft (HWB). CE Poeschel Verlag, Stuttgart, Sp 2571ff

Hahn D, Popp W (1989) Zur Organisation von Forschung und Entwicklung. Institut für Operations Research und Planung

Hillier F, Liebermann G (1988) Operations Research, Einführung. R Oldenbourg Verlag, München Wien

Howard RA (1965 und 1980) Dynamische Programmierung und Markov-Prozesse. Deutsche Bearbeitung von Hans P. Künzi und Peter Kall. Verlag Industrielle Organisation, Zürich

Jackson B (1983) Decision methods for evaluating R&D projects. Research Management 26/4:16–22

Kern W, Schröder HH (1977) Forschung und Entwicklung in der Unternehmung. Rowohlt Taschenbuch Verlag, Reinbek bei Hamburg

Künzi HP, Müller O, Nievergelt E (1968) Einführungskurs in die dynamische Programmierung. Lecture Notes in Operations Research, 16. Springer, Berlin Heidelberg New York

Künzi HP, Krelle W (1969) Einführung in die mathematische Optimierung. Verlag Industrielle Organisation, Zürich

Liberatore MJ, Titus GJ (1983) The practice of management science in R&D project management. Management Science 29:962–974

Locket AG, Gear TE (1973) Representation and analysis of multistage problems in R&D. Management Science 19:947–960

Mandakovic T, Souder WE (1985) An interactive decomposable heuristic for project selection. Management Science 31:1257–1271

Markland RE, Vickery SK (1986) The efficient computer implementation of a large-scale integer goal programming model. European Journal of Operational Research 26:341–354

Popp W (1988) Zur Planung von F&E-Projekten. Die Betriebswirtschaft (DBW) 6

Popp W, Waibel R (1988) Ein Zahlenbeispiel zu einem Modell der Projektauslese unter besonderer Berücksichtigung des Risikos. Institut für Operations Research und Planung

Parzen E (1967) Modern probability theory and its applications. Wiley, S 371ff

Renyi A (1962) Wahrscheinlichkeitsrechnung. VEB Verlag Deutsche Wissenschaften, Berlin, S 362ff

Seiler A (1985) Marketing – Impulsgeber für F&E. Die Unternehmung 39/4:289–307

Steuer RE (1985) Multiple criteria optimization: theory, computation and application. John Wiley & Sons, Inc., New York

Watts KM, Higgins JC (1987) The use of advanced management techniques in R&D. Omega 15:21–29

Weingartner HM (1967) Mathematical programming and the analysis of capital budgeting problem. Chicago/Ill

Whitehouse GE (1973) Systems analysis and design using network techniques. Englewood Cliffs/NJ

Winkhofsky EP, Baker NR, Sweeney DJ (1981) A decision process model of R&D resource allocation in hierarchical organizations. Management Science 27:268–283

Zanakis SH, Gupta SK (1985) A categorized bibliographic survey of goal programming. OMEGA 13:211–223

Zeleny M (1982) Multiple criteria decision making. McGraw-Hill Book Company, New York

Informatik

Datenföderalismus

C. A. Zehnder

1 Problem und Lösung

Die Entwicklung der Informatik in den letzten drei Jahrzehnten hat nebst anderem auch riesige Datenberge entstehen lassen. Diese Datenbestände stammen aus verschiedensten Quellen, dienen verschiedensten Zwecken und sind in den meisten Fällen nicht miteinander koordiniert. Dieser Tatbestand trifft aber nicht nur zu für voneinander fremde Informatiklösungen (in verschiedenen Betrieben, für verschiedene Funktionen), sondern häufig auch *innerhalb* einer wirtschaftlichen Unternehmung oder einer Verwaltungsstelle. Koordinationsüberlegungen drängen sich daher auf.

Noch wichtiger werden solche Überlegungen, wenn das wirtschaftliche Gewicht der Daten und damit der Information jenem der Informatik (Geräte und Programme) gegenübergestellt wird. Obwohl nur selten Kostenausweise für Information und Informatik separat und vergleichbar publiziert werden (ein Beispiel findet sich in [Zehnder 87] auf S. 214), so darf ohne weiteres angenommen werden, daß im allgemeinen der Aufwand für die Information jenen für die Informatik bei weitem übersteigt. Das läßt sich etwa durch den Vergleich der vollen Datenerfassungskosten mit den Informatikabschreibungen in vielen Branchen leicht zeigen.

In dieser Situation mit vielen unkoordinierten, aber teuren Datenbeständen liegt es nahe, als Therapie eben bessere Koordination zu verschreiben. Das Stichwort dabei heißt Integration. Integrierte Lösungen, namentlich integrierte Datenerfassung und integrierte Datenbestände, sollen die Situation verbessern, die Datenkosten reduzieren und gleichzeitig eine Reihe von anderen Problemen lösen, namentlich die gefürchteten Inkompatibilitäten zwischen voneinander unabhängig entwickelten Informatiklösungen.

Diese Wunderdroge Integration ist jedoch als Allheilmittel ein Trugbild. Vorbehaltlose Integration ist unrealistisch und darf überhaupt nicht als Ideal hingestellt werden. Ein Seitenblick auf den volkswirtschaftlichen Bereich zeigt unmittelbar die Gefahren, aber auch die Lösung: Der vollintegrierten Lösung entspricht die Planwirtschaft mit all ihren Schwerfälligkeiten und Motivationsverlusten. Was wir aber suchen, ist ein vernünftiges Zusammenspiel weitgehend autonomer Einheiten; staatsrechtlich nennen wir das eine *föderalistische* Lösung. Das gilt auch für die Datenwelt, wie nachfolgend zu zeigen ist.

P. Kall et al. (Hrsg.) Quantitative
Methoden in den Wirtschaftswissenschaften
© Springer-Verlag Berlin Heidelberg 1989

2 Informatikentwicklungen

Rein technisch präsentiert sich die Welt auf den ersten Blick allerdings anders. Noch immer läuft die Entwicklung der Informatik in Richtung mehr, größer, schneller.

- Datenspeicher sind groß und billig geworden. (Beispiel: 1 MByte Arbeitsspeicher kostete noch zu Beginn der siebziger Jahre einige Millionen Franken; heute steckt ein solcher Speicher bereits im Kleinrechner, den man sich zuhause leisten kann.)
- Die Zahl der Rechner hat sich vervielfacht; ein Großteil des Informatikeinsatzes geschieht heute dezentral (inkl. Textverarbeitung).
- Datenbanksysteme stehen nicht nur auf Groß-, sondern auch auf Kleinrechnern zur Verfügung; sie erlauben einen immer flexibleren Zugriff auf die gespeicherten Daten (4.-Generationssprachen).
- Computer sind vernetzbar geworden. Bereits werden Telefonmodems durch ISDN-Anschlüsse abgelöst, und einheitliche Kommunikationsprotokolle sollen den Datenverkehr erleichtern.
- Computergestützte Information ist käuflich geworden. Internationale Datenbanken (und bald wohl auch Informationsmakler) bieten ihre Dienste an.

Diesen Wachstumsmeldungen stehen aber offene Probleme gegenüber:

- Existierende Insellösungen lassen sich nur mit großem Aufwand oder gar nicht koordinieren, namentlich weil ihre Datenbestände zueinander inkompatibel sind.
- Große Informatiklösungen sind so komplex, daß ihr Betrieb große Risiken schafft und eine schrittweise Erneuerung unmöglich ist; eine Totalerneuerung kommt aber namentlich aus wirtschaftlichen Gründen meist erst nach 10 bis 20 Jahren in Frage.
- Die gespeicherten Datenmengen sind kaum mehr überblickbar. Archivierung und Kompetenzoptimierung (unter Einbezug dezentraler Datenbestände) sind ungelöste Probleme.
- Noch immer blendet das Geschehen um die *Informatik* viele; sie unterschätzen deshalb in ihrer Lagebeurteilung den wichtigeren Teil, nämlich die *Information*.

Diese Probleme seien nun etwas genauer beleuchtet, wobei namentlich *Grenzen des Wachstums* gesucht und kommentiert werden sollen.

3 Komplexitätsgrenzen

Daß sich der Mensch gelegentlich an allzu große Aufgaben wagt und damit die Grenzen des Machbaren überschreitet, ist nichts Neues. Schon das Alte Testament berichtet vom Turmbau von Babel und seinen Problemen (welche übrigens bereits Sprach- und damit Informationsprobleme waren!). Solange sich aber die technischen Aufgaben im wesentlichen mit physisch greifbaren Objekten befaßten, ließ sich der Gigantismus im allgemeinen noch einschränken. Sogar Ludwig XIV.

mußte Versailles limitieren, und Wolkenkratzerhöhen haben sich seit einem halben Jahrhundert nicht mehr verdoppelt.

Gänzlich anders verhalten sich hingegen die neuartigen technischen Produkte, die erst mit der modernen Informatik möglich geworden sind. Die beiden wichtigsten Formen dieser Produkte sind *Programme* und *Datenbestände,* sogenannte *Software.* Weil es sich dabei um *immaterielle* Produkte handelt, fehlt der materielle Zwang zur Begrenzung. Dazu kommen noch andere besondere Eigenschaften von Informationsprodukten, etwa das Fehlen eines klassischen Alterungsprozesses oder die Tatsache, daß die Qualität eines Bits unabhängig vom Speichermedium (Relaisschalter oder Transistor auf IC) und damit von der dafür verbrauchten Energie ist.

Weil die natürliche Begrenzung bei Informationsprodukten aber fehlt, wachsen – wuchern – diese gerne unkontrolliert. *Beispiele* dafür lassen sich leicht finden:

- Schon in den sechziger Jahren entstanden erste Projekte für sogenannte MIS (Management-Informationssysteme) und IMIS (Integrierte MIS), die aber meist nicht zum Abschluß kamen.
- Wer einem Informatiker, namentlich einem Programmierer, Zusatzwünsche zu einer sich gerade in Entwicklung befindenden Informatiklösung vorträgt, wird oft dazu noch ermuntert: Selbstverständlich – so wird gesagt – sei es möglich, noch dies und jenes „einzubauen", das seien ja nur ein paar Befehle mehr.

Diese Beispiele zeigen zweierlei:

- Viele Informatiker fühlen sich durch jede Anregung („Möglichkeit") zu Höhenflügen angeregt.
- Die Nachteile jeder Systemvergrößerung werden aber nicht angemessen zur Kenntnis genommen.

Dabei ist es offensichtlich, daß die Fehleranfälligkeit eines Systems und der Aufwand für den Softwareunterhalt (Anpassungen, Korrekturen) mit dessen Größe *überproportional* ansteigen. Die Erstellung von 500 000 Zeilen Programmcode bedeutet gegenüber 50 000 Zeilen nicht einen Faktor 10 an Aufwand, sondern viel mehr, nämlich eine neue Größenordnung an Komplexität, Koordination und Qualitätsproblemen.

Bereits kurz nach 1970 haben Komplexitätsprobleme erstmals bei großen Softwaresystemen zu teuren Projektabbrüchen geführt. Seither wird das Problem der Komplexität von erfahrenen Softwaremanagern respektiert. Mit dem Auftreten der Standardsoftware für Kleinrechner achten die professionellen Softwarehäuser auch auf dieser Ebene auf klare Begrenzung der Funktionen und Systemgröße. Noch nicht die gleiche Professionalität haben aber manche betriebsinternen Informatikabteilungen erreicht.

Und noch weniger wird die Komplexitätsgrenze *bei den Daten* bewußt gesucht und markiert. Selbstverständlich steigt die Komplexität eines Datenbestandes beim Zufügen einiger Datensätze nicht gleich wie jene eines Programms beim Zufügen einiger Programmzeilen. Dennoch darf die Entwicklung auf der Datenseite – etwa bei der Speicherung komplexer geometrischer Objekte im CAD/CIM-

Bereich – nicht unterschätzt werden. Auch hier verleitet die technische Möglichkeit, mehr Speichermedien anzuschließen, leicht dazu, es auch zu tun. Selbstverständlich wird dies vom Anwender sogar gewünscht. Ob es aber von der Komplexität her auch zweckmäßig ist, müßte noch vermehrt abgeklärt werden.

Geradezu prohibitiv wird jedoch das Vergrößern von Datenbeständen durch bloßen Anschluß weiterer, aber nicht gleichartig organisierter und damit inkompatibler Datenbestände. Damit steigt die Komplexität sprunghaft an, während gleichzeitig die Gefahr von Falschinterpretationen dieser Daten (vgl. Abschnitt 5) dazukommt.

4 Koordinationsgrenzen

Eine ganz andere Betrachtungsweise orientiert sich nicht an den *datentechnischen* Möglichkeiten, sondern an den *Informationslieferanten.* Die Information in unseren Informatiksystemen muß ja schließlich irgendwoher kommen. Und auch von daher zeichnen sich Grenzen der sinnvollen Größe ab.

Betrachten wir auch hier ein *Beispiel:* In einem naturwissenschaftlichen Forschungsinstitut werden sehr viele Meßdaten und auch aufgearbeitete Daten benötigt, experimentell erarbeitet, zur Verwendung bereitgestellt und schließlich benützt. Sollen diese Daten nun zentral in einer *gemeinsamen Datenbank* verwaltet (und so allen zur Verfügung gestellt) oder individuell bei den *einzelnen* Forschern abgespeichert und betreut werden? – Auf den ersten Blick ist die Antwort sofort klar: die Datenbanklösung! Eine solche bedeutet aber, daß die gemeinsamen Daten einheitlich organisiert, von hoher Qualität, dauernd nachgeführt und überwacht sein müssen. Dieser Aufwand ist wesentlich größer als bei der *einzelnen* Privatlösung, und er muß zugunsten der Gemeinschaft geleistet werden. Diesen Aufwand muß „jemand" übernehmen.

Wird dieser Betreuungsaufwand dem Datenlieferanten – also dem einzelnen Forscher für die von ihm gelieferten Meßdaten – aufgebürdet, so wird sich dieser hüten, neue Daten frühzeitig den Kollegen zur Verfügung zu stellen. Er schottet seinen Bereich ab – und das gerade wegen der gemeinsamen Datenbanklösung.

Die Schaffung großer Informationssysteme läßt sich nur bis zu einem gewissen Punkt „befehlen". Selbstverständlich ist dies möglich und auch nötig für Großbetriebe mit Massenarbeiten, etwa Banken (Zahlungsverkehr, Börsenabrechnungen) und Fluggesellschaften (Reservationen). Andere Datenbestände aber, in der Forschung oder im Management, in der Planung und in der Verwaltung, namentlich auch in Filial- und Tochterbetrieben, lassen sich nicht so leicht zentral anordnen und normieren. Werden solche Datenbestände zwangsweise zentralisiert, so bilden sich automatisch daneben zusätzliche „Privatdatenbestände", während die Zentralbestände verkümmern und auf das Notwendigste zurückgehen.

Es besteht ein direkter Zusammenhang zwischen dem Zwang zum Mitmachen in zentralen Datensystemen und dem Ausweichen auf separate „private Daten". Nur ein *tolerantes* Einbeziehen privater Daten in einen Datenverbund kann Türen öffnen und damit extrem teure Parallelarbeit verhindern, bei welcher die gleichen Daten mehrfach beschafft werden. Ein solch tolerantes System beläßt das

Eigentum und damit das Recht, seine Daten bei Bedarf auch ändern zu dürfen, vorerst beim Lieferanten; andere Interessenten erhalten aber das Recht der Mitbenützung. Erst bereinigte Daten werden später in den zentralen Bestand übernommen und dort betreut [Diener 86], [Dudler 86].

Es ist einleuchtend, daß derartige Mechanismen des Einbezugs „privater" Datenbestände in eine halböffentliche Nutzung nur innerhalb eines vertrauten Kreises von Personen möglich sind, welche gemeinsame Ziele verfolgen und Koordination *wollen*. Daraus erkennen wir auch, daß der Kreis der Zugehörigen nicht beliebig ausgedehnt werden kann; die Koordinationsmöglichkeit hat Grenzen.

5 Weitergabegrenzen (Datenschutz)

Information ist ein eigenartiges Gut. In gewissen Fällen soll sie möglichst frei fließen (siehe Punkt 4), in anderen hingegen ja nicht zu weit verbreitet werden. Dieser zweite Aspekt hängt namentlich damit zusammen, daß Information auch falsch interpretiert und damit schädlich werden kann. Damit sind wir beim *Datenschutz,* dem Schutz vor Datenmißbrauch, namentlich gegenüber Menschen.

Die Datenschutz-Diskussion wurde in den sechziger Jahren primär durch das Aufkommen großer computergespeicherter Datenbestände geweckt und führte 1973/74 zu ersten gesetzgeberischen Maßnahmen in Deutschland und Schweden. Dabei ging es namentlich um die ganz allgemeine Angst, Personendaten könnten bei maschineller Speicherung und Verarbeitung (Umformung) recht eigentlich „außer Kontrolle" geraten. Diese Horrorvision hatte in George Orwells „1984" bereits damals ein literarisches Vorbild. Um solchen Datenmißbrauch zu verhindern, sollte die Verarbeitung von Personendaten beschränkt und transparent gemacht werden (Einsichtsrechte, Berichtigungsrecht).

Das meistgefüchtete Gespenst im Zusammenhang mit computergestützten Personendaten ist wohl der „gläserne Mensch". Darunter versteht man eine Art Bildnis einer bestimmten Person, bestehend aus *allen Daten,* die sich über diese aus allen möglichen Quellen herbeiholen lassen, also etwas aus Verwaltungsdaten, staatlichen Behörden, Fahndungsdaten der Polizei, Krankengeschichten von Aerzten und Spitälern, Zahlungsbelegen von Kreditkartenkäufen usw. Über diesen „gläsernen Menschen" könnte die betroffene Person nach allen Kanten beobachtet und durchleuchtet werden, so daß dieser keine private Ecke mehr verbliebe. (Der Beobachter im Besitze der Information wird dann zum „Großen Bruder" gemäß Orwells „1984".)

Nun – so einfach ist das Zusammenführen von wildfremden Datenbeständen nicht, wie wir in diesem Beitrag im Abschnitt 3 gesehen haben. Und dieses Zusammenführen von Daten bildet auch keinesfalls die Hauptgefahr im Zusammenhang mit dem Datenschutz. (In der Praxis viel gefährlicher ist natürlich das simple und nie völlig vermeidbare Vorkommen von *falschen* Daten; man denke etwa an Verwechslungen einer Adresse oder gar einer Blutprobe. Da aber solche Dinge auch ohne Informatik passieren, geben sie politisch weit weniger her als der „gläserne Mensch"!).

Trotzdem darf die Gefahr der unkontrollierten Datenweitergabe nicht unterschätzt werden:

- Angaben über eine alte (gelöschte) Vorstrafe gehören nicht zum künftigen Arbeitgeber.
- Die Einkäufe über eine Kreditkarte dürfen nicht Adreßhändlern bekanntgemacht werden.
- Eine Angabe in einem bestimmten Umfeld kann in einem anderen Umfeld zu völlig falschen Interpretationen führen: „Risikofreudig" mag in der Qualifikation eines Leutnants positiv, in jener eines Bankbeamten negativ wirken.

Die Konsequenz dieser Überlegungen ist klar: Daten, namentlich Personendaten, dürfen nicht ohne weiteres aus ihrem ursprünglichen Geltungsbereich heraus weitergegeben werden! Mit dieser einfachen Regelung lassen sich die Gefahren des „gläsernen Menschen" ganz, jene der falschen Interpretationsmöglichkeiten weitgehend bannen.

Umgesetzt auf die alltägliche Wirklichkeit im Betrieb heißt das, daß Bestände von *Personendaten* auch intern nicht unnötig miteinander verknüpft werden sollen. Klare Kompetenzbereiche (etwa der Personaldienst, die betriebliche Personaldisposition und die betriebliche Krankenkasse) sollen ihre Datenbestände getrennt verwalten und dafür auch verantwortlich sein. Diese bewußte Abschottung gilt in öffentlichen Verwaltungen zwischen den einzelnen Ämtern.

Nur in bestimmten, klar geregelten Fällen (im Betrieb etwa für Adreßänderungen oder Austritte, in öffentlichen Verwaltungen bei der sogenannten „Amtshilfe") sind Datenweitergaben zulässig und sogar offiziell erwünscht; in diesen Fällen sollen Daten die Grenzen zwischen den autonomen Datenbeständen bewußt überschreiten. Klare Weitergaberegelungen an ausdrücklich festgelegte *Schnittstellen* nutzen die Vorteile eines Datenverbundes und eliminieren die Nachteile offener und damit nicht mehr kontrollierbarer Systeme.

6 Föderalistische Systeme

Unkontrolliertes Wachstum ist schlecht, auch in immateriellen Systemen und in Datenbanken. Mehr als bisher sollten Informatiker beim Entwurf neuer Anwendungen Großsysteme kritisch hinterfragen. Die Vorteile einer vollen Integration werden nämlich rasch paralysiert durch die Nachteile der Komplexität, der psychologischen Barrieren und der Fehlerquellen, die mit Großsystemen verbunden sind.

Klar besser sind föderalistische Systeme, deren Teile autonom konzipiert, aber auf Zusammenarbeit (Datentransfer) angelegt sind. Diese Idee ist nicht neu: Die Architekten und Maschinenbauer kennen sie seit jeher als „Zerlegung in Teilprobleme", moderner auch als sogenannte Systemtheorie; die Staatspolitiker nennen es Föderalismus. Die Datentechniker, diese Techniker mit immateriellen Werkstoffen, müssen diese Idee aber noch verstärkt aufnehmen und in ihre Praxis umsetzen.

Literatur

[Diener 86]   Diener A (1986) An architecture for distributed data-bases on workstations. Diss. ETH Nr. 8088, ETH Zürich
[Dudler 86]   Dudler A (1986) Entwurf verteilter Datenbanken. Diss. ETH Nr. 8017, ETH Zürich
[Zehnder 87] Zehnder CA (1987) Informationssysteme und Datenbanken. B. G. Teubner, Stuttgart, und Verlag der Fachvereine, Zürich (4. Aufl.)

Verzeichnis der Schriften von Hans Paul Künzi

1 Funktionentheorie

1. Künzi, H. P.: Der Fatou'sche Satz für harmonische und subharmonische Funktionen in n-dimensionalen Kugeln. Diss. Math. ETH, Zürich (1949)
2. Künzi, H. P.: Représentation et répartition des valeurs des surfaces de Riemann à extrémités bipériodiques. C. R. Acad. Sci. Paris 234 (1952), 793–795
3. Künzi, H. P.: Surfaces de Riemann avec un nombre fini d'extrémités simplement et doublement périodiques. C. R. Acad. Sci. Paris 234 (1952), 1660–1662
4. Künzi, H. P.: Über ein Teichmüllersches Wertverteilungsproblem. Arch. Math. 4 (1953), 210–215
5. Künzi, H. P.: Über periodische Enden mit mehrfach zusammenhängendem Existenzgebiet. Math. Zeitschrift 61 (1954), 200–205
6. Künzi, H. P.: Neue Beiträge zur geometrischen Wertverteilungslehre. Commentarii Mathem. Helvetici 29 (1955), 233–257
7. Künzi, H. P.: Zum 60. Geburtstag von Rolf Nevanlinna. Elem. Math. 10 (1955) 5, 97–120
8. Künzi, H. P.: Konstruktion Riemannscher Flächen mit vorgegebener Ordnung der erzeugenden Funktionen. Math. Ann. 128 (1955), 471–474
9. Künzi, H. P.: Zwei Beispiele zur Wertverteilungslehre. Math. Zeitschrift 62 (1955) 1, 94–98
10. Künzi, H. P.: Zur Theorie der Viertelsenden Riemannscher Flächen. Commentarii Mathem. Helvetici 30 (1956), 107–115
11. Künzi, H. P.: Sur un théorème de M. J. Malmquist. C. R. Acad. Sci. Paris 242 (1956) 7, 866–868
12. Künzi, H. P.: Entwicklung und Bedeutung der konformen Abbildung. Elem. Math. 11 (1956) 1, 1–15
13. Künzi, H. P.: Einführung in die Theorie der quasikonformen Abbildung. Elem. Math. 11 (1956) 6, 121–129
14. Künzi, H. P., und Wittich, H.: Sur le module maximal de quelques fonctions transcendantes entières. C. R. Acad. Sci. Paris 245 (1957) 14, 1103–1106
15. Künzi, H. P.: Quasikonforme Abbildungen. Ann. Acad. Sci. Fennicae, Ser. A I. 249 (1958) 2, 1–24
16. Künzi, H. P.: Quasikonforme Abbildungen. Springer-Verlag, Berlin (1960)
17. Künzi, H. P., und Louhivaara, I. S.: Rolf Nevanlinna zum 70. Geburtstag. In: Festband zum 70. Geburtstag von R. Nevanlinna, H. P. Künzi und A. Pfluger (eds.), Springer-Verlag, Berlin/Heidelberg/New York (1965), 1–6

2 Operations Research

1. Künzi, H. P.: Die Mathematik in der Wirtschaftswissenschaft. Schweiz. Z. Kaufm. Bildungswesen 51 (1957)
2. Künzi, H. P.: Unternehmensforschung an schweizerischen Hochschulen. Schweiz. Hochschulzeitung 31 (1958), 333–341
3. Künzi, H. P., und Krelle, W.: Operations Research im Dienste der Unternehmung. Unternehmung 12 (1958), 178–184
4. Künzi, H. P.: Ein Beispiel zur Mathematik in der Wirtschaftswissenschaft. Schweiz. Z. Kaufm. Bildungswesen 52 (1958) 5, 85–88
5. Künzi, H. P.: Die Simplexmethode zur Bestimmung einer Ausgangslösung bei bestimmten linearen Programmen. Unternehmensforschung 2 (1958) 2, 60–69
6. Künzi, H. P.: Zur Verfahrensforschung. Mitt. Handelswissenschaftliches Seminar, Universität Zürich (1958)
7. Künzi, H. P.: Mathematische und praktische Gesichtspunkte zur Monte-Carlo-Technik. Schw. Z. Kaufm. Bildungswesen 53 (1959) 9, 153–164
8. Künzi, H. P.: Mathematisches Programmieren in wirtschaftlicher und militärischer Sicht. Industr. Organisation 28 (1959), 207–212
9. Künzi, H. P.: Methoden und Ziele des Operations Research. Elektrizitätsverwertung 35 (1960), 361–365
10. Künzi, H. P.: Die Methoden der Unternehmensforschung. Elektronische Datenverarbeitung. Folge 7 (1960), 1–8
11. Künzi, H. P.: Nichtlineare Programmierung. Ablauf- und Planungsforschung 2 (1961)
12. Künzi, H. P.: Die Schweizerische Vereinigung für Operations Research. Industr. Organisation 30 (1961), 491–492
13. Künzi, H. P.: Abgekürzte Verfahren beim quadratischen Programmieren. Unternehmensforschung 5 (1961) 3, 144–165
14. Künzi, H. P.: Anwendung mathematischer Methoden auf betriebswirtschaftliche und volkswirtschaftliche Probleme. Schw. Z. Kaufm. Bildungswesen 55 (1961) 1, 1–6
15. Künzi, H. P.: Der heutige Stand in der Theorie der nichtlinearen Programmierung. ZAMM 41 (1961), 397–407
16. Künzi, H. P.: Betrachtungen zum Mathematikunterricht an Handelsmittelschulen. Schw. Z. Kaufm. Bildungswesen 56 (1962) 2, 34–38
17. Künzi, H. P.: Aufgaben des Operations Research. Büro und Verkauf 32 (1962/63) 1, 5–8
18. Künzi, H. P.: Die Duoplex-Methode. Unternehmensforschung 7 (1963) 3, 103–116
19. Künzi, H. P.: La Méthode Duoplex. Proceedings of the 3rd Int. Conf. on Operational Research, Kreweras, G. and G. Morlat (eds.), Dunod Paris (1963), 105
20. Künzi, H. P.: Nichtlineare Programmierung. In: Operations Research-Verfahren I, R. Henn (ed.), Verlag Anton Hain, Meisenheim (1963), 93–174
21. Künzi, H. P., und Oettli, W.: Integer quadratic programming. In: Recent Advances in Mathematical Programming, R. L. Graves und P. Wolfe (eds.), McGraw-Hill, New York etc. (1963)

22. Künzi, H. P., Kall, P., und Oettli, W.: A contribution to indefinite quadratic programming. IBM Research Paper RZ-163 (1964)

23. Künzi, H. P., und Tzschach, H.: The duoplex algorithm. Numerische Math. 7 (1965), 22–225

24. Künzi, H. P.: Über die operationelle Forschung. Industr. Organisation 35 (1966)

25. Künzi, H. P.: The duoplex method in nonlinear programming. J. SIAM Control 4 (1966) 1, 130–137

26. Künzi, H. P.: Mathematische Optimierung großer Systeme. Ablauf- und Planungsforschung 8 (1967) 4, 395–407

27. Künzi, H. P.: Zum heutigen Stand der nichtlinearen Optimierungstheorie. Unternehmensforschung 12 (1968) 1, 1–22

28. Künzi, H. P.: Lineare und nichtlineare Optimierung. In: Mathematische Hilfsmittel des Ingenieurs, Teil III, R. Sauer und I. Szabo (eds.), Springer-Verlag, Berlin/Heidelberg/New York (1968), 447–497

29. Künzi, H. P., und Kleibohm, K.: Das Triplex Verfahren. In: Operations Research-Verfahren 5, R. Henn (ed.), Verlag Anton Hain, Meisenheim (1968), 237–247

30. Künzi, H. P., und Zehnder, C. A.: Rationalisierung der öffentlichen Verwaltung. Schriftenreihe des Instituts für Betriebswirtschaftliche Forschung, Universität Zürich (1971)

31. Künzi, H. P.: Richtlinien für ein modernes Verwaltungsmanagement. Industr. Org. 40 (1971), 53–56

32. Künzi, H. P., u. a.: Stand der Planung in der Region und Stadt Zürich. Schweiz. Bauzeitung 89 (1971), 629–656

33. Künzi, H. P.: Volkswirtschaftliche Probleme des öffentlichen Verkehrs. Vortrag vor der Zürcher Handelskammer (1971)

34. Künzi, H. P.: Die Ausarbeitung einer schweizerischen Energiekonzeption. Einsatzmöglichkeiten von Operations Research. Elektrizitätsverwertung 49 (1974)

35. Künzi, H. P.: Operations Research heute. Ansprache im Festkolloquium zum 70. Geburtstag von Prof. Heinhold. Z. Oper. Res. 26 (1982), B 217–228

3 Bücher und Übersetzungen

1. Künzi, H. P., und Krelle, W.: Lineare Programmierung. Verlag Industr. Organisation, Zürich (1958)

2. Vajda, St.: Lineare Programmierung: Beispiele. Übersetzt von H. P. Künzi. Verlag Industr. Organisation, Zürich (1960)

3. Dresher, M.: Strategische Spiele, Theorie und Praxis. Übersetzt von H. P. Künzi. Verlag Industr. Organisation, Zürich (1961)

4. Künzi, H. P., und Krelle, W.: Nichtlineare Programmierung. Springer-Verlag, Berlin (1962). Übersetzungen ins Englische und Russische

5. Künzi, H. P., und Schilling, W.: Einführung in die elektronische Datenverarbeitung. Verlag Industr. Organisation, Zürich (1964)

6. Howard, R. A.: Dynamische Programmierung und Markov-Prozesse. Übersetzt von H. P. Künzi und P. Kall. Verlag Industr. Organisation, Zürich (1965)
7. Sasieni, M., Yaspan, A., und Friedman, L.: Methoden und Probleme der Unternehmensforschung: Operations Research. In deutscher Sprache herausgegeben von H. P. Künzi. Physica-Verlag, Würzburg/Wien (1965)
8. Künzi, H. P., und Tan, S. T.: Lineare Optimierung großer Systeme. Lecture Notes in Mathematics Vol. 27, Springer-Verlag, Berlin/Heidelberg/New York (1966)
9. Künzi, H. P., Tzschach, H. G., und Zehnder, C. A.: Numerische Methoden der mathematischen Optimierung mit Algol- und Fortran-Programmen. Teubner-Verlag, Stuttgart (1966). Übersetzungen ins Französische und Englische
10. Künzi, H. P., Müller, O., und Nievergelt, E.: Einführungskurs in die dynamische Programmierung. Lecture Notes in Operations Research, Vol. 16. Springer-Verlag, Berlin/Heidelberg/New York (1968)
11. Künzi, H. P., und Henn, R.: Einführung in die Unternehmensforschung (2 Teile). Springer-Verlag, Berlin/Heidelberg/New York (1968)
12. Künzi, H. P., und Krelle, W.: Einführung in die mathematische Optimierung. Verlag Industr. Organisation, Zürich (1969)
13. Künzi, H. P., und Beckmann, M.: Mathematik für Ökonomen, Bände I, II, III. Springer-Verlag, Berlin/Heidelberg/New York (1969)
14. Künzi, H. P., und Oettli, W.: Nichtlineare Optimierung: Neuere Verfahren, Bibliographie. Lecture Notes in Operations Research and Mathematical Systems, Vol. 16, Springer-Verlag, Berlin/Heidelberg/New York (1969)
15. Hadley, G.: Nichtlineare und dynamische Programmierung. In deutscher Sprache herausgegeben von H. P. Künzi. Physica-Verlag, Würzburg/Wien (1969)
16. Künzi, H. P., und Krelle, W.: La programmation nonlinéaire. Gautier-Villars, Paris (1969)